T0223013

Naturwissenschaften im Fokus V

Christian Petersen

Naturwissenschaften im Fokus V

Grundlagen der Biologie im Kontext mit Evolution und Religion

Springer Vieweg

Christian Petersen
Ottobrunn, Deutschland

ISBN 978-3-658-15303-8   ISBN 978-3-658-15304-5 (eBook)
DOI 10.1007/978-3-658-15304-5

Die Deutsche Nationalbibliothek verzeichnet diese Publikation in der Deutschen Nationalbibliografie; detaillierte bibliografische Daten sind im Internet über http://dnb.d-nb.de abrufbar.

Springer Vieweg
© Springer Fachmedien Wiesbaden GmbH 2017

Lektorat: Dipl.-Ing. Ralf Harms

Gedruckt auf säurefreiem und chlorfrei gebleichtem Papier

Springer Vieweg ist Teil von Springer Nature
Die eingetragene Gesellschaft ist Springer Fachmedien Wiesbaden GmbH
Die Anschrift der Gesellschaft ist: Abraham-Lincoln-Strasse 46, 65189 Wiesbaden, Germany

Vorwort zum Gesamtwerk

Die Natur auf Erden ist in ihrer Vielfalt und Schönheit ein großes Wunder, wer wird es leugnen? Erweitert man die Sicht auf den planetarischen, auf den galaktischen und auf den ganzen kosmischen Raum, drängt sich der Begriff eines überwältigenden und gleichzeitig geheimnisvollen Faszinosums auf. Wie konnte das Alles nur werden, wer hat das Werden veranlasst? – Es ist eine große geistige Leistung des Menschen, wie er die Natur im Kleinen und Großen in ihren vielen Einzelheiten inzwischen erforschen konnte. Dabei stößt er zunehmend an Grenzen des Erkennbaren/Erklärbaren. –

Es lohnt sich, in die Naturwissenschaften mit ihren Leitdisziplinen, Physik, Chemie und Biologie, einschließlich ihrer Anwendungsdisziplinen, einzudringen, in der Absicht, die Naturgesetze zu verstehen, die dem Werden und Wandel zugrunde lagen bzw. liegen: Wie ist die Materie aufgebaut, was ist Strahlung, woher bezieht die Sonne ihre Energie, wie ist die Formel $E = m \cdot c^2$ zu verstehen, welche Aussagen erschließen sich aus der Relativitäts- und Quantentheorie, wie funktioniert der genetische Code, wann und wie entwickelte sich der Mensch bis heute als letztes Glied der Homininen? Ist der Mensch, biologisch gesehen, eine mit Geist und Seele ausgestattete Sonderform im Tierreich oder doch mehr? Von göttlicher Einzigartigkeit? Hiermit stößt man die Tür auf, zur Seins- und Gottesfrage.

Für mich war das Motivation genug. Indem ich mich um eine Gesamtschau der Naturwissenschaften mühte, ging es mir um Erkenntnis, um Tiefe. Aber auch über die Dinge, die eher zum Alltag der heutigen Zivilisation gehören, wollte ich besser Bescheid wissen: Was versteht man eigentlich unter Energie, wie funktioniert eine Windkraftanlage, warum kann der Wirkungsgrad eines auf chemischer Verbrennung beruhenden Motors nicht viel mehr als 50 % erreichen, wie entsteht elektrischer Strom, wie lässt er sich speichern, wie sendet das Smart-Phone eine Mail, was ist ein Halbleiter, woraus bestehen Kunststoffe, was passiert beim Klonen, ist Gentechnik wirklich gefährlich? Wodurch entsteht eigentlich die CO_2-Emission, wie viel hat sich davon inzwischen in der Atmosphäre angereichert, wieso verursacht CO_2 den Klimawandel, wie sieht es mit der Verfügbarkeit der noch vorhandenen Ressourcen aus, bei jenen der Energie und jenen der Industrierohstoffe? Wird alles reichen, wenn die Weltbevölkerung von zurzeit 7,5 Milliarden Bewohnern am Ende des Jahrhunderts auf 11 Milliarden angewachsen sein wird? Wird dann noch genügend Wasser und Nahrung zur Verfügung? Viele Fragen, ernste Fragen, Fragen ethischer Dimension.

Kurzum: Es waren zwei dominante Motive, warum ich mich dem Thema Naturwissenschaften gründlicher zugewandt habe, gründlicher als ich darin viele Jahrzehnte zuvor in der Schule unterwiesen worden war:

- Zum einen hoffte ich die in der Natur waltenden Zusammenhänge besser verstehen zu können und wagte den Versuch, von den Quarks und Leptonen über die rätselhafte, alles dominierende Dunkle Materie (von der man nicht weiß, was sie ist), zur Letztbegründung allen Seins vorzustoßen und
- zum anderen wollte ich die stark technologisch geprägten Entwicklungen in der heutigen Zeit sowie den zivilisatorischen Umgang mit ‚meinem' Heimatplaneten und die Folgen daraus besser beurteilen können.

Es liegt auf der Hand: Will man tiefer in die Geheimnisse der Natur, in ihre Gesetze, vordringen, ist es erforderlich, sich in die experimentellen Befunde und hypothetischen Modelle hinein zu denken. So gewinnt man die erforderlichen naturwissenschaftlichen Kenntnisse und Erkenntnisse für ein vertieftes Weltverständnis. Dieses Ziel auf einer vergleichsweise einfachen theoretischen Grundlage zu erreichen, ist durchaus möglich. Mit dem vorliegenden Werk habe ich versucht, dazu den Weg zu ebnen. Man sollte sich darauf einlassen, man sollte es wagen! Wo der Text dem Leser (zunächst) zu schwierig ist, lese er über die Passage hinweg und studiere nur die Folgerungen. Wo es im Text tatsächlich spezieller wird, habe ich eine etwas geringere Schriftgröße gewählt, auch bei diversen Anmerkungen und Beispielen. Vielleicht sind es andererseits gerade diese Teile, die interessierte Schüler und Laien suchen. – Zentral sind die Abbildungen für die Vermittlung des Stoffes, sie wurden von mir überwiegend entworfen und gezeichnet. Sie sollten gemeinsam mit dem Text ‚gelesen' werden, sie tragen keine Unterschrift. – Die am Ende pro Kapitel aufgelistete Literatur verweist auf spezielle Quellen. Sie dient überwiegend dazu, auf weiterführendes Schrifttum hinzuweisen, zunächst meist auf Literatur allgemeinerer populärwissenschaftlicher Art, fortschreitend zu ausgewiesenen Lehr- und Fachbüchern. – Es ist bereichernd und spannend, neben viel Neuem in den Künsten und Geisteswissenschaften, an den Fortschritten auf dem dritten Areal menschlicher Kultur, den Naturwissenschaften, teilhaben zu können, wie sie in den Feuilletons der Zeitungen, in den Artikeln der Wissenszeitschriften und in Sachbüchern regelmäßig publiziert werden. So wird der Blick auf das Ganze erst vollständig.

Das Werk ist in fünf Bände gegliedert, die Zahl der Kapitel in diesen ist unterschiedlich:

Band I: Geschichtliche Entwicklung, Grundbegriffe, Mathematik
1. Naturwissenschaft – Von der Antike bis ins Anthropozän
2. Grundbegriffe und Grundfakten
3. Mathematik – Elementare Einführung

Band II: Grundlagen der Mechanik einschl. solarer Astronomie und Thermodynamik
1. Mechanik I: Grundlagen
2. Mechanik II: Anwendungen einschl. Astronomie I
3. Thermodynamik

Band III: Grundlagen der Elektrizität, Strahlung und relativistischen Mechanik, einschließlich stellarer Astronomie und Kosmologie
1. Elektrizität und Magnetismus – Elektromagnetische Wellen
2. Strahlung I: Grundlagen
3. Strahlung II: Anwendungen, einschl. Astronomie II
4. Relativistische Mechanik, einschl. Kosmologie

Band IV: Grundlagen der Atomistik, Quantenmechanik und Chemie
1. Atomistik – Quantenmechanik – Elementarteilchenphysik
2. Chemie

Band V: Grundlagen der Biologie im Kontext mit Evolution und Religion
1. Biologie
2. Religion und Naturwissenschaft

Abschließend sei noch angemerkt: Während sich der Inhalt des Bandes II, der mit Mechanik und Thermodynamik (Wärmelehre) für die Grundlagen der klassischen Technik steht und sich dem interessierten Leser eher erschließt, ist das beim Stoff der Bände III und IV nur noch bedingt der Fall. Das liegt nicht am Leser. Die Invarianz der Lichtgeschwindigkeit etwa und die hiermit verbundenen Folgerungen in der Relativitätstheorie, sind vom menschlichen Verstand nicht verstehbar, etwa die daraus folgende Konsequenz, dass die räumliche Ausdehnung, auch Zeit und Masse, von der relativen Geschwindigkeit zwischen den Bezugsystemen abhängig ist. Ähnlich schwierig ist die Massenanziehung und das hiermit verbundene gravitative Feld zu verstehen. Die Gravitation wird auf eine gekrümmte Raumzeit zurückgeführt. Der Feldbegriff ist insgesamt ein schwieriges Konzept. Dennoch, es muss alles seine Richtigkeit haben: Der Mond hält seinen Abstand zur Erde und stürzt nicht auf sie ab, der drahtlose Anruf nach Australien gelingt, die Daten des GPS-Systems und die Anweisungen des Navigators sind exakt. Analog verhält es sich mit den Konzepten der Quantentheorie. Sie sind ebenfalls prinzipiell nicht verstehbar, etwa die Dualität der Strahlung, gar der Ansatz, dass auch alle Materie aus Teilchen besteht und zugleich als Welle gesehen werden kann. Genau betrachtet, ist sie weder Teilchen noch Welle, sie ist schlicht etwas anderes. Wie man sich die Elektronen im Umfeld des Atomkerns als Ladungsorbitale vorstellen soll, ist wiederum nicht möglich, weil unanschaulich und demgemäß unbegreiflich. Man hat es im Makro- und Mikrokosmos mit Dingen zu tun, die aus der vertrauten Welt heraus fallen, sie sind gänzlich verschieden von den Dingen der gängigen Erfahrung. Im Kleinen werden sie gar unbestimmt, für ihren jeweiligen Zustand lässt sich nur eine Wahrscheinlichkeitsaussage machen. Für alle diese Verhaltensweisen ist unser Denk- und Sprachvermögen nicht konzipiert: In der Evolution haben sich Denken und Sprechen zur Bewältigung der täglichen Aufgaben entwickelt, für das vor Ort Erfahr- und Denkbare. Nur mit den Mitteln einer abgehobenen Kunstsprache, der Mathematik, sind die Konzepte der modernen Physik in Form abstrakter Modelle darstellbar. Unanschaulich bleiben sie dennoch, auch für jene Forscher, die mit ihnen arbeiten, in der Abstraktion werden sie ihnen vertraut. Damit stellt sich die Frage: Wie soll es möglich sein, solche Dinge dennoch verständlich (populärwissenschaftlich) darzustellen? Die Erfahrung zeigt, dass es möglich ist, auch ohne höhere Mathematik. Man muss mit modellmäßigen Annäherungen arbeiten. Dabei gelingt es, eine Ahnung davon zu entwickeln, wie alles im Großen und Kleinen funktioniert, nicht nur qualitativ, auch quantitativ. Man sollte vielleicht gelegentlich versuchen, die eine und andere Ableitung mit Stift und Papier nachzuvollziehen und mit Hilfe eines Taschenrechners das eine und andere Zahlenbeispiel nachzurechnen. – Themen, die noch ungelöst sind, wie etwa der Versuch, Relativitäts- und Quantentheorie in der Theorie der Quantengravitation zu vereinen, bleiben außen vor: Das Graviton wurde bislang nicht entdeckt, eine quantisierte Raum-Zeit ist ein inkonsistenter Ansatz. Nur was durch messende Beobachtung und Experiment verifiziert werden kann, hat Anspruch, als naturwissenschaftlich gesichert angesehen zu werden. – Der Inhalt des Bandes V ist dem Leser leichter zugänglich. Als erstes geht es um das Gebiet der Biologie. Ihre Fortschritte sind faszinierend und in Verbindung mit Genetik und Biomedizin für die Zukunft von großer Bedeutung – Die Evolutionstheorie ist inzwischen zweifelsfrei fundiert. Ihre Aussagen berühren das Selbstverständnis des Menschen, die Frage nach seiner Herkunft und seiner Bestimmung. Das befördert unvermeidlich einen Konflikt mit den Glaubenswirklichkeiten der Religionen. Denken und Glauben sind zwei unterschiedliche Kategorien des menschlichen Geistes. Indem dieser grundsätzliche Unterschied anerkannt wird, sollten sich alle Partner bei der

Suche nach der Wahrheit mit Respekt begegnen. Was ist wahr? Die Frage bleibt letztlich unbeantwortbar. Das ist des Menschen Los. Jedem stehen das Recht und die Freiheit zu, auf die Frage seine eigene Antwort zu finden.

Der Verfasser dankt dem Verlag Springer-Vieweg und allen Mitarbeitern im Lektorat, in der Setzerei, Druckerei und Binderei für ihr Engagement, insbesondere seinem Lektor Herrn Ralf Harms für seine Unterstützung.

Ottobrunn (München), Februar 2017 Christian Petersen

Vorwort zum vorliegenden Band V

Die in den zurückliegenden Jahrzehnten in der naturwissenschaftlichen Disziplin Biologie hinzu gewonnenen Erkenntnisse fanden und finden in der Öffentlichkeit großen Widerhall, ihr widmet sich Kap. 1. – Zunächst werden die Kennzeichen irdischer Lebensformen und ihre erdgeschichtliche Entwicklung behandelt. Dabei interessiert auch die Frage, durch welche natürlichen Einflüsse das Leben auf Erden bislang gefährdet war und künftig gefährdet sein könnte. Interessant ist auch die Frage, ob es außerirdisches Leben auf fremden Planeten gibt. Im Zentrum stehen die Fragen nach dem Werden des Menschen als letztes Glied der Homininen und seiner kulturellen Entwicklung. – Um die Genetik darstellen zu können, müssen zunächst Bau und Funktion der lebenden Zelle behandelt werden. Erst vor 65 Jahren konnte geklärt werden, dass die in jedem Zellkern liegenden langen Molekülketten jene Gene sind, die die Erbinformation für den Organismus beinhalten. Konkret ist die Information auf dem molekularen Doppelstrang in Form von vier in dezidierter Reihenfolge liegenden Basen verankert. Mit ihrer Hilfe wird während der Zellteilung über den Genetischen Code die Bildung des lokalen Gewebeproteins gesteuert. Das ist wahrlich staunenswert angelegt. Es liegt nahe, dass versucht wird, auf die nunmehr verstandene Vererbungsfolge gentechnisch Einfluss zu nehmen, um bestimmte Nutzziele zu erreichen. Nochmals anders sind die Absichten beim Klonen. Es ist verständlich, dass diese Möglichkeiten bei vielen Menschen Besorgnis auslösen und abgelehnt werden. – Die Einzelheiten aus dem Tier- und Pflanzenreich bleiben ausgeklammert. Wegen ihrer Bedeutung wird auf die von Viren und Bakterien ausgehenden Gefahren dagegen ausführlicher eingegangen. – Mit dem auf C. DARWIN zurückgehenden historischen und heutigen Verständnis des Evolutionsprinzips und seine Implikation mit der religiöser Deutung des Lebens endet das erste Kapitel und leitet über zum folgenden, in welchem die jeden Menschen bewegende Frage nach dem Sinn des Seins und seiner eigenen Existenz behandelt wird. Dazu wird zunächst die Antwort der Religionen auf die Frage, insbesondere jene der abrahamitischen, aufgezeigt und anschließend erörtert, welche

Antwort aus naturwissenschaftlicher Sicht möglich ist. Ein Gang in die Bibliothek
zeigt, dass es zu dieser Fragestellung unzählige Untersuchungen in der Philosophie
und Theologie gibt. Im Ergebnis kann es keine rational begründete Antwort auf die
Seins- und Gottesfrage geben, auch keine seitens der Naturwissenschaft. Es verbleibt eine Diskrepanz zwischen dem Wortlaut der biblischen Verkündigung auf
der einen Seite und der sich aus den Befunden der Naturwissenschaft folgenden
Erkenntnisse, einschließlich jener sich aus dem Evolutionsprinzip ergebenden, auf
der anderen. – Die überwältigende Stimmigkeit aller in der Natur anzutreffenden
Erscheinungen kann als ein alles übergreifendes Ordnungs- und Seinsprinzip gedeutet werden, das einer höheren Instanz zuzuordnen ist, wohl zugeordnet werden
muss. Das wäre eine mögliche Antwort auf die oben gestellte Frage. Dass aus dieser Sicht der Menschheit und damit jedem Einzelnen die alleinige Verantwortung
für das Leben auf Erden und für seinen Fortbestand zukommt (und schon immer
zukam), liegt auf der Hand.

Inhaltsverzeichnis

Biologie 1

1.1 Einführung – Geschichtliche Anmerkungen

Teilt man die Naturwissenschaften in die Bereiche Physik, Chemie und Biologie, befasst sich letztere mit den Erscheinungsformen des Lebens auf dem Planeten Erde, mit den pflanzlichen und tierischen Lebewesen in ihrer nahezu unendlichen Vielfalt. Leben ist auf und im Boden zu finden, im Wasser und in der Luft. In noch so verborgenen ökologischen Nischen hausen Lebewesen. Anliegen der Biologie ist es, Bau, Funktion und Organisation der lebendigen Geschöpfe in ihrer Ausprägung und Form zu erforschen, ihre Entwicklung und ihr Verhalten.

Die Vorgänge in der belebten Natur sind schwierig zu begreifen und komplexer als alles, was es in der unbelebten Natur gibt. Dabei stellen sich Fragen grundsätzlicher Art: Handelt es sich bei den Lebensabläufen lediglich um Sonderformen physikalisch-chemischer Prozesse, von der Sonne energetisch gespeist, oder bedarf es einer zusätzlichen ‚Lebenskraft', einer vitalen Auslösung, damit Leben entsteht, einer Auslöschung, damit Leben vergeht? Der Begriff ‚Lebenskraft' wurde im Jahre 1774 von F.C. MEDICUS (1736–1808) eingeführt, als jener Impuls, der ‚das Unbelebte zum Leben erweckt'. Die Positionen ‚Mechanismus' auf der einen Seite, ‚Vitalismus' auf der anderen, standen und stehen sich unvereinbar gegenüber, entschieden ist die Kontroverse nicht, noch nicht. Vielleicht ist sie auch dem Grunde nach entscheidungsunmöglich, solange alles im Kosmos selbst unbegreiflich ist und wohl unbegreiflich bleiben wird.

Der breite Forschungsgegenstand der Biologie lässt sich nach folgenden Disziplinen gliedern:

- Mikrobiologie: Mikroorganismen
- Botanik: Pflanzen
- Zoologie: Tiere
- Anthropologie: Menschen

© Springer Fachmedien Wiesbaden GmbH 2017
C. Petersen, *Naturwissenschaften im Fokus V*, DOI 10.1007/978-3-658-15304-5_1

Die Paläontologie erforscht die Entwicklung der Lebewesen und ihrer Funktionen vom Anfang her. Die Fragen sind eng mit dem Werden des Planeten Erde verknüpft. Dieses Thema fällt in die Geologie. Die Erkundung der jüngeren Epochen der Menschheitsgeschichte ist Aufgabe der Archäologie. –

Molekularbiologie und Genetik sind heute allen Einzeldisziplinen übergeordnet, sie münden in die Evolutionsbiologie, in die Humanbiologie, in die Physiologie und Neurobiologie, und schließlich in die Psychologie, Philosophie und Theologie. Letztere widmen sich der Seins- und Gottesfrage.

Eine eher an der Praxis der Lebenswissenschaften orientierte Einteilung wäre neben der Medizin, Pflanzenheilkunde und Pharmazie: Biotechnik, Biophysik, Pflanzen- und Tierzucht, Landwirtschaft und Fischereiwesen, Forst- und Imkereiwesen, Ökologie in all' ihren Facetten. Mit dieser Aufzählung sind die möglichen Differenzierungen in weitere Disziplinen keinesfalls vollständig erfasst.

Wie in Bd. I, Kap. 1 ausgeführt, waren es im Altertum die Philosophen der ionisch-griechisch-hellenistischen Epochen, die über die Erscheinungen in der Natur und über deren Wirkursachen erstmals nachdachten. Die selbst gestellten Fragen nach dem ‚Warum' beantworteten sie metaphysisch. – Über die in dem zitierten Kapitel dargestellten Denker hinaus ist im vorliegenden Zusammenhang HIPPO-KRATES (460–370 v. Chr.) zu nennen, der in seinen Schriften über das Leben als Solches und über das Leben des Menschen im Besonderen und hierbei über Kranksein, Diagnostik, Anatomie und Physiologie nachdachte. In seinem Bemühen, Hinweise zum Erkennen und zur Heilung von Krankheiten zu geben, gilt er als Begründer der ärztlichen Kunst, der Medizin. Das Arztgelöbnis, der ‚Hippokratische Eid', trägt seinen Namen. Darin verpflichtet sich der Arzt bei seinem Tun zu hoher ethischer Verantwortung. – Mehr als 500 Jahre nach HIPPOKRATES fasste GALEN (129–199 n. Chr.), ein römischer Arzt, das inzwischen angewachsene medizinische Wissen der Antike in einem umfangreichen Werk systematisch zusammen.

Während sich PLATON (427–347 v. Chr.) mit der lebenden Natur nicht oder nur am Rande befasste, tat es sein Schüler ARISTOTELES (384–322 v. Chr.) umso gründlicher. Davon legen seine Schriften ‚De generatione et corruptione' (‚Über Entstehen und Vergehen') und ‚De generatione animalium' (‚Über die Entwicklung der Lebewesen') Zeugnis ab. Nach ihm zeichnen sich alle Lebewesen gemeinsam durch die Merkmale ‚Stoffwechsel' und ‚Fortpflanzung' aus, die Tiere zusätzlich durch ‚Selbstbewegung' und ‚Wahrnehmung' und der Mensch nochmals zusätzlich durch ‚Denkvermögen'. Die Naturbeschreibungen von ARISTOTELES beinhalten eine erste Klassifikation der Tiere. Die Systematik wurde von seinem Schüler THEOPHRASTOS (371–287 v. Chr.) auf die Pflanzen erweitert. Auch er widmete sich der empirischen Erforschung der lebendigen Natur und legte seine Beobachtungen in tier- und pflanzenkundlichen Schriften nieder. Die Tier- und Pflanzenkunde von ARISTOTELES und THEOPHRAST stand im 16. Jh., also 2000 Jahre später, Pate, als sich die Biologie als Wissenschaft begründete. Das von LUCRETIUS (95–54 v. Chr.) verfasste Werk ‚De rerum natura' (‚Über die Natur der Dinge') und die von PLINIUS SECUNDUS (23–79 n. Chr.) in 37 Büchern verfasste Enzyklopädie ‚Naturalis historia' (‚Naturgeschichte') standen dem Neubeginn zusätzlich zur Seite.

In der Zeit des auf die Antike folgenden Mittelalters kamen keine neuen Ansätze und Einsichten grundsätzlicher Art hinzu. – Nach den Offenbarungsreligionen des Judentums, Christentums und Islams ist die Welt von Gott erschaffen worden. Die Gebote der Genesis lauten:

> Seid fruchtbar und mehret Euch und füllet die Erde und machet sie euch untertan, und herrschet über die Fische im Meer und die Vögel des Himmels, über das Vieh und alle Tiere, die auf der Erde sich regen.

Diese Gebote machten den Menschen zum Herrscher und Vollstrecker über die Natur und betonen seine Sonderstellung innerhalb der Schöpfung. Glaubensgebot und Denkverbot wurden zum Dogma. Ein Sinnen über Ursache und Ziel der Natur schloss sich konsequenter Weise aus. Als die aristotelischen Schriften im 12. und 13. Jh. bekannt wurden, lockerte sich diese Regel etwas. Erste ‚wissenschaftliche' Abhandlungen entstanden, von FRIEDRICH II (1194–1250, Falkenjäger und Vogelkundler), von HILDEGARD v. BINGEN (1098–1179, Naturkundlerin und Ärztin) sowie von ALBERTUS MAGNUS (1193–1280) und THOMAS v. AQUINO (1225–1272). Letztere kommentierten die aristotelische Lebensdeutung mit dem Ziel einer Anpassung an den Schöpferglauben des Christentums. – Ab Anfang des 13. Jh. wurden Universitäten und in diesen medizinische Fakultäten gegründet. Indessen, medizinische Forschung praktizierte man erst Jahrhunderte später und das in einfachster Form. Zu nennen sind hier A. VESALIUS (1514–1564) und sein Lehrbuch ‚Anatomia' (1551) und die ihm folgenden Gelehrten. Sie begründeten eine fortschrittlichere Physiologie und Embryologie. – Dank der Fortschritte in der Instrumentenentwicklung (insbesondere durch die Verfügbarkeit des Mikroskops) konnten völlig neue Kenntnisse und Einsichten gewonnen werden, auch durch Anwendung der Physik auf Vorgänge in der lebenden Natur, wie die Messung des Blutkreislaufs durch W. HARVEY (1578–1657) und die Klärung des Bewegungsablaufs der Extremitäten durch G.A. BORELLI (1608–1679). Gleichwohl, die Übertragung mechanischer Prinzipien der Physik auf die Vorgänge des Lebens, wie etwa von R. DESCARTES (1596–1650) als Vertreter des Mechanismus angedacht (s. o.), erwies sich als ungeeignet und irrig.

In schwärmerischer Begeisterung begannen Gelehrte und Laien im 17. Jh. die Natur in ihrer Vielfalt zu entdecken und zu erkunden, auch bei Seereisen in exotische Länder. Der Reichtum wurde als Ausdruck der Größe und Güte Gottes gedeutet. A. v. HUMBOLDT (1769–1859) und später C. DARWIN (1809–1882) sind in dem Zusammenhang zu nennen. – Es entstanden naturwissenschaftliche Sammlungen beachtlichen Umfangs in Universitäten, Museen und Klöstern.

Den Vorlagen von ARISTOTELES und THEOPHRAST folgend, war es C. LINNAEUS (1707–1778), der in der Zeit des Sammelns, Beschreibens und Vergleichens ab 1735 in seinem vielbändigen Werk ‚Systema naturae' (‚Natursystematik') den Versuch einer systematischen Klassifikation der heimischen Fauna und Flora unternahm. Er war der Meinung, dass sich alle Arten scharf voneinander abgrenzen ließen und dass ihre Form eine Konstante sei. Dieser Ansatz wurde hundert Jahre später, im Zuge der Entwicklung der Evolutionstheorie, widerlegt, endgültig im Zuge der Ausarbeitung der Genetik und der Molekularbiologie. Letztere hat inzwischen auf allen Gebieten der modernen Biologie überragende Bedeutung erlangt.

Dank der Mikroskopie entdeckte F. REDI (1626–1697) im Jahre 1668, dass Maden aus von Insekten gelegten Eiern entstehen und dass aus diesen wiederum Insekten hervorgehen. Hundert Jahre später gelang C.G. EHRENBERG (1795–1876) der Nachweis, dass die Mikroorganismen, die sogen. Infusiorien, den Lebewesen zuzuordnen sind. Die auf ARISTOTELES zurückgehende und auch von LUKREZ vertretene These, wonach viele Lebewesen, insbesondere einfache, immer wieder neu durch ‚Urzeugung', z. B. aus Schlamm oder aus verwesten Tieren und Pflanzen, entstehen, galt zunehmend als überholt. Die Frage nach der allerersten Urzeugung des Lebens (sie soll sich auf der Erde nach heutigem Kenntnisstand vor ca. 3,5 Milliarden Jahren vollzogen haben), war und ist die schwierigste überhaupt, vgl. folgende Abschnitte.

Der Begriff ‚Biologie' wurde im Jahre 1802 von J.B. de LAMARCK (1744–1829) geprägt, wohl gleichzeitig von K.F. BURDACH (1776–1847) und G.R. TREVIRANUS (1776–1837). Von LAMARCK stammt auch ein erster Entwurf einer Evolutionstheorie, siehe Abschn. 1.7. – Zur Geschichte der Biologie als Wissenschaft vgl. [1–3].

Wie ausgeführt, waren es ARISTOTELES und THEOPHRAST, die als erste die ihnen bekannten Lebewesen klassifizierten. Ihre **Systematik** war eine lineare, von den einfachen zu den höheren Formen. Die Systematik von C. v. LINNÉ (s. o., ab dem Jahre 1762 so genannt) blieb lange verbindlich und wurde zunehmend verfeinert und modifiziert. Grundlage für die Einteilung waren und sind äußere Merkmale, Verwandtschaftsgrad und stammesgeschichtliche Entwicklung. Verbreitet ist die Definition von E. MAYR (1904–2005): Können Lebewesen Nachkommen zeu-

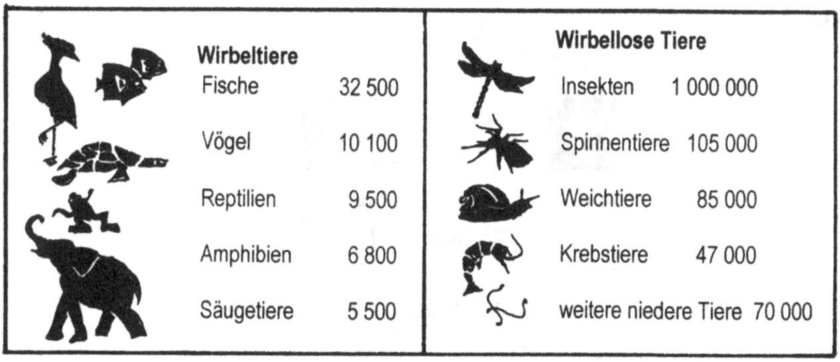

Wirbeltiere		Wirbellose Tiere	
Fische	32 500	Insekten	1 000 000
Vögel	10 100	Spinnentiere	105 000
Reptilien	9 500	Weichtiere	85 000
Amphibien	6 800	Krebstiere	47 000
Säugetiere	5 500	weitere niedere Tiere	70 000

Quelle: IUCN/WWF-Rote Liste

Abb. 1.1

gen, die ihrerseits nicht steril sind, gelten sie als Art. Demgemäß bilden Pferd und Esel keine Art, denn die aus ihrer Paarung hervorgehenden Maultiere vermögen als Hybride keine Nachkommen zu zeugen. – In der modernen biologischen Systematik (Taxonomie) dient die genetische Abstammung zunehmend als Orientierung.

Die untersten Glieder einer fortpflanzungsfähigen Gemeinschaft bilden eine Art. Der Art folgt die Stufung: Gattung, Familie, Ordnung, Klasse, Abteilung (bei Pflanzen) bzw. Stamm (bei Tieren). Beispiele: ‚Ausdauerndes Gänseblümchen‘ (Bellis peremis) ist die Art, ‚Gänseblümchen‘ (Bellis) ist die Gattung, usf. ‚Elster‘ (Pica pica) ist die Art, ‚Rabenvögel‘ (Corvidac) ist die Gattung, ‚Singvögel‘ (Oscines) ist die Familie, usf.

Anmerkung
Die Familie der Singvögel umfasst mit ca. 4000 Arten nahezu die Hälfte aller Vögel.

Unter Biodiversität versteht man die Artenvielfalt innerhalb der Vielheit der Ökosysteme. Die Aufgabe der auf diesem Gebiet Tätigen ist es, Veränderungen der Vielfalt und Lebensräume zu beobachten und gegenüber Gefährdungen durch zivilisatorische Einengungen und Eingriffe, insbesondere auch durch die vom Klimawandel verursachten Veränderungen, zu verfolgen und Schutzmaßnahmen einzuleiten. Dass der Mensch die Natur, in der er lebt und von der er lebt, gefährdet, ist eine allgegenwärtige Empfindung, konkrete Aussagen in [4–8].

Abb. 1.1 zeigt die Einteilung der Tierwelt und die Anzahl ihrer Arten. Real liegt die Anzahl der jetzt lebenden (rezenten) Arten höher, wohl deutlich höher, das betrifft vorrangig die wirbellosen Tiere.

Abb. 1.2

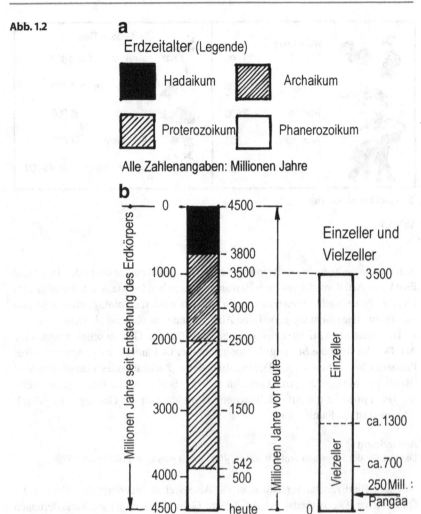

a

Erdzeitalter (Legende)

Hadaikum   Archaikum

Proterozoikum   Phanerozoikum

Alle Zahlenangaben: Millionen Jahre

b

In Abb. 1.2a ist die Abfolge der Erdzeitalter seit Entstehung der Erde vor ca. 4,5 Milliarden Jahren (= 4500 Millionen Jahre vor heute) dargestellt: Hadaikum, Archaikum, Proterozoikum und Phanerozoikum. Das letztgenannte Zeitalter umfasst den Zeitraum seit dem Kambrium, das ist die Zeit der Tiere und Pflanzen. – Teilabbildung b zeigt die Entwicklungszeiträume der Ein- und Vielzeller. Erstgenannte könnten in elementarster Form bereits 500 Millionen Jahre früher aufgetreten sein wie dargestellt.

Einsichtiger Weise sind alle diesbezüglichen Angaben aus den fernen Urzeiten unsicher. Das Auftreten des Menschen liegt innerhalb der Strichstärke am unteren Ende der rechten Zeitsäule!

In der Systematik der belebten Natur werden die Lebewesen nach zwei Zelltypen unterschieden: **Prokaryoten** sind einfach gebaute Organismen ohne Zellkern, die DNA liegt im Zellplasma, hierzu gehören die Bakterien und Archaea. Alle anderen Organismen zählen zu den **Eukaryoten**: Pilze, Pflanzen und Tiere. In deren Zellen liegt ein Kern, in diesem die DNA.

Anmerkung
Geläufig sind auch die Schreibweisen Prokaryonten bzw. Eukaryonten.

Von **autotroph** spricht man, wenn die organische Körpersubstanz aus anorganischer Materie über die Wurzeln im Boden und aus Kohlenstoffdioxid (CO_2) aus der Atmosphäre mit Hilfe der Sonnenenergie mittels Photosynthese gewonnen wird. Nach diesem Prinzip ,ernähren' sich die Pflanzen mit ihren ,großen grünen Oberflächen'.

Alle anderen Lebewesen, die ihre organische Körpersubstanz allein aus organischer Materie gewinnen bzw. aufbauen, wie bei den Tieren (durch Verzehr von Pflanzen und Tieren), leben **heterotroph**. In der aufgenommenen Nahrung ist die Energie von Haus aus hoch konzentriert, auf die Größe der Oberfläche des Körpers kommt es nicht an, sie kann kleiner und gedrungener ausfallen (man vergleiche die Größe gängiger Tiere mit jener hoher Bäume).

Im Gegensatz zu ehemals (siehe zuvor) wird die Systematik heute genetisch fundiert. Es werden drei Domänen unterschieden, dabei gilt: **Alle Lebensformen auf Erden haben einen gemeinsamen Ursprung!**

- **Bakteria** (Echte Bakterien, ehemals Eubakterien genannt): Bakterien sind einzellig. Es gibt sie in den unterschiedlichsten Lebensformen und Größen (1 bis 5 μm). Sie vermehren sich ungeschlechtlich. Es sind 10.000 Arten bekannt, was wohl nur einen Bruchteil darstellt, vgl. Abschn. 1.6.2.
- **Archaea** (Urbakterien, Archaeen): Archaeen sind auch einzellig. Sie vermögen unter extremen Umfeldbedingungen zu existieren, z. B. bei hohen Temperaturen und niedrigen pH-Werten. Eine genaue Anzahl ihrer Arten lässt sich nicht angeben. Sie besiedeln massenhaft die See- und Meeresböden bis in ein Meter Tiefe und ernähren sich hier von abgestorbenen organischen Substanzen.

·

- **Eukaryota** (Eukaryoten): Es sind Vielzeller. Sie unterteilen sich in drei Gruppen:
  - **Fungi** (Pilze): Pilze stehen den Pflanzen im Aufbau nahe, in ihrer Lebensform eher den Frühformen der ersten Tiere, sie existieren chlorophyllfrei, d. h. sie leben heterotroph. Die Zahl der Arten wird zu 100.000 geschätzt.
  - **Plantae** (Pflanzen): Sie leben autotroph. Sie gliedern sich in Algen, Moose, Farne und Samenpflanzen. Es gibt ca. 400.000 Arten.
  - **Animalia** (Tiere): Sie leben heterotroph. Von ihnen sind ca. 1,2 Millionen Arten bekannt, ihre reale Zahl dürfte höher liegen, davon leben die meisten in den Tropen. – Der Mensch (Homo sapiens) gehört, biologisch gesehen, zu den Animalia. (Auf Abschn. 1.2.6, Entwicklung des Menschen, wird verwiesen.)

Anmerkungen

1. Die Anzahl der Arten angeben zu wollen, ist eigentlich nicht seriös, weil unmöglich: Viele Arten sind in jüngerer Zeit ausgestorben, viele noch nicht entdeckt. Als Gesamtanzahl aller systematisch erfassten Arten (ohne Bakterien) wird die Zahl 1,9 Millionen angegeben. Die reale Anzahl liegt wohl deutlich höher, insbesondere in den Regenwäldern und in der Tiefsee. –
2. Vor noch gar nicht langer Zeit wurden in den sogen. Protista eine vierte Domäne gesehen. Diese Mikroorganismen werden in der heutigen Taxonomie je nach Aufbau und Lebensform den vorgenannten Domänen zugeordnet.

   Bei jüngeren Erkundungen in der Tiefsee in Bereichen hydrothermaler Quellen wurden sogenannte Lokiarchaeota entdeckt, die als Bindeglied zwischen den Prokaryoten und Eukaryoten gedeutet werden, vielleicht die ‚missing links‘ zwischen ihnen. Insofern wäre ihre Entdeckung sehr bedeutend für das Verständnis vom Werden des Lebens an diesen Orten (Abschn. 1.2.3).

1.2 Entwicklung des Lebens

1.2.1 Paläontologie

In der Paläontologie wird aus den fossilen, in den Gesteinen eingebetteten Pflanzen und Tierresten, den **Petrefakten**, auf Bau und stammesgeschichtliche Entwicklung der ehemaligen Lebewesen geschlossen. Von diesen Lebensformen sind i. Allg. nur die in den Gesteinen eingeschlossenen Hartteile, wie Schalen und Knochen, erhalten geblieben, häufig mineralisiert, wie bei versteinertem Holz. Den Vorgang der Versteinerung nennt man **Fossilisation**. Von den Weichteilen der Tiere und jenen der Pflanzen ist praktisch nichts überkommen. In Urgestein, wie Granit, Gneis und Basalt, findet man einsichtiger Weise keine Fossilien, sondern nur in Sediment-

Abb. 1.3

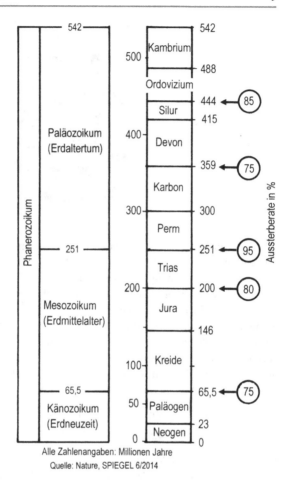

Alle Zahlenangaben: Millionen Jahre
Quelle: Nature, SPIEGEL 6/2014

gestein. Dieses hat sich seinerzeit aus den durch Wind und Wasser abgetragenen Materialien neu gebildet. Die Ablagerungen erfuhren durch die darüber liegenden Schichten eine Druckverdichtung und wurden dadurch wieder zu Gestein, wie Schiefer, Sandstein und Kalkstein (Dolomit).

Die ersten tierischen Lebewesen, von denen Fossilien überkommen sind, stammen aus vorkambrischer Zeit. Erst mit dem Kambrium setzte das Leben in großer Vielfalt ein und das explosionsartig.

Abb. 1.3 vermittelt einen Überblick über die Erdzeitalter des Phanerozoikums, also die Zeit der zurückliegenden 542 Millionen Jahre (Abb. 1.2). In diesem Ab-

Abb. 1.4

schnitt der Erdgeschichte entwickelte sich das Leben von einfachen Formen aus. –
Zu den Methoden der Paläontologie vgl. [9–11].

Die Altersbestimmung der Gesteine gelingt recht zuverlässig mittels **radio-
metrischer Datierung** (man spricht bei der Schichtenkunde und chronologischen
Skalierung der Erdgeschichte auch von Stratigraphie). Grundlage der Datierung ist
der radioaktive Zerfall des Mutterisotops eines Elements in das zugehörige Toch-
terisotop desselben oder in das eines anderen Elementes (Bd. IV, Abschn. 1.2.3.2).
Aus dem Verhältnis der Isotope kann bei Kenntnis der Halbwertszeit auf das Alter
des Gesteins geschlossen werden. Es kommen verschiedene Verfahren zum Einsatz, gebräuchliche sind (die Zahlenwerte geben die Halbwertszeit in Jahren an):

$$^{14}C/^{14}N: \ 5730; \quad ^{40}K/^{40}Ar: \ 13 \cdot 10^9; \quad ^{87}Rb/^{87}Sr: \ 4{,}7 \cdot 10^9;$$

$$^{238}U/^{206}Pb: \ 4{,}5 \cdot 10^9; \quad ^{235}U/^{207}Pb: \ 704 \cdot 10^6.$$

Da sich das Magnetfeld der Erde mehrfach umgepolt hat, lassen sich auch aus
der Polarität eisenhaltiger Mineralien (relative) Datierungen erschließen (Bd. III,
Abschn. 1.4.1).

Große Bedeutung für die Einordnung der Gesteinsschichten und deren Fossilien
in die erdgeschichtliche Zeitskala haben die sogen. **Leitfossilien.** Es sind Fossilien
von solchen Tieren, die über einen langen Zeitraum gelebt haben. Dabei nahmen
sie unterschiedliche Kennmerkmale an, die für die jeweilige Erdzeit typisch waren.

Zur ältesten Gruppe der Leitfossilien gehört die Gruppe der **Trilobiten,**
Abb. 1.4a. Sie finden sich bereits in den ältesten Schichten vorzeitlichen Lebens vorkambrischer Zeit. Während der Permzeit starben die Trilobiten wieder
aus. Sie lebten demnach nahezu 300 Mill. Jahre. In dieser Zeit entwickelten sie
einen großen Formenreichtum. Sie waren die ersten Lebewesen, die Licht sehen

konnten. Über 1400 Gattungen sind dem Fachmann bekannt. Ihre Größe schwankte zwischen 3 mm und 75 cm. Sie sind den Gliederfüßern (Arachmomorpha) zuzuordnen.

Eine weitere wichtige Gruppe sind die **Ammoniten** (auch Ammonshörner genannt, Ammonoidea, Abb. 1.4b) mit ca. 1500 Gattungen und über 30.000 Arten. Erste Vertreter sind aus dem Untersilur/Devon bekannt. Am Ende der Kreidezeit starben sie wieder aus. Sie existierten somit auch etwa 300 Mill. Jahre. Sie sind als Wirbellose dem Stamm der Weichtiere (Mollusca) zuzuordnen. In den spiralig aufgerollten Kalkschalen liegen Gaskammern. Deren Auftrieb ermöglichte den Tieren einen Schwebezustand und vermittels Ausstoß des angesaugten Wassers einfache Schwimmbewegungen. In der vordersten Kammer lebte das eigentliche Tier. Der Schalendurchmesser einiger ausgewachsener Ammonitenarten erreichte 1,8 m! Im Laufe ihrer Existenz änderte sich die Schalenform, insbesondere die Form der auf der Außenschale liegenden Nahtlinien (die Einzelnaht wird Sutur oder Lobeslinie genannt). Damit gelingt eine erdgeschichtliche Einordnung jener Gesteinsschicht, in welcher das Fossil eingebettet überdauerte.

Weitere Leitfossilien sind die Brachiopoden, sogen. Armfüßer, vielgestaltige Schalentiere. Sie lebten maritim, wie die vorgenannten Tiere, und waren in flachen Gewässern heimisch.

Lebende Fossilien nennt man solche, die bis heute über alle Zeiträume hinweg (weitgehend) unverändert geblieben sind, wie die Narco medusae (eine Qualle, 505), der Quastenflosser (420), der Lungenfisch (400) und der Pfeilschwanzkrebs (400). Der Aalartige (200), die Brückenechse (200), der Riesensalamander (165) und der Ganges gavial (65), ein aus der Saurierzeit stammendes Krokodil, gehören auch dazu. Älteste Säuger, die als lebende Fossilien gesehen werden, sind der Schlitzrüssler (25) und die Laotische Felsenratte (11). Die Zahlen in den Klammern geben das Alter in Millionen Jahren an.

Bei den Pflanzen zählen u. a. der Schachtelhalm, die Baumfarne und der Ginkgo-Baum zu den lebenden Fossilien.

In der modernen Paläontologie tritt neben die Erkundung der Fossilien in den Gesteinen, die vergleichende **genetische Sequenzanalyse**, um den Gang der Arten durch deren Generationen hindurch zu erkennen und sie mit dem klassisch erworbenen Wissen zu kombinieren. Das ist möglich, weil zwei Erkenntnisse inzwischen zweifelsfrei sind: 1) Alle Organismen bestehen einheitlich aus einer Reihe bestimmter Elemente, 2) aus ihnen bauen sich einheitlich jene zwei Biomolekülketten auf, aus denen sie bestehen und ihre Erbinformation weitergeben, die Proteine mit zwanzig verschiedenen Aminosäuren und die Nukleinsäuren mit ihren vier Nukleotiden. Im Laufe der Zeit änderte sich die Reihenfolge (die Sequenz) der Aminosäuren oder Nukleotiden eines Lebewesens jeweils als Folge einer Mutation. Die Lebensbedingungen, denen der Organismus mit dem veränderten körperlichen Merkmal ausgesetzt war, entschieden darüber, ob es von Vorteil oder Nachteil war, entsprechend wurde selektiert. Dieses evolutionäre Prinzip von Mutation und Selektion hat für die Deutung der biologischen Entwicklung und damit für die Paläontologie eine überragende Bedeutung erlangt (Abschn. 1.3).

1.2.2 Massenaussterben

Seit der kambrischen Revolution hat es eine Reihe von singulären Ereignissen gegeben, die ein sofortiges Massenaussterben zur Folge hatten, es waren wohl insgesamt fünfzehn solcher Ereignisse, fünf davon führten zum Auslöschen von mehr als 75 % der lebenden Arten. (In Abb. 1.3 sind sie durch Pfeile markiert). Es werden verschiedene Gründe diskutiert. Als gravierendsten wirkten sich Einschläge großer Asteroiden (oder Kometen) aus, wohl ab einem Durchmesser von 10 bis 15 km. (Ein solcher Einschlag hätte auch heute die sofortige Auslöschung der gesamten menschlichen Zivilisation zur Folge, schon ein Asteroid mit 1 km Durchmesser würde extreme kontinentale Zerstörungen zur Folge haben.) Die ehemaligen Ereignisse sind in den Gesteinsschichten festgehalten. Die vielen mächtigen Einschlagkrater auf dem Mond und auf den benachbarten Planeten Mars und Venus sind Beweis für die in der Frühzeit verstärkt aufgetretenen Einschläge, auch auf der Erde. Nach dem Impakt kam es als Folge des sich anschließenden Gesteinsfeuerregens zu einem weltweiten Abbrennen der Wälder, dann zu einer Verdunkelung des Himmels durch Staub und Ruß mit anschließendem Absinken der Temperatur und zu schwefelsaurem Regen, der zu einer Versauerung der Ozeane bis in 100 Meter Tiefe führte. Die vom Einschlag ausgehenden Schockwellen lösten Erdbeben und Tsunamis aus und dürften weitere Verheerungen verursacht haben. Es ist einsichtig, dass die höher spezialisierten Lebensformen, die Metazoen, von alledem viel stärker betroffen waren, als einfachere Formen. Die massenhaft vorhandenen Mikroben dürften sich von den Katastrophen relativ schnell erholt, gar profitiert, haben. Je höher die Komplexität, umso höher die Verwundbarkeit. – Vergleichbare gravierende Auswirkungen hatten massenhafte Vulkanausbrüche globalen Ausmaßes. Sie gingen mit riesigen mehrere hundert Meter dicken Lavaströmen kontinentaler Ausdehnung einher. Das größte Massenaussterben aller Zeiten vor 252 Millionen Jahren am Ende des Perms soll auf einem solchen Ereignis beruhen, 90 %, gar 95 %, aller Arten wurden vernichtet [12–14].

Als ein weiteres kurzzeitig wirkendes Ereignis wird das Auftreffen energiereicher Strahlung auf der Erde nach einer Supernova-Explosion oder einem γ-Ausbruch innerhalb der Galaxis diskutiert. Im Falle ihres Auftretens führt das zu einer Zerstörung der Ozon-Schicht und dadurch zu ungefilterter Sonnenstrahlung im UV-Bereich und extrasolarer kosmischer Strahlung mit tödlichen Folgen für alles Leben auf dem Planeten.

Langfristig wirkende Einflüsse gingen mit einer Änderung der Erdbahn-parameter und der hierauf beruhenden lokalen Änderung der Intensität der Sonneneinstrahlung einher. Auch waren mit der Plattentektonik Klimaänderungen verbunden: Kalt- und Warmzeiten, Schwankungen des Meeresspiegels, Trocken- und Nasszeiten, Änderungen der Zusammensetzung der Atmosphäre (Sauerstoff, Stickstoff, CO_2, Methan und Schwefel), das alles fallweise verbunden mit Nah-rungsmangel und Wasserknappheit. Die geomorphologischen und klimatischen Änderungen bedeuteten meistens eine durchgreifende Änderung jener Lebens-bedingungen, auf die die Tiere und Pflanzen bis dahin angewiesen waren. – In manchen Fällen war das Aussterben vielleicht auch nur der Alterstod einer jeweils ganzen Art oder Gattung.

1.2.3 Kennzeichen irdischer Lebensformen – Das Miller'sche Experiment

Wie jeder Stoff besteht auch die lebende Materie auf der untersten Ebene aus Mo-lekülen und Molekülverbänden, die sich ihrerseits aus den Atomen der bekannten Elemente aufbauen. Kohlenstoff (C), Wasserstoff (H) und Sauerstoff (O) dominie-ren (vgl. oben). – Grundbausteine aller lebenden Materie sind die Zellen. Zellen bilden einen Zellverband, eine räumliche Struktur. Alles baut sich aus Zellen auf, bei den **Pflanzen**: Wurzel, Stängel, Stamm und Äste, Blätter und Blühten, Samen und Sporen, bei den **Tieren**: Skelett, Muskeln, Organe, Nervenstränge und Gehirn.

Von lebender Materie spricht man, wenn eine Reihe von Bedingungen erfüllt ist:

- Eigenständiger Stoffwechsel in den Zellen vermöge biochemischen Energieum-satzes. Bei der Geburt des Organismus setzt der Stoffwechsel ein, eigentlich schon bei der Keimung, beim Tod setzt er aus.
- Eigenständiges Wachstum aus einer anfänglichen Keimung heraus.
- Eigenständige Fortpflanzung, also Reproduktionsfähigkeit einschließlich Wei-tergabe aller für den Erhalt der Art notwendigen Erbinformationen.
- Eigenständiges Vermögen als abgeschlossenes Gebilde auf Einflüsse und Reize des umgebenden Biotops zu reagieren, seinerseits zu interagieren, bei Tieren die Fähigkeit zur Bewegung.
- Eigenständige Fähigkeit zu evolutionärer Entwicklung einschließlich Mutati-onsfähigkeit, was genetische Variabilität bedeutet.

Rangfolge und Wertigkeit der vorstehend genannten Bedingungen bzw. Voraussetzungen werden durchaus unterschiedlich gesehen und gewichtet. Lebende Materie
ist in Aufbau und Ablauf ihrer molekularen Teile das Komplexeste, was es auf
Erden und wohl im gesamten Kosmos gibt. In den bekannten irdischen Formen
sind die Lebewesen nicht irgendwie zustande gekommen, vielmehr haben sie sich
an die geophysikalischen Randbedingungen angepasst entwickelt, z. B. in Abhängigkeit von der Erdbeschleunigung, von der Erdtemperatur und von der solaren
Einstrahlung im tages- und jahreszeitlichen Wechsel. Ganz wichtig war und ist:
Ohne Wasser wäre das Leben nicht entstanden. Alle Organismen sind auf Wasser
angewiesen (der Mensch besteht zu 80 % aus Wasser). Der sogen. Anomalie des
Wassers kommt dabei eine entscheidende Rolle zu, vgl. Abschn. 3.2.4 in Bd. II
und Abschn. 2.3.4 in Bd. IV. Ohne diese Anomalie hätte sich das Leben aus dem
Wasser heraus nicht entwickeln können (bzw. es wäre ein ganz anderes).

Die ersten Lebewesen waren Einzeller. Zur Vermehrung und Erbvermittlung
waren sie fähig, ebenso zum Stoffwechsel. Die oben genannten Bedingungen wurden von ihnen im Wesentlichen erfüllt. Diese Entwicklung ging später in jene der
Vielzeller mit komplexeren Fähigkeiten über.

Auf die Frage nach dem Ursprung des irdischen Lebens wird vielfach auf die
von H.C. UREY (1893–1981) angeregten und von S.L. MILLER (1930–2007)
im Jahre 1953 durchgeführten chemischen Versuche verwiesen. Abb. 1.5 zeigt
das Schema der Versuchsanordnung: Ein mit Methan, Ammoniak, Wasserstoff
und Wasser sowie mit Kohlendioxid und Schwefelverbindungen gefüllter Glaskolben, aus dem zuvor die Luft entfernt worden war, wurde erhitzt. Elektrische
Funken durchschlugen das sich in einem zweiten Kolben ansammelnde Gas. Das
Gas durchlief eine Kühlung, kondensierte und sammelte sich erneut im ersten Kolben. Nach einigen Tagen hatten sich komplexe organische Verbindungen gebildet,
u. a. Glycin, Alanin, Aminosäuren und reichlich Ameisen- und Essigsäure. Weitere
Versuche, jetzt ergänzt mit Schwefelwasserstoffen, folgten, auch solche, bei welchen die wässrige Lösung einer intensiven UV-Strahlung ausgesetzt wurde. Die
Versuche führten zur Bildung weiterer Aminosäuren. Mit dem ersten Kolben wurde der ,Urozean', mit dem zweiten die ,Uratmosphäre' nachgeahmt. Tatsächlich
hatte die Erde über hunderte Millionen Jahre nach ihrer Entstehung eine glühendheiße, blubbernde Oberfläche, die sich erst langsam abkühlte. Die heiße dichte
Atmosphäre bestand aus Gasen, die den im Miller'schen Versuch realisierten entsprachen. Erst viel später ergoss sich aus dieser nach Abkühlung Wasser als Regen.
Das Wasser verdampfte erneut, Wasserdampf stieg auf, usf. Das ging mit heftigen
Stürmen in der Atmosphäre einher: Infolge der inneren Reibung bauten sich in
den Luftströmungen elektrische Felder auf, die sich in Blitzen entluden. Vielleicht

Abb. 1.5

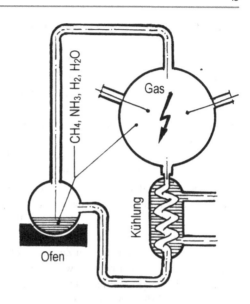

herrschte ein Inferno, wie es heute auf der Oberfläche des Planeten Venus vermutet wird (ausführlicher im folgenden Abschnitt).

Das Miller'sche Experiment fasziniert. Mit seinem geschlossenen Kreislauf ist es plausibel und nachvollziehbar. Möglicherweise sind die im Versuch synthetisierten organischen Substanzen so oder so ähnlich tatsächlich entstanden. Gleichwohl, das Konzept ist eher irrig und wohl zu einfach gedacht: Mittels der Versuche konnten nie jene langkettigen geordneten Biomoleküle gewonnen werden, aus denen die reproduktionsfähigen Zellen bestehen, selbst jene der einfachsten Einzeller nicht, einschließlich des ihnen innewohnenden einheitlichen genetischen Codes. Die Vielzeller sind auf zwanzig Aminosäuren angewiesen. Die lebensnotwendigen Proteine gehen bei Temperaturen höher 40 °C zugrunde. Wie konnte sich das alles nur so fügen? Immerhin, eines war in den irdischen Urzeiten zur Formung einer höher strukturierten stofflichen Ordnung durchgängig gegeben, ausreichend Energie. – Bis heute ist nicht endgültig geklärt, wie und ab wann während der ca. 4000 Millionen Jahre dauernden archaischen Epoche bis zum Beginn des Kambriums (Abb. 1.2, das ist eine wahrlich ‚unendlich lange Zeit') die sich selbst reproduzierenden lebenden Stoffsysteme entstanden sind. Mit Experimenten vom Miller'schen Typ war und ist das Rätsel wohl nicht zu lösen, gleichwohl, man ist dicht dran [15–18].

1.2.4 Entwicklung der frühen Erde

Ursprung und Entwicklung des irdischen Lebens sind eng mit der Erdgeschichte
verbunden. Wie in Bd. II, Abschn. 2.8.10.1 dargestellt, bildeten sich nach Ausformung der Sonne und Zündung ihres Fusionsfeuers zunächst die äußeren, dann
die inneren Planeten. Die inneren Planeten bestehen aus Silikaten und Metallen.
Im Gefolge der gravitativen Verdichtung der Planetenkörper während der Entstehungsphase lag die Temperatur weit über dem Schmelzpunkt des Planetenmateri-
als. Die Erde war eine brodelnde, heiß glühende Kugel. Im Erdkern ist aus dieser
Zeit noch immer viel Wärme gespeichert: Im Kerninneren beträgt die Temperatur
ca. 6500 K, am Rand des äußeren Kerns ca. 3000 K. Über die Erdschichten hinweg
sinkt die Temperatur von Innen nach Außen bis zur Erdoberfläche (als Mittelwert)
auf 283 K = 10 °C ab (Abschn. 2.4.2.2 in Bd. IV). Ein Teil der inneren Wärme
wurde und wird ständig in den interplanetaren Raum abgestrahlt. Dieser ‚Verlust‘
wird durch die beim radioaktiven Zerfall von Uran, Thorium und Kalium im Erdinneren entstehende Wärme nach wie vor weitgehend ausgeglichen.

Auf die sich langsam erkaltende Erde traf ca. 50 bis 70 Mill. Jahre nach ihrer
Entstehung ein riesiger Asteroid. Dabei wurde aus den beiden Körpern, aus der Erde und aus dem Asteroiden, ein großer Brocken heraus geschleudert. So entstand
der Mond. Alles übrige verschmolz und verklumpte zu dem heutigen Erdkörper mit
seinem metallischen Kern im Inneren, umgeben von einem leichteren Silikatmantel. Auch formte sich der Mond rund. Der Mond besteht überwiegend aus einem
Silikatmantel und einem kleinen heißen metallischen Kern. Später schlugen weitere Asteroiden unterschiedlicher Größe in die Planeten des Sonnensystems und
deren Monde ein. Das dauerte solange, bis die meisten Stücke der scheibenförmi-
gen Materiescheibe aus der Entstehungsphase des Sonnensystems ‚eingesammelt‘
waren. Die kinetische Energie der abstürzenden kosmischen Brocken setzte sich
über Stoß und Reibung in Wärme um. – Trifft die Hypothese der Mondentste-
hung zu, verursachte die Gezeitenwirkung in der Frühzeit gewaltige Bewegungen
der zähen Erdkruste mit entsprechender Erwärmung. Das ging zu Lasten der Ro-
tationsenergie von Erde und Mond, weshalb sich Abstand und Umlaufdauer des
Mondes um die Erde zügig vergrößerten.

Erst im Laufe einer langen Zeit kühlte sich die Oberfläche der Erde weiter ab,
es bildete sich ein zunehmend festerer Erdmantel. Indessen, immer wieder brach
die Kruste auf, es waren gigantische Vulkanausbrüche, mit riesigen Lavaströmen
hoher Mächtigkeit im Gefolge.

Von der gasförmigen Uratmosphäre verflüchteten sich Wasserstoff und Helium in den Weltraum, die Erdanziehung reichte nicht aus, um sie zu halten. Es
verblieben die schweren Anteile wie Kohlendioxid, Methan, Ammoniak und Was-

serdampf. Bei eruptiven Ausbrüchen wurde die Atmosphäre aus dem Erdinneren ständig mit diesen Gasen weiter angereichert. Auf der Erdoberfläche dürfte ein mächtiger atmosphärischer Druck gelastet haben. Es herrschte ein Treibhausklima, das dem Klima auf der Venus wohl ähnelte.

Es wird angenommen, dass die ursprüngliche riesige Staub- und Gasscheibe, in der sich Überreste vorangegangener Supernovae gesammelt hatten und aus der sich das Sonnensystem und weitere Sterne der sogen. lokalen Gruppe gebildet hatten, bereits Wassermoleküle enthielt, entstanden aus Wasserstoff und Sauerstoff vermittels kosmischer Strahlung. Auf den inneren Planeten, Merkur, Venus und Erde (vielleicht auch auf dem Mars) befand sich das Wasser als Wasserdampf in deren Atmosphären, auf den äußeren Planeten gefror es zu mächtigen Eisschichten. Auf die Erde einstürzende Asteroiden und Kometen aus den fernen gefrorenen Zonen brachten zusätzlich Wasser auf die Erde, welches die Atmosphäre weiter mit Wasserdampf anreicherte.

Nach Abkühlung der Erdatmosphäre unter 100 °C begann der Wasserdampf zu kondensieren und abzuregnen. Es waren wohl riesige Wassermassen, die sich über lange Zeiten aus den Wolken ergossen, erneut verdampften usf. und so zur Abkühlung beitrugen. Es bildete sich der Urozean. Die Strömungen des Urmeeres führten zu Ablagerungen, es bildeten sich feste Kontinente. Alles war in Bewegung, im Wandel. Es formten sich nacheinander in großen Zeiträumen die Urkontinente ,Kenorland', ,Columbia' und ,Rodenia', umspült vom Urozean ,Mirovia'. Die Urkontinente brachen immer wieder auseinander, drifteten auf dem flüssig-viskosen Magmaunterbau. Erst viel viel später fügten sich die Teile zu einem Großkontinent, ,**Pangäa**' genannt (griech.; ganze Erde), umflossen vom Ozean ,Panthalassa'. Pangäa zerbrach erneut, das geschah vor ca. 250 Mill. Jahren vor heute. Seither driften die Schollen auseinander, es entstanden die heutigen Kontinente. So wird sich die Entwicklung auf der Erde in den künftigen Äonen fortsetzen. – Mit der Plattenbewegung auf dem zähflüssigem Magma ging die Bildung von Gebirgen einher: Die verfestigten Plattenteile der Gesteinskruste, mit gewaltigen Sedimenten aus früheren Zeitaltern überlagert, schoben sich beim Aufeinandertreffen über- und untereinander, ineinander, falteten sich, Magma quoll nach oben, Basalte bildeten sich, Teile der Kruste tauchten ab und wurden wieder eingeschmolzen. Es war und ist ein immer während Prozess. Er verläuft mit sehr geringer Geschwindigkeit, wenige cm im Jahr. In relativ junger erdgeschichtlicher Zeit, im Paläogen, ca. 40 bis 50 Millionen Jahre vor heute, begannen die Gebirgszüge zu wachsen, ihre heutige Ausformung ist erst wenige Millionen Jahre alt:

- Kordilleren, 15.000 km lang, bestehend aus den Rocky Mountains im Norden und den Anden im Süden des amerikanischen Kontinents,

- Alpen, 1100 km lang, 160 bis 200 km breit, auf dem europäischen Kontinent und
- Himalaja, ca. 3000 km lang, 250 bis 300 km breit, auf dem asiatischen Kontinent.

Vulkanismus und Erdbeben belegen die aktive Tektonik der Erde bis heute. Es war A. WEGENER (1880–1930), der 1912 die Theorie der kontinentalen und ozeanischen **Plattendrift** postulierte. Die Antriebsenergie hierfür stammt aus der Wärme des Erdkerns. – Die Thematik ist Gegenstand der Geologie.

1.2.5 Entwicklung der irdischen Biosphäre

Das Leben entwickelte sich ungeachtet der Wandlungen der Erdkruste. Bis die ersten Lebensprozesse einsetzten, dauerte es lange. Material, sowohl mineralisches wie metallisches, und Energie, gab es in unterschiedlichen Formen in Hülle und Fülle. Zeit zum ‚Experimentieren' stand grenzenlos zur Verfügung.

Aus den fossilen Urfunden wird gefolgert, dass sich vor 3,8 Milliarden Jahren erste einfachste mikrobielle Lebensformen bildeten und ausbreiteten: Prokaryoten, Einzeller ohne Kern, mit DNA im Plasma, man nennt sie Archaeen. Es war noch eine aus der Anfangsphase stammende Eisen-Schwefel-Welt. Vor 3,5 Milliarden Jahren kamen Bakterien hinzu: Cyanobakterien. Sie besaßen auch keinen Zellkern, vollzogen aber einen verbesserten Stoffwechsel. Sie vermochten mit Hilfe der aus der Sonnenstrahlung stammenden Energie aus Wasser (H_2O) und Kohlenstoffdioxid (CO_2) freien Sauerstoff zu synthetisieren, was als Photosynthese bezeichnet wird. Es bildete sich über eine Zeit von fast 2 Milliarden Jahre viel freier Sauerstoff, O_2- und O_3-Moleküle, letztere sammelten sich in der höheren Atmosphäre. Zu der bis dahin alleinigen bakteriellen Lebensform traten vor 1,5 Milliarden Jahre erstmals Eukaryoten mit Zellkern hinzu, zunächst Mehrzeller auf unterster Stufe und nochmals viel später einfachste Tiere. Die sich später entwickelnden Pflanzen übernahmen das Prinzip der Photosynthese. Auf viel Sauerstoff waren die höheren Tiere angewiesen. Es war ein sich aus den Bedingungen der Erdentwicklung folgendes schlüssiges Konzept, nach dem sich alles Lebendige entwickelte.

Abb. 1.6a zeigt unterschiedliche Bakterienformen, kugelige, wellige, fadenförmige. Ihre Größe ist mit 1/10.000 bis 1/1000 Millimeter winzig und nur mit dem Mikroskop erkennbar. Sie waren die Ersten und werden eines fernen Tages wohl die Letzten sein. Man findet sie auf der heutigen Erde an den unwirtlichsten Orten, auch in großen Tiefen unter dem Erd- und Meeresboden, wobei sie dort ihre Energie u. a. aus Schwefelwasserstoff und radioaktiven Zerfallsprozessen beziehen. –

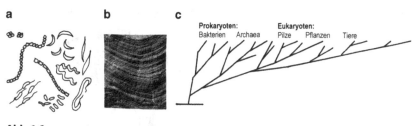

Abb. 1.6

Man geht davon aus, dass sich die anfänglichen einzelligen Mikroben als ausgedehnte Kolonien in den Übergangszonen zwischen warmem Wasser und dem festen Küstensaum ausbreiteten. Sand lagerte sich in die dünnen schleimigen Matten ein. So entstanden biogene Sedimentschichten, die sogen. Stromatolithen (Abb. 1.6b), zum Teil sehr ausgedehnt und mächtig. Von den einzelligen Organismen ist einsichtiger Weise nichts erhalten geblieben.

Die in Abschn. 1.1 behandelte Einteilung der Lebensformen in Prokaryota (Archaea und Bakteria) und Eukaryota ist in Abb. 1.6c nochmals als Entwicklungsbaum zusammengefasst.

Doch wie entstanden die ersten Einzeller? Es werden verschiedene Modelle diskutiert. Ein Entstehen in warmen flachen Wassertümpeln im Sinne der Miller'schen und weiterer, später durchgeführter, Versuche wird nach wie vor nicht ausgeschlossen. – Als wahrscheinlicherer Ursprungsort werden die sogen. **Schwarzen Raucher** gesehen. Das sind hydrothermale Quellen in der Tiefsee. Sie sind vulkanischen Ursprungs. Aus ihnen sprudelt heißes mineralisches Wasser mit Temperaturen bis 400 °C und mehr. Sie liegen in Tiefen bis 500 m, in seltenen Fällen noch deutlich tiefer. Solche Quellen in absoluter Dunkelheit existieren bis heute in großer Zahl. Im Umfeld tummelt sich reges Leben in einfachsten Formen. An solchen Orten könnten sich unter dem herrschenden Druck Biomolekülketten, bestehend aus dem bindungsfreudigen Kohlenstoff sowie aus Sauerstoff, Stickstoff und Wasserstoff, Phosphor, Schwefel, Calcium und Eisen, gebildet haben. Die vernetzten Ketten formten sich in unterschiedlicher Weise zu einer einzelnen Zelle mit einer schützenden Membranhülle. Die Zelle ernährte sich u. a. von Schwefel. Im Wasser war sie vor der UV-Strahlung geschützt. Die Komplexität einer solchen Zelle war zu Anfang sicher noch relativ gering. Eine Selbstproduktion und Selbstorganisation auf rein biochemischer Basis ist vorstellbar. Gleichwohl, die Details der Genesis sind unbekannt (die synthetische Erzeugung einer Zelle im Labor ist bislang nicht gelungen).

Abb. 1.7

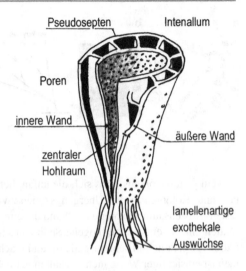

Pseudosepten   Intenallum

Poren

innere Wand

zentraler
Hohlraum

äußere Wand

lamellenartige
exothekale
Auswüchse

Indem ein Einzeller einen gleichen oder ähnlichen Einzeller im Inneren auf-
nahm, wurden Bau und Funktion der Zelle komplexer. Die integrierte Zelle wurde
zu einem Organ der Zelle. Es entstand ein Einzeller mit Kern. Später kamen weitere
Zellorgane (Organellen) hinzu. Die Zelle wurde dadurch größer und biochemisch
vielgestaltiger. Die Zellmembran entwickelte sich weiter, ein Stoffwechsel mit der
Umwelt war möglich.

Beim Verschmelzen von Einzellern höherer Komplexität wuchsen Vielzeller
mit nochmals sprunghaft gesteigerter Komplexität heran. Beim Fortpflanzen durch
Teilung von Zelle und Kern konnte die Erbinformation auf der DNA weitergegeben
werden. Das Werden des Lebens schritt auf dieser entscheidenden Stufe nur rein
biochemisch voran. Für viele ist dieser Sprung auf ein höheres Niveau nur durch
das Wirken und den Eingriff einer höheren (göttlichen) Instanz denkbar.

Die den archaischen Einzellern folgenden zunehmend höheren Vielzeller werden nach heutigem Verständnis in zwei Linien untergliedert:

• In die nach wie vor existierenden Urtierchen, in die Quallen und in die Schwäm-
me und Korallen, sie sind fest mit dem Meeresboden verbunden, und
• in die Würmer, Krebse, Insekten und Wirbeltiere.

Als Beispiel für ein Tierchen aus der ersten Linie zeigt Abb. 1.7 eine Archaeocya-
thide, ein vor 520 Mill. Jahren lebender und später ausgestorbener Schwamm, der

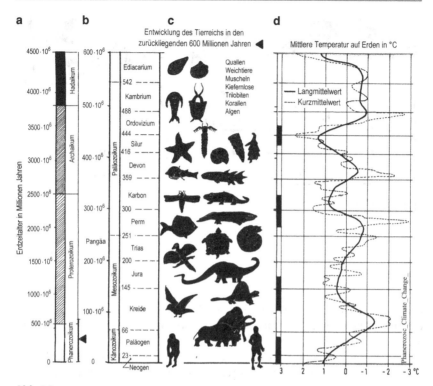

Abb. 1.8

eine Größe von 15 cm erreichte und am Boden verankert war. Von ihm wurde im Jahre 2014 in Nordbayern ein kleines Fossil entdeckt.

Ab dem Kambrium vor ca. 550 Mill. Jahren entstanden sukzessive immer höhere Lebensformen, zunächst nur im Wasser: Muscheln, Schnecken, Seesterne, Quastenflosser, Fische; alles in großer Vielfalt im jeweils eigenen Lebensraum.

Seit der Ausformung der Erde vor 4500 Mill. Jahren dauerte es demnach fast 3900 Mill. Jahre bis ‚höheres' Leben einsetzte! Die linke Spalte in Abb. 1.8 zeigt die Erdzeitalter von Anfang an (Teilabbildung a), die mittleren Spalten zeigen die Entwicklung der höheren Lebensformen seit 600 Mill. Jahren bis heute (Teilabbildungen b/c). Die mittlere Temperatur auf der Erde schwankte innerhalb einer relativ schmalen Spanne (Teilabbildung d), das Klima war durchgängig eher gleichförmig milde bis tropisch. Dieser Umstand war wohl die entscheidende Ursache

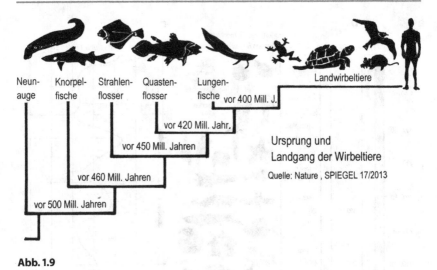

Abb. 1.9

dafür, dass sich das Leben auf eine so hohe Stufe entwickeln konnte. Gleichwohl, die Entwicklung wurde, wie dargestellt, durch Asteorideneinschläge und Vulkanausbrüche immer wieder zurück geworfen.

Das Wasser vermochte die einfallende UV-Strahlung für die im Wasser lebenden Tiere zu filtern. Das sich in höheren Schichten der Atmosphäre gebildete Ozon (O_3) bot einen Schutzschirm für die Landtiere. Damit war der Schritt aus dem Wasser aufs Festland möglich. Das geschah, von heute aus, in einer Zeit vor 350 Millionen Jahren. Niedere Tiere, wie Spinnen und ähnliche, waren wohl schon früher ‚landgängig'. Abb. 1.9 zeigt auf, wie aus den genetischen Sequenzen heute noch lebender fossiler Tiere auf den ersten Landgang ihrer Art geschlossen wird.

Die Tiere außerhalb des Wassers mussten sich so ausbilden, dass sie ihr eigenes Gewicht (jetzt ohne Stützung durch den Auftrieb des Wassers) tragen konnten. Sie mussten sich einen Außenschutz in Form einer Schale, eines Panzers, eines Fells zulegen. Die inneren Organe für Atmung und Stoffwechsel mussten sich weiter ausformen. Die Fähigkeit zur Aufrechterhaltung der Körpertemperatur musste sich bilden, um den tages- und jahreszeitlichen Temperaturschwankungen trotzen zu können, das führte zum Entstehen der ‚Warmblüter'. Zwecks Orientierung und Bewegung mussten sich bei den Tieren die Sinnesorgane, die Nervenstränge und das Gehirn bilden. Wunder über Wunder! Erstaunliche Fortschritte, die auf der Mutationsfähigkeit der Erbzellen und auf dem evolutionären Selektionsprinzip beruhen (Abschn. 1.7).

Abb. 1.10

Geschätzte Länge:
32 m

Schon früh, 300 Mill. Jahre vor heute, im Karbon, entstanden die Insekten mit der nach wie vor größten Artenvielfalt. Sie sind relativ kurzlebig, gleichwohl mit erstaunlichen Fähigkeiten im Wahrnehmungs- und Reaktionsvermögen ausgestattet. Die Ameisen-, Termiten- und Bienenvölker können jeweils in ihrer Volksgesamtheit als lebender Organismus begriffen werden. Mit den Insekten entstanden die Spinnentiere, die größtenteils von ihnen lebten bzw. leben. Das gilt auch für die gleichzeitig entstandenen Lurchtiere, auch sie lebten und leben mehrheitlich von Insekten. In einer langen Periode über die Zeitalter Karbon, Perm, Trias bis in den Jura hinein, vervielfältigten sich die tierischen und pflanzlichen Lebensformen riesig, massenhaft. Die Pflanzen traten zunächst als Sporenpflanzen, wie Schachtelhalme und Farne, auf, gefolgt von den Nacktsamern, später traten die Bedecktsamer hinzu. Das Festland war mit einer dichten Flora überzogen, ebenso der küstennahe Meeresboden, reiches Biotop für die Entwicklung der Fauna.

Ab dem oberen Jura, vor 150 Mill. Jahren, traten die Saurier auf, Kaltblüter, wie ihre späteren Nachfahren, die Krokodile und Schlangen. Die Saurier entwickelten sich zu Riesentieren. Der Futalogukosaurus hatte wohl eine Länge von 32 Metern und eine Körpermasse von 40 Tonnen (Abb. 1.10). Die Gruppe der Sauropoden wurden bis zu 100 Tonnen schwer!

Die Saurierpopulation gab es in großer Mannigfaltigkeit: Die Großtiere waren Pflanzenfresser. Fleisch fressende Saurier waren im Wuchs deutlich kleiner. Aus den zweibeinigen Urechsen entwickelten sich die Vögel. Dem Urvogel (Archäopteryx) gingen Sprung- und Flugechsen voraus, auch vogelähnliche Schnabel- und Raubtiermonster. – Im Wasser tummelten sich Fischsaurier.

Die Saurier pflanzten sich überwiegend durch Legen von Eiern fort (wie heute noch die Reptilien, auch die Lurche). Die Temperatur war ausreichend hoch, sodass es bei vielen Arten keiner Brutpflege mit anschließender Aufzucht durch die Elterntiere bedurfte, in anderen Fällen übernahmen männliche Tiere diese Aufgabe. – Die Vögel mussten und müssen ihre im Nest gelegten Eier in luftiger Höhe ausbrüten und hier ihre Küken groß ziehen.

Vor 65 Mill. Jahren führte am Ende der Kreidezeit ein Asteroideneinschlag zum augenblicklichen Aussterben der Saurier (vgl. Abschn. 1.2.2): Als Kaltblüter konnten sie dem anschließenden Kälteeinbruch nicht widerstehen. – Die Vögel hatten sich schon vorher zu Warmblütern entwickelt, ein Leben in den kühlen Lüften, insbesondere nachts, war nur so möglich gewesen. Zusätzlich geschützt durch ihr Federkleid konnten die Vögel die späteren klimatischen Wechsel mit Kälteeinbrüchen immer wieder überdauern, wobei sie sich vielfältige und großartige Lebensfähigkeiten in den tropischen und arktischen Zonen zulegten. Dank ihrer Flugeigenschaft verfügen sie über eine große Anpassungsfähigkeit, sie können und müssen im Jahreszyklus in wärmere Zonen ‚flüchten'. Der Flug der Zugvögel und ihr Orientierungsvermögen grenzen wahrlich an ein Wunder.

Die Säugetiere (Plazentatiere) traten erst in relativ junger Zeit auf. Als Warmblüter konnten sie sich den klimatischen Wechseln anpassen. Als mäuse-/rattenähnliche Kleintiere hatten sie sich schon vor der Saurierzeit entwickelt, in dieser Form konnten sie die Saurierkatastrophe überleben. Nach Aussterben der Saurier wurden viele Säuger zu Großtieren. Großwüchsige Tiere können Wärme im Körper länger speichern wie kleinere. Die Großen waren dadurch in den harten Eiszeiten bzw. -zonen gegenüber Kleinen im Vorteil. Kleinsäuger überwintern auch heute noch im Tiefschlaf im Schutz von selbst gegrabenen Erdhöhlen oder -gängen. Dazu sind auch die kleinen Kaltblüter in der Lage, wie Frösche, Kröten, Echsen und Schlangen.

Die Biologie ist eine an Fakten, an Schönheit und Wundern reiche Wissenschaft, groß ist die Anzahl der Werke, die sie in ihrer Vielheit beschreiben, eine kleine Auswahl zum Lernen sei vermerkt: [19–21].

1.2.6 Entwicklung des Menschen

1.2.6.1 Die Homininen (Hominini)

Die Entwicklungsgeschichte des Menschen (Homo sapiens) reicht weit zurück. Der Beginn wird auf 60 Millionen Jahre vor heute datiert. Alle Vorgänger innerhalb dieses Zeitraumes werden als **Primaten** (Affen) bezeichnet. Ihnen entsprangen als erste die Lemuren, gefolgt von den Neuweltaffen und Altweltaffen. Die frühen Primaten waren klein und zart im Wuchs, zum Teil waren sie nachtaktiv. Sie verfügten über Greifhände und -füße mit Fingern. Ihre Augen waren nach vorne gerichtet. Sie lebten in Bäumen und ernährten sich von Blüten, Früchten und Insekten. – Abb. 1.11a zeigt, wie sich die einzelnen Gattungen von der gemeinsamen Linie abgezweigten. Viele der Tiere leben noch heute, wobei der Bestand einiger Arten

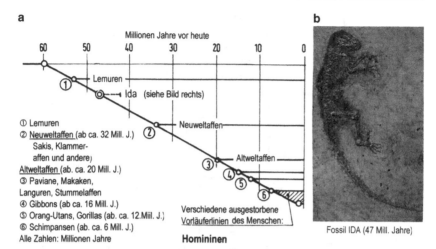

a

Millionen Jahre vor heute

60 50 40 30 20 10 0

Lemuren

① Lemuren
② Neuweltaffen (ab ca. 32 Mill. J.) ②
Sakis, Klammer-
affen und andere)
Altweltaffen (ab. ca. 20 Mill. J.)
③ Paviane, Makaken,
Languren, Stummelaffen
④ Gibbons (ab ca. 16 Mill. J.)
⑤ Orang-Utans, Gorillas (ab. ca. 12.Mill. J.)
⑥ Schimpansen (ab. ca. 6 Mill. J.)
Alle Zahlen: Millionen Jahre

Ida (siehe Bild rechts)

Neuweltaffen

Altweltaffen

③
④
⑤
⑥

Verschiedene ausgestorbene
Vorläuferlinien des Menschen:

Homininen

b

Fossil IDA (47 Mill. Jahre)

Abb. 1.11

als bedroht gilt. – Im Jahre 2009 wurde ein 47 Millionen Jahre altes Fossil ent-deckt (Abb. 1.11b), man nannte es IDA. In dem Fossil wird wegen der großen Zahl von Merkmalen der besterhaltener Beleg für die sich aus den Säugern entwickelte Affenlinie mit den Homininen (und mit dem Menschen) als Endpunkt gesehen.

Von der Entwicklungslinie trennten sich am Ende die Gibbons, Orang-Utans, Gorillas und Schimpansen ab (mit den Bonobos als Seitenlinie) und schließlich der Mensch mit seinen diversen Vorgängern [22–24].

In Abb. 1.12 ist die Entwicklung der **Homininen** dargestellt. So nennt man die unmittelbaren Vorläufer des Menschen (ehemals war der Begriff Hominiden im Gebrauch). Deren Entwicklung setzte vor ca. 7,5 Millionen Jahren ein, wobei sich vier Hauptgruppen unterscheiden lassen, wie in der Abbildung dargestellt. Auf-gelistet sind 16 Arten. Die sehr frühen Homininen starben schon vor mehr als 4 Millionen Jahren wieder aus. Ihnen folgten die Gruppe Australopithecus (A) mit mehreren Ästen über einen Zeitraum von ca. 2 Mill. Jahren, die Gruppe Paran-thropus (P) und die Gruppe Homo (H), letztere ab etwa 2,5 Millionen Jahre vor heute. – Es gab lange Zeiträume auf Erden, in denen mehrere verschiedene Ho-mininen gleichzeitig und gemeinsam in derselben Landschaft lebten. In der Zeit zwischen 4 bis 2 Millionen Jahre vor heute war die Vielfalt besonders groß. Al-le Homininen starben wieder aus; nur der sehr spät aus ihnen hervor gegangene Mensch blieb als einziger von ihnen übrig.

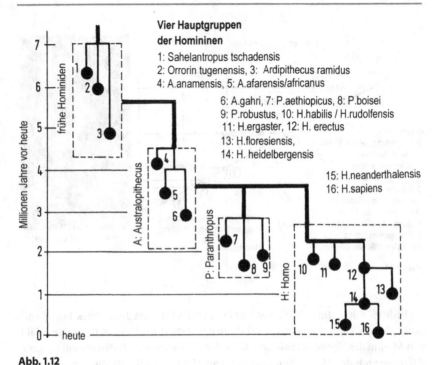

Abb. 1.12

Infolge von Klimaänderungen in Afrika, die mit einem Rückgang der tropischen Regenwälder verbunden war, traten die zur **Gruppe A** (**Australopithecus**, vgl. Abb. 1.12) gehörenden Homininen aus den Rändern der Wälder in die Baumsavannen heraus. Ihr Aussehen war immer noch affenartig. Ihr aufrechter Gang mit zweibeiniger Fortbewegung ist gesichert. Vielleicht wurde der Hominine Zweibeiner, um zwecks Fischfangs im Wasser waten zu können. Das ist indessen eher spekulativ, denn die Australopithecinen ernährten sich nach wie vor überwiegend von Blattwerk und Früchten. Sie blieben gute Baumhangler. Mit einer Größe von 1,1 bis 1,5 m waren sie vergleichsweise kleinwüchsig, auch war ihr Gehirnvolumen mit 500 cm^3 noch gering (vgl. Abb. 1.13; bei den Menschenaffen liegt das Volumen zwischen 400 bis 500 cm^3).

Beim zweibeinigen Gehen hatte der Hominine die Hände zum Greifen frei. Das ermöglichte ihm, Gegenstände zu tragen und Waffen bei der Jagd zu werfen, was seine Überlebenschance verbesserte. Dank der sensibel entwickelten Finger vermochte er Werkzeug zu fertigen und damit geschickt zu hantieren. Das waren alles

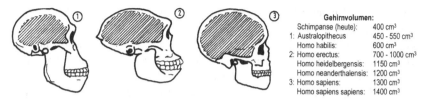

Gehirnvolumen:	
Schimpanse (heute):	400 cm³
1: Australopithecus	450 - 550 cm³
Homo habilis:	600 cm³
2: Homo erectus:	700 - 1000 cm³
Homo heidelbergensis:	1150 cm³
Homo neanderthalensis:	1200 cm³
3: Homo sapiens:	1300 cm³
Homo sapiens sapiens:	1400 cm³

Abb. 1.13

erste wichtige Schritte zur Menschwerdung. Neue, 2 Millionen Jahre alte Funde des Australopithecus sebida in Südafrika werden als Spätform der Australopithecinen im Übergang zur Gattung Homo gedeutet.

Auch die **Homininengruppe P (Paranthropus)** war sehr langlebig. Die Gruppe bildete einen Seitenzweig zur Gruppe A und zur folgenden Gruppe H. Zwar ‚robust' von Natur und Statur, konnte sich der Paranthropus gegenüber der sich gleichzeitig entwickelnden **Gruppe H (Homo)** nicht durchsetzen. Mit dem Homo habilis, Homo ergaster, Homo rudolfensis und insbesondere mit dem Homo erectus entstanden Gattungen, die nach Größe, Körperform und Gehirn dem heutigen Menschen, dem Homo sapiens, schon näher kamen; das verwendete Werkzeug wurde fortschrittlicher. Das Gehirnvolumen wuchs beim Homo erectus auf ca. 950 cm³ an, gegen Ende seiner Entwicklung wohl bis auf 1100 cm³.

Dank seines inzwischen gut entwickelten Gehapparats eroberte der **Homo erectus** ‚wanderlustig' die Erde und besiedelte weite Räume und das ab 1,8 Mill. Jahre vor heute über einen Zeitraum von insgesamt 1,7 Mill. Jahre! Es war die längste Besiedelungszeit eines Homininen überhaupt. Von Afrika kommend, erstreckte sich die Besiedelung durch ihn bis nach China und Java. Ob es den Homo floresiensis hier tatsächlich als eigene Gattung gab, ist möglich, indessen ungewiss; er war wohl eher ein in der Inselisolation verzwergter Homo erectus. – Gegenüber den Vorgängerhomininen verzehrte der Homo erectus auch Fleisch und Knochenmark. Das bedeutete im Vergleich zu einer rein pflanzlichen Nahrung eine deutlich energiereichere Kost. Dieser Wandel lässt sich insbesondere aus der Entwicklung des Gebisses folgern. Der Homo erectus ernährte sich auch von Aas, wohl auch von seinesgleichen. Er baute gegen Ende seiner Entwicklung vielleicht schon einfache Hütten und lebte in Familien. Ob er sich bereits ab 500.000 Jahren vor heute in einfachen Gesten verständigen konnte, ist ebenfalls unsicher, wegen seines angewachsenen Gehirnvolumens indessen nicht unwahrscheinlich. Die Fähigkeit zum Sprechen von Lauten entwickelte sich wohl erst beim Homo sapiens. Trotz seines hohen Entwicklungsstandes starb der Homo erectus wieder aus. – Die in

Abb. 1.12 als Nummer 10 und 11 vermerkten Homo-Gattungen werden von einigen Forschern dem Homo erectus zugeordnet. Mit neuen Funden wandelt sich die Entwicklungs-Systematik, so ist im Jahre 2015 mit dem Homo naledi ein weiterer Vertreter zur Homo-Familie dazu gekommen. Von ihm wurden mehrere gut erhaltene Skelette in einer Höhle in Südafrika entdeckt.

Über das eigentliche Werden den **Homo sapiens** gibt es unterschiedliche Hypothesen. Die ‚Geburt' vollzog sich in jedem Falle in Afrika, aber wohl nicht aus dem aus dem Homo erectus entsprungenen **Homo heidelbergensis** heraus (gemeinsam mit dem Homo neanderthalensis, vgl. Abb. 1.12), wie bislang vermutet, sondern aus dem **Homo rodesiensis**. Der Homo rodesiensis hatte sich ab 500.000 Jahren v.h. vom Zentrum Afrikas aus in alle Richtungen des Kontinents ausgebreitet; Afrika kannte da noch keine Tropen und Wüsten. Dem Hominine entsprangen nach Abwanderung zunächst vor 400.000 Jahren der Neandertaler-Mensch und der Denisova-Mensch. Erstgenannter wurde in Europa, Zweitgenannter in Asien heimisch. Als letztes entwickelte sich aus dem Homo rodesiensis vor 250.000 Jahren der Homo sapiens, der anatomisch moderne Mensch. Er verfügte nach vorangegangenen Mutationen über abermals gesteigerte händische und geistige Fähigkeiten. Nach langer weiterer Entwicklung wanderten vor ca. 100.000 Jahren Gruppen des Homo sapiens in den Vorderen Orient ein, wo sie blieben. Teile von ihnen besiedelten von hier aus in zwei Zügen den asiatischen Raum (vor ca. 55.000 Jahren) und den europäischen (vor ca. 50.000 Jahren). Dabei trafen sie auf die hier schon lange lebenden Neandertaler bzw. Denisovaner.

In der Zeit 200.000 bis 140.000 Jahre vor heute (v. h.) herrschte eine globale Kaltzeit. Ihr folgte zwischen 130.000 und 110.000 Jahren v. h. eine Warmzeit. Dieser schloss sich dann ein längerer Zeitraum mit gemäßigtem Klima an, überlagert von kürzeren Kalt-Warm-Schwankungen und einer im Mittel schwach abnehmenden Temperatur. In dieser Zeit dürfte sich der Mensch zunächst von Ostafrika innerhalb des afrikanischen Kontinents nach Süden und Westen ausgebreitet haben. Wiederholt war sein Bestand in den Kaltzeitphasen wegen des kargen Nahrungsangebotes gefährdet. Er war indessen in seiner Entwicklung inzwischen so weit fortgeschritten, dass er den durch Klimaänderungen bedingten Gefährdungen widerstehen konnte (auch in der später auf ihn zukommenden letzten Eiszeit). –

Alle dem Homo sapiens vorangegangenen Homininen, je nach Differenzierung waren es wohl bis zu zwanzig Mitglieder, waren noch keine eigentlichen Menschen gewesen, sondern Vorläufer im Zuge der stammesgeschichtlichen Menschwerdung, ihre geistige Leistungsfähigkeit lag stets deutlich unter jener des späteren Homo sapiens. Das galt auch für den **Homo neanderthalensis**. Er vermochte schon einfache Werkzeuge und Waffen aus Stein, Knochen und Holz zu fertigen. Hiermit erlegte er Wild, auch Großtiere. Er fertigte Kleidung aus Fellen.

Nadeln und Knöpfe sind überliefert. Auch legte er sich schon Schmuck an und
bemalte seinen Körper, Zeichen eines Verständnisses für Symbolik. Sein Gehirnvolumen erreichte das des Homo sapiens. Im Erbgut des modernen Menschen finden
sich wenige Prozent DNA des Neandertalers, ca. 3 %. Es wird vermutet, dass
der Mensch durch die Kreuzung mit dem Neandertaler Gene geerbt hat, die sein
Immunsystem und seine Robustheit für das raue Leben im europäischen Raum ge-
stärkt haben [25, 26]. – Eine weitere sich mit dem Homo sapiens gekreuzte archaische Spezies war der Denisova-Mensch, von dem 45.000 Jahre alte fossile Kno-
chensplitter im Altai-Gebirge gefunden wurden und an denen eine DNA-Analyse
gelang. Neandertaler und Denisova-Mensch lebten über einen langen Zeitraum gemeinsam mit dem Homo sapiens. – Ca. 30.000 bis 20.000 Jahre v. h. starben sie
vor dem Höhepunkt der letzten Eiszeit aus (ob durch den Homo sapiens mit verursacht, ist ungewiss). Beim Homo sapiens hatte sich das Gehirnvolumen deutlich
vergrößert, vgl. Abb. 1.13. Insbesondere hatte sich die Großhirnrinde zur Bewältigung komplexerer Denkfunktionen in Verbindung mit seinem Sprachvermögen
weiter ausgeformt. Er entwickelte sich zu einem ausdauernden Läufer und muti-
gen Jäger. Neben Werkzeug schuf er sich immer bessere Waffen, wie Pfeile und
Harpunen.

Sesshaft wurde der Homo sapiens in dieser frühen Entwicklungsphase immer
noch nicht. Große Bedeutung für die Menschwerdung hatte das Feuer im Lager
der Horde und die Einrichtung eines Herdes (wie angedeutet, beherrschten der
Erectus und der Neandertaler das Feuer vielleicht auch schon). Zum einen diente
das Feuer der Warmhaltung und Aufhellung des Nachts, zum anderen konnte die
Nahrung haltbarer und verdaulicher zubereitet werden. Der Homo sapiens war von
Anfang an Allesfresser. Ein Vorteil, der es ihm ermöglichte, sich den durch Klimaänderungen bedingten wechselnden Nahrungsangeboten als Jäger und Sammler
anzupassen. Das sich vergrößernde Gehirn bedurfte einer zunehmend energiereichen Fleischnahrung.

Entscheidend für die Überlegenheit des Homo sapiens waren seine sprunghaft
gestiegenen geistigen Fähigkeiten und händischen Fertigkeiten. Er verbesserte sein
Werkzeug unter Verwendung von Knochen, Geweihmaterial und Holz.

Sein Verhalten änderte sich zunehmend gegenüber allem, was es bis dahin
gegeben hatte, das zog sich über mehrere zehntausend Jahre hin! Irgendwann begann er seinen Lebensraum wahrzunehmen und zu gestalten! Er begann nicht nur
mehr instinktiv (passiv) zu reagieren, sondern, dank seiner Denkfähigkeit, über den
nächsten Tag hinaus zu planen. Dieser Wandel im Bewusstsein und im Verhalten
zeichnete ihn gegenüber den Tieren aus und grenzt ihn von ihnen ab.

Eigentlich wirklich kreativ wurde der Homo sapiens, als er sich im Nahen Osten niederließ und sich von hier aus weltweit ausbreitete und dabei auch in Europa

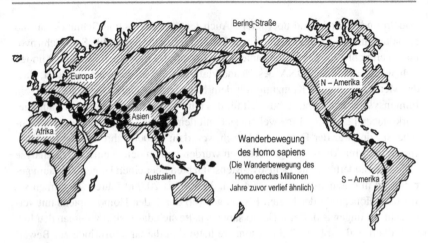

Bering-Straße

Europa

N – Amerika

Asien

Afrika

Wanderbewegung
des Homo sapiens
(Die Wanderbewegung des
Homo erectus Millionen
Jahre zuvor verlief ähnlich)

Australien

S – Amerika

Abb. 1.14

vor 50.000 Jahren einwanderte, Abb. 1.14 zeigt seine Wanderzüge. Nach weiteren Jahrtausenden setzte die letzte Eiszeit ein. Ihren Höhepunkt erreichte sie vor 22.000 bis 18.000 Jahren [27]. Der Meeresspiegel sank um 120 m unter das ursprüngliche (und heutige) Niveau. Das Wasser war in den mächtigen Eiskappen der Pole und in den Gletschern der Hochgebirge gespeichert. – Der Homo sapiens blieb weiter Nomade. Durch leichte genetische Mutationen änderten sich während seiner Ausbreitung über die Kontinente Körpergröße und Gestalt, Haut- und Haarfarbe, Gesichts- und Augenform. – Über die Bering-Straße konnte er von Asien aus Nordamerika erreichen, das gelang ihm wohl vor 20.000 Jahren. Später, vielleicht vor 14.000 Jahren, spaltete sich der Zug auf dem nordamerikanischen Kontinent, der eine Teil wanderte weiter nach Süden, der andere verblieb im Norden. Vor 6000 wanderten von Sibirien aus die Vorfahren der Inuits ein, sie mischten sich fortan mit den Frühsiedlern.

In allen Zeiten waren die verschiedenen Homininen wechselnden Kalt- und Warmzeiten ausgesetzt gewesen. Auf diese konnten sie nur passiv mit Rückzug oder Vordringen in andere Räume reagieren. Das trug wohl vielfach zum Erlöschen jener Homininen bei, die sich bei ihren Wanderbewegungen zu weit von Afrika entfernt hatten. Bei den von Klima- und Wettereinbrüchen ausgehenden Gefahren und den von Tieren und fremden Artgenossen ausgehenden Bedrohungen hatte jener zum Überleben den größten Selektionsvorteil, der diesen Herausforderungen mit der höchsten Wachsamkeit und Schnelligkeit begegnen konnte, gepaart mit ausdauernder Körperkraft und rüstiger Verfassung. In diesem Punkt sollte sich der Homo sapiens dank seiner Intelligenz am Ende als der erfolgreichste Hominine erweisen.

Wie dargestellt, vollzog sich die Evolution der Homininen immer wieder von Afrika aus. Bei aller Verschiedenheit gibt es für alle heute lebenden Menschen auf Erden eine Gewissheit, sie sind vom Ursprung her alle Afrikaner, sie haben alle eine gemeinsame Mutter!

Im Nahen Osten, im Zweistromland zwischen Euphrat und Tigris, und in Ägypten, beidseitig des Nils, wurde der Mensch erstmals und endgültig sesshaft. Statt Zelte errichtete er Hütten, später Häuser. Das geschah ebenso entlang der großen Ströme in Asien. In diesen Siedlungen, die sich bald vergrößerten, entstanden die ersten Hochkulturen.

In den anderen Teilen der Welt, die der Homo sapiens inzwischen erschlossen hatte, stellte sich der zivilisatorische Fortschritt klimabedingt erst später ein, z. T. erst viel später, z. B. in Eurasien, in Amerika und im pazifischen Raum. Hier lebten die Menschen nach wie vor als Wildbeuter in kleinen regionalen Populationen.

Wie sich das alles bis zur Ausformung des Homo sapiens sapiens, also des heutigen Menschen, genau vollzog, war und ist Gegenstand der paläontologischen, archäologischen und historischen Forschung. Vieles konnte inzwischen nachvollziehbar geklärt werden, eine aufregende Geschichte [18–33].

Wie oben ausgeführt, ist eines gewiss: Alle heute auf Erden lebenden Menschen sind miteinander verwandt, ihr Genpool ist weitgehend identisch. Sie verfügen alle über das Gen FOXP2, das sie zum Sprechen befähigt. Während sich der Mensch in unterschiedlichen Populationen über die Erde ausbreitete und niederließ, entstanden ca. 7000 verschiedene Sprachen! Viele von ihnen, wohl die meisten, sind inzwischen vergessen [34]. Die globale Vermischung und Vereinheitlichung schreitet nach wie vor voran, die Evolution des Homo sapiens ist keinesfalls abgeschlossen.

Aus der Natur heraus entstanden, entwickelte sich der Mensch zu etwas völlig Neuem auf Erden, zu einem innovativen und kulturellen Wesen mit hohen geistigen Anlagen, die auf seinem großen und ausdifferenzierten Gehirn beruhen. Gleichwohl, er ist und bleibt ein gespaltenes Wesen. Seine naturgebundene Herkunft kann er nicht ablegen. Insofern ist er letztlich nicht völlig frei und neu. – Wie sich sein Wandel aus der Natur heraus vollzog, wird im folgenden Abschnitt in gebotener Kürze skizziert; zur evolutionären Entwicklung seiner Denk- und Sprechfähigkeit vgl. Abschn. 1.7.3.

1.2.6.2 Der Mensch – Die Anfänge: Kult – Kunst – Kultur

Für den europäischen Raum (der hier bevorzugt betrachtet werde) wird die **Steinzeit (Paläolithikum)** auf den Zeitraum 2,5 Millionen Jahren bis 10.000 Jahre vor heute eingegrenzt, gefolgt vom Mesolithikum mit diversen zeitlichen und lokalen Untergliederungen. – In Abhängigkeit von der Ausreifung der hinterlassenen Steinwerkzeuge und anderer Zeugnisse, werden drei Perioden unterschieden:

- **Altpaläolithikum** (Altsteinzeit), die Zeitspanne bis 200.000 v. Chr., es ist die Epoche der späteren Homininen: Vom Homo habilis, gefolgt ab 1,6 Millionen Jahren vor heute vom Homo ergaster, sind die ersten ausgereifteren Steinwerkzeuge in Form eines harten und scharfen Abschlags (Oldowan) zum Zerlegen von Tierkörpern und zur Gewinnung von Knochenmark überliefert. Ab etwa 1,5 Millionen Jahre vor heute kamen beidseitig behauene Faustkeile hinzu, zum Schlagen, Schaben und Hacken. Nach dem Homo ergaster eroberte der Homo erectus die Welt, wie oben ausgeführt. Die Frühzeit des Homo neanderthalensis fällt in das Ende dieser Epoche.
- **Mittelpaläolithikum** (Mittelsteinzeit), die Zeit 200.000 bis 40.000 v. Chr. Wohl um 200.000 Jahre vor heute, vielleicht später, entstand der Homo sapiens in Ostafrika, wo er sich länger aufhielt, um sich dann von hier aus auszubreiten. Überliefert sind verfeinerte und scharfe Steinartefakte. Die Verwendung dieser Steinwerkzeuge und der Gebrauch des Feuers kennzeichnen die fortschreitende Entwicklung des Homo sapiens auf seinem Weg zum Neumenschen: Zunehmend gelang neben der Fertigung scharfer Klingen und Messer auch jene von hölzernem Werkzeug und Gerät. An Speeren und Lanzen befestigte er scharfe steinerne Spitzen, mit Pech verklebt. Auch entwickelte er in späterer Zeit die Wurfschleuder als wirksame Jagdwaffe. Die bewusste Fertigung von Werkzeug aller Art, die Zubereitung von Speisen und das Anlegen von Vorräten bedeutete Planung für den nächsten Tag, Vorsorge für die Zukunft. In die Mittelsteinzeit fielen drei Kalt- und zwei Warmzeiten. Das Leben der ersten Menschen verlief noch auf primitiver Stufe. Wo sie sich (kurzzeitig) niederließen, mussten sie sich dem herrschenden Klima anpassen. Sie waren als Sammler und Jäger unterwegs. Sie überwinterten in Höhlen. Gefährlich war die Jagd auf Mammuts und andere Großwildtiere. War ein solches Großtier erlegt, war der Bestand der Sippe für einige Zeit gesichert. Von den Raubtieren ging ständig Gefahr aus. Das erforderte Wachsamkeit bei Tag und Nacht, insbesondere in den hellen Mondnächten. Alt wurden sie nicht, die ersten Menschen.
- **Jungpaläolithikum** (Jungsteinzeit), es war die Zeit von 40.000 bis 12.000 v. Chr. Sie wird in die Epochen Aurignacien, 40.000 bis 28.000 v. Chr., Gravettien, 28.000 bis 22.000 v. Chr., Solutréen, 22.000 bis 18.000 v. Chr. und Magdalénien, 18.000 bis 12.000 v. Chr. untergliedert.
  In Europa herrschte in dieser Zeit ein überwiegend kaltes und trockenes Klima. Die Landschaft nördlich der Linie Pyrenäen, Alpen bis zum Kaukasus war mit ausgedehnten Grassteppen überzogen. In diesen weideten wandernde Tier-

herden. Der Homo sapiens begann erste dauerhafte Jagdlager und Siedlungen einzurichten. Neben den erlegten Tieren ernährte er sich von Fisch und von Vogeleiern, auch von Wildpflanzen, die durch Zerreiben zubereitet wurden. Er lebte in den genannten Räumen gemeinsam mit dem Homo neanderthalensis. Aus der Zeit des Aurignacien sind verfeinertes Werkzeug und auch Schmuck, Perlen aus Stein und Elfenbein, bekannt. – Von den Cro-Magnon-Menschen (so nennt man die frühe Population des Homo sapiens in Europa) sind Höhlenmalereien aus einer Zeit vor 30.000 Jahren überliefert! Mit seinem kultischen und kulturellen Tun separierte sich der Mensch endgültig vom Tier, hierin lag und liegt seine Bestimmung! Entscheidend dabei war die Ausreifung einer höheren Sprache. – Die Art der Grablegung mit Beilagen lässt beim Homo sapiens ein Nachdenken über sich selbst, seine Existenz, seine Endlichkeit, seinen Tod erkennen. Vielleicht glaubte er schon an eine Wiedergeburt, an ein Jenseits. – In der Chauvet-Grotte, gelegen im Flusstal der Ardéch in Frankreich, wurden im Jahre 1994 36.000 Jahre alte Felsmalereien mit Darstellungen von Löwen, Bären, Nashörnern, Pferden und Rentieren entdeckt, über 500 Bilder an der Zahl. Inzwischen wurde die Höhle einschließlich der Malwerke in einem Museum nachgebildet (2015).

Abb. 1.15 zeigt farbige Höhlenmalereien, die in der 1940 entdeckten Lascaux-Höhle in Aurignacien (Frankreich) aufgefunden wurden, sie sind etwas jüngeren Datums als jene in der Chauvet-Grotte.

Erstaunlich sind auch jene Schnitzwerke, welche Tiere als kleine Statuetten darstellen, solche wurden u. a. in Grotten in Schwaben (Deutschland) entdeckt (Abb. 1.16). Als Schnitzwerkstoff diente Material aus Rentiergeweihen und Stoßzähnen. Vielleicht wurden diese Kunstobjekte für magische Zauberriten gegen die allgegenwärtigen Gefahren verwandt. Es war die Zeit um 35.000 bis 30.000 Jahre vor heute. Auch wurden aus Schwanenfederkiele geschnitzte Flöten gefertigt, erste Melodien in dunklen Höhlen! (Auf die Dokumentation in [35] wird verwiesen, auch auf [36–38], vgl. auch Abschn. 2.7.4.3 in Bd. II.)

Seltsam sind die sogen. Venus-Statuetten aus Elfenbein und Stein. Sie sind der Kultur des Gravettien zuzuordnen. Die erste Statuette, die ,Venus von Willendorf' (Österreich) wurde 1908 gefunden (Abb. 1.17). Inzwischen sind mehr als 200 Statuetten aus ganz Europa bekannt. Waren sie einem Fruchtbarkeits-, Geburts- oder Sexualkult gewidmet oder waren sie Abbilder einer Göttin, die Schutz gegen die zunehmend rauere Witterung gewähren sollte?

Wie ausgeführt, erreichte vor 21.000 Jahren die letzte Eiszeit ihren Höhepunkt. Nord- und Mitteleuropa entvölkerten sich vollständig. Mit der um Jahrtausende später beginnenden Erwärmung, etwa ab 15.000 Jahre vor heute, setzte eine er-

Abb. 1.15

Abb. 1.16

'Löwenmensch' (Elfenbein),
Alter ca. 35000 - 40000 Jahre
Quelle: Ulmer Museum

Abb. 1.17

Venus von Willendorf (Kalkstein)
Alter ca. 25000 Jahre
Quelle: Naturhistorisches Museum Wien

neute Besiedlung Nord- und Mitteleuropas ein. Aus dieser Zeit stammen die oben erwähnten Felsmalereien in der Höhle von Lascaux (Abb. 1.15). Seit ca. 12.000 Jahren herrscht, von kurzen Kälteepochen unterbrochen, Warmzeit. In all' diesen Zeiten lebte der Menschen überwiegend noch als Nomade oder Wildbeuter.

Endgültig sesshaft wurde er zunächst im Nahen Osten, in Mesopotamien an den Flüssen Euphrat und Tigris sowie im Nilland Ägypten, in der Zeit vor ca. 11.000 Jahren vor heute. Die nahöstliche Region fasst man unter dem Namen ‚Fruchtbarer Halbmond' zusammen (Abb. 1.18). Unabhängig davon vollzog sich die Entwicklung zur Sesshaftigkeit in Indien und China an den Ufern des Indus und Gelben Flusses. Das Schwemmland an den genannten Flüssen bot als fruchtbarer Acker die beste Voraussetzung für die Entwicklung einer Land- und Viehwirtschaft. Sie wurde notwendig, galt es doch die nunmehr sesshaft gewordene und schnell wachsende Bevölkerung zu ernähren. Man spricht bei diesem Entwicklungsstadium des Menschen von ‚**Neolithischer Revolution**'.

Im südlichen und mittleren Europa und im nördlichen Asien und in Amerika setzten die Agrarwirtschaft und damit der zivilisatorische Fortschritt erst später ein, überwiegend viel später.

Es gab auch Fälle ohne jeden Fortschritt, wie in Australien und auf entlegenen Inseln, die wegen des inzwischen wieder angestiegenen Meeresspiegels von der

Abb. 1.18

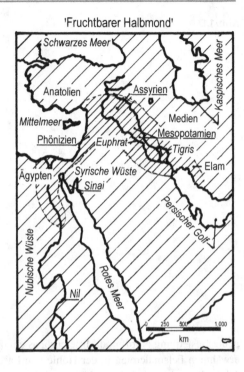

weiteren Entwicklung abgeschlossen blieben. Hier genügte das natürliche Nahrungsangebot zum Leben, es war ohne größere Anstrengungen erreichbar und auskömmlich. Das galt auch für Afrika.

In Mitteleuropa begann die ‚neue‘ Zeit vor 7500 Jahren. Erst jetzt wurden die Menschen hier sesshaft. Sie lebten in lehmverputzten Langhäusern. Sie trieben Garten- und Ackerbau, säten und ernteten. Sie lernten Pflanzen und Tiere zu züchten und trieben Viehzucht in Verbindung mit Domestikation von Ziege und Schaf, Schwein und Rind, Hund und Katze. Die Handwerkstechniken wurden fortschrittlicher. Zur Aufbewahrung der geernteten Nahrungsmittel bedurfte es Gefäße. Aus diesem Bedürfnis heraus entwickelte sich die Technik der Keramik (Bd. IV, Abschn. 2.4.2.4). Man bezeichnet diese Zeit als ‚**Kulturepoche der Bandkeramiker**‘. Die Bevölkerung wuchs weiter an, was eine intensivere Landwirtschaft bedingte.

Es ist strittig, ob die Fortschritte im europäischen Raum von den hier lebenden ursprünglichen Menschen vor Ort erzielt wurden, quasi selbstständig kreiert,

Abb. 1.19

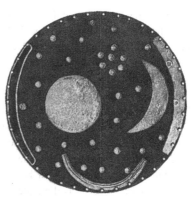

'Himmelsscheibe von Nebra' (Bronze),
Alter ca. 4000 Jahre
Quelle: Landesmuseum für
Vorgeschichte Sachsen-Anhalt

oder ob es Bauerngenerationen waren, die aus dem inzwischen wesentlich weiter entwickelten fruchtbaren Zweistromland über den Balkan sukzessive zuwanderten, wodurch sich die Kenntnisse mehrten. Wurden die primitiven Einheimischen dabei verdrängt oder integrierten sie die Zuwanderer? – Um 5000 Jahre v. Chr. konnte man im Orient schon Kupfer schmelzen. Im nördlichen Europa datiert man die Bronzezeit erst ab 2000 v. Chr. und die Eisenzeit ab 1000 v. Chr. Im südlichen Europa war die Entwicklung stets etwas weiter fortgeschritten.

Bronze ist ein Mischmetall aus Kupfer, Zinn und Zink mit einem insgesamt niedrigen Schmelzpunkt. Das Metall wurde mit Holzkohle verhüttet, wie später Eisen auch. Das war mit einem zunehmend enormen Holzbedarf verbunden, auch für die Herdversorgung der schnell anwachsenden Bevölkerung und für das Bauwesen. Das führte zur Abholzung der Wälder, letztlich zur Verkarstung weiter Landstriche, insbesondere in den ans Mittelmeer und ans Schwarze Meer angrenzenden Ländern.

Abb. 1.19 zeigt die 2 kg schwere, bronzene ‚Himmelsscheibe von Nebra‘. Sie ist vor ca. 3600 Jahren in Mittelberg (Sachsen-Anhalt, Deutschland) vergraben worden und war wohl zuvor mehrere hundert Jahre als bäuerliches Kalendarium oder vielleicht auch als Kultobjekt in Gebrauch gewesen [39].

Mit der fortgeschrittenen Bau- und Metalltechnik erreichte die kulturelle Entwicklung immer höhere Stufen. Man denke dabei nicht nur an das Zweistromland Mesopotamien und an des Nilland Ägypten, sondern auch an die Länder im Nahen und Fernen Osten, an jene der Levante, jene, die Athen und später Rom als Hauptstadt hatten, sie alle waren Hochkulturen mit Fortschritten im Bauwesen (Siedlungs- und Städtebau, Bau von Tempeln, Arenen, Straßen und Aquädukten), mit Fortschritten im zivilisatorischen Zusammenleben: Sprache und Schrift (Hieroglyphen), Buchwesen, Rechtsprechung, Münzwesen und Handel, Dicht- und Bildkunst, Heilkunst, Waffen- und Wehrtechnik, Rechnungswesen und Himmelskunde. Neben kultischen Festen feierte man weltliche mit Spielen und Wettkämpfen. Es folgten Fortschritte im abstrakten und symbolischen Denken; sie ermöglichten Mathematik, logisches und philosophisches Denken.

Die frühen Menschen waren eher gesellig eingestellt, der Einzelne war schwach, nur durch Kooperation war der Bestand der Sippe gesichert. Männer, die erfahrener und stärker waren als die anderen, wurden zu ihrem Führer; das beruht wohl auch auf dem im Menschen angelegten Streben nach Anerkennung und Rang.

Im Zuge der geschilderten Neolithischen Revolution begann sich die in größeren Siedlungen zunehmend sesshaft werdende Bevölkerung auszudifferenzieren. Die ersten städtischen Siedlungen entstanden vor 7000 Jahren in Mesopotamien, Uruk und Ur entwickelten sich hier vor 5500 Jahren zu den ersten antiken Großstädten. Für den Bestand der anwachsenden Bevölkerung wurde es zwingend, sich auf eine umfassende Arbeitsteilung einzustellen. Sie hatte Vorteile für alle. Es bildeten sich die ersten Gewerbe- und Gewerkeformen mit spezialisierten Fachleuten: Gärtner, Bauern, Viehhalter, Handwerker aller Art, Bauleute, Händler. Berufe, wie Metallwerker, Schmiede, Wasserbauer, Züchter, Lagerhalter und Schreiber genossen höheres Ansehen. Weise Männer mit Erfahrung, geschicktem Organisationstalent und Charisma errangen Vertrauen durch gerechte Verteilung der erwirtschafteten Mittel und wurden so zu Führern in der zunächst durchaus noch egalitären Gemeinschaft. Sie umgaben sich mit Fach- und Gefolgsleuten und gewährten den anderen Gliedern Schutz; diese wurden so zu Untergebenen, zu Untertanen. Sie unterwarfen sich ihrem Führer, ihrem Herrscher, er gewährte Sicherheit und Auskommen: In der Gemeinschaft bildete sich eine Hierarchie aus. Wähnte sich der Herrscher von göttlicher Abstammung, legitimierten ihm seine Priester eine solche herausgehobene Stellung, auch sie waren von ihm abhängig und gehörten damit zur Elite. Wurde die Herrschaft erblich, entstanden Dynastien. Rivalitäten nach Innen und Außen begründeten Feindschaften, vielfach mit Machtstreben und Unterdrückung einhergehend, auch gegenüber den Untertanen.

In den sich herausbildenden Hochkulturen regierten Könige als allmächtige Herrscher mit religiösem Anspruch. In der Durchsetzung ihrer Macht waren ihre Mittel häufig grausam. Es entstanden Gesellschaften mit extremen sozialen Unterschieden. Der Pharao Chufu (Cheops) ließ sich von tausenden Arbeitern um ca. 2600 v. Chr. eine 147 m hohe Pyramide als Grabkammer bauen! Es waren Sklavenregime. Das galt auch für die antiken Staaten der Griechen und Römer. Ihre Hochkulturen basierten ganz wesentlich auf der Ausbeutung ihrer Sklaven, es waren männliche und weibliche, die sie auf ihren Feld- und Raubzügen gefangen genommen und verschleppt hatten, käufliche Handelsware wie eine Amphore Wein oder ein Stück Vieh.

1.2.7 Kosmische Einflüsse auf Entwicklung und Bestand der irdischen Biosphäre

Es gab und gibt die Theorie, dass die ‚Bausteine des Lebens‘ und mit ihnen die ‚Lebenskraft‘ in der Frühzeit der Erde über einen eingeschlagenen Meteoriten oder über interstellaren Staub auf die Erde gekommen seien. Das ist bei der Empfindlichkeit organischen Materials gegenüber schwächsten Temperaturschwankungen sehr unwahrscheinlich: Das Sonnensystem bewegt sich als Ganzes mit sehr hoher Geschwindigkeit im Raum, ebenso die Erde um die Sonne. In die Erdatmosphäre eindringende Partikel werden stark abgebremst, was mit einer heftigen Hitzeentwicklung einhergeht. Zudem wird die Frage nach dem Ursprung des Lebens durch die Hypothese (wo auch immer das Leben einsetzte) nicht beantwortet, die Antwort wird nur verlagert. – Wie und wo entstand das Leben dann?

Letztlich lässt sich nicht ausschließen, dass alles so gekommen ist, wie es in der Genesis im 1. Buch Moses beschrieben ist: Alles entstand im Zuge eines göttlichen, übernatürlichen Schöpfungsaktes, einschließlich Schaffung des beseelten Menschen. In dieser Form wurde die Weltwerdung gelehrt und über die Jahrhunderte hinweg geglaubt. Im Jahre 1650 datierte der irische Erzbischof J. USSHER (1581–1656) die Erschaffung der Welt auf das Jahr 4004 v. Chr. Ein Zeitgenosse von ihm, ebenfalls im Bischofsamt, präzisierte den Zeitpunkt auf den 23. Oktober 4004 v. Chr., 9 Uhr in der Früh. Hinter solchem Nachdenken verbirgt sich die unerschütterliche Glaubensfestigkeit jener Zeit. Für viele ist der biblische Schöpfungsakt noch heute Glaubenswirklichkeit (Kap. 2 dieses Bandes).

Die Fossilienfunde in Verbindung mit ihrer durch radiometrische Messung gesicherten Altersbestimmung, also die Forschungsfakten der Geologie, Paläontologie und Archäologie, erzwingen eine andere Sicht. Das schließt nicht aus, dass die Entwicklung des Lebens in seiner Fülle und Mannigfaltigkeit, auch für den Aufgeklärtesten von heute, ein Wunder ist und bleibt. Das gilt insbesondere dann, wenn er die vielen Randbedingungen in seine Betrachtungen einbezieht, die Voraussetzung für Entstehung, Entwicklung und Erhalt des Lebens waren und sind. Ihre gleichzeitige Erfüllung ist in der Tat sehr unwahrscheinlich, eigentlich nicht vorstellbar:

1. Durch seinen eisernen Kern ist die Masse des Erdkörpers relativ hoch. Das wird deutlich, wenn die mittlere Dichte der Erde mit jener anderer Planeten verglichen wird:

   Erde: $\rho = 5515\,\mathrm{kg/m^3}$,   Venus: $\rho = 5250\,\mathrm{kg/m^3}$,   Mars: $\rho = 3940\,\mathrm{kg/m^3}$.

   Auf diesem schweren metallenen Kern beruht die vergleichsweise hohe Schwerkraft auf der Erdoberfläche, mit der Folge, dass der durch Photosynthese von den Pflanzen erzeugte Sauerstoff (O_2) von ihr gravitativ gehalten werden kann, ohne sich zu verflüchtigten; das gilt auch für das unverzichtbare Ozon (O_3). Leichte Gase, wie Wasserstoff und Helium, sind in der Vergangenheit weitgehend in den interstellaren Raum übergegangen.

2. Der Abstand der Erde von der Sonne auf ihrer Bahn um diese, ist gerade so, dass auf der Erde eine vergleichsweise gemäßigte Temperatur herrschte bzw. herrscht. Wäre der Abstand geringer, wäre die mittlere Temperatur höher, wäre der Abstand größer, wäre die Temperatur geringer. Im erstgenannten Falle wäre es dampfig heiß, im zweitgenannten Falle eisig kalt, vielleicht wäre in diesem Falle die Erde als Folge der hohen Wassermenge, die sie trägt, mit einem Eispanzer überzogen.

3. Die Wärme auf der Erdoberfläche ist dominant eine Folge der Sonneneinstrahlung. Einen gewissen Beitrag zur Wärme liefert auch jene, die aus dem ca. 6400 °C heißen Erdkern zuströmt und jene, die durch radioaktive Strahlung im Erdmantel entsteht. Die Gezeitenreibung im Erdkörper ist auch beteiligt. – Die Konstanz der mittleren Temperatur auf der Erde und das im tages- und jahreszeitlichen Wechsel, ist ein weiteres Spezifikum unseres Planeten: Zum einen beruht die Konstanz auf der täglichen Rotation der Erde um ihre Achse und vor allem darauf, dass die Achse gegenüber der Bahnebene (Ekliptik) geneigt ist. Dadurch folgen den kalten Wintern an den Polen und in den polnahen Breiten Sommer mit mäßigen Temperaturen. Auf diesem Umstand beruht, dass sich auf dem gesamten Erdkörper Leben ausbilden konnte. Hiermit war ein hoher Mutationsdruck verbunden, musste sich das Leben doch den klimatischen Wechseln permanent anpassen, insbesondere während der Eiszeiten. Würde die Rotationsachse der Erde senkrecht auf der Ekliptik stehen, herrschte an den Polen ewig eisiger Winter. Das ganze Wasser der Ozeane wäre in mächtigen Polkappen gebunden. Im Bereich des Äquators würden sich ausgedehnte heiße Wüsten erstrecken. Bei einem solchen Szenario wäre die Entwicklung jener Lebensformen, wie wir sie kennen, einschließlich des Menschen, nicht möglich gewesen.

4. Die Drehachse des Erdkörpers gegenüber der Erdbahnebene um den Neigungswinkel 23,5° (Mittelwert) wird durch den vom Mond bewirkten Gezeitenwulst

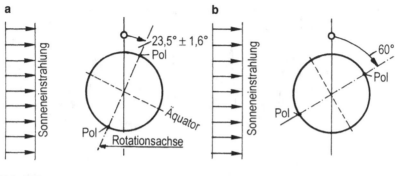

Abb. 1.20

stabilisiert, damit auch das Klima auf der Erde. – Gäbe es den Mond nicht, würde die Erdachse, verursacht durch die Gravitationswirkung der äußeren Gasplaneten, zwischen 0° und 80° schwanken. In Zeiten mit beispielsweise 60 °C würde die Temperatur während des Umlaufs um die Sonne auf der Sommer-Polseite (nur Tag) ca. $+60$ °C betragen und auf der Winter-Polseite (nur Nacht) ca. -50 °C. Leben hätte sich unter diesen Umständen auch nicht bilden bzw. halten können. In Abb. 1.20 sind die Fälle mit den Neigungswinkeln 23,5° und 60° einander gegenüber gestellt. Der Fall Neigungswinkel 0° wurde bereits unter Pkt. 3 diskutiert. Im Falle eines Neigungswinkels 80° gäbe es praktisch keinen Tag-Nacht-Wechsel, dafür im Laufes eines Jahres lang andauernde Jahreszeiten mit großen Temperaturunterschieden zwischen Sommer und Winter.

5. In Ergänzung zu Pkt. 4 sei erwähnt, dass mehrere planetarische Spezifika dafür verantwortlich sind, dass sich das Klima auf der Erde als Ganzes und lokal regelmäßig ändert: Die Ursachen hierfür wurden von M. MILANKOVITCH (1879–1958) erkannt. Man spricht daher auch von den Milankovitch-Zyklen.

- Schwankung der Bahnexzentrizität (Bd. II, Abschn. 2.8.5). Sie beträgt zur Zeit $\varepsilon = 0{,}0168$. Sie schwankt zwischen 0,0005 und 0,0607 mit einer Periode von ca. 110.000 Jahren.
- Die Neigung der Erdrotationsachse gegenüber der Erdbahnebene, pendelt ca. alle 41.000 Jahre zwischen 21,9° und 25,1°. Man nennt diese Erscheinung: Obliquität.
- Die Rotationsachse überstreicht im Zyklus von 25.750 Jahren eine kegelförmige Mantelfläche, vgl. Abb. 2.223 in Abschn. 2.8.10.5, Bd. II. Diese sogen. Präzession beruht auf dem Äquatorwulst. Er verursacht ein schwaches Taumeln der kreiselnden Erde.

Abb. 1.21

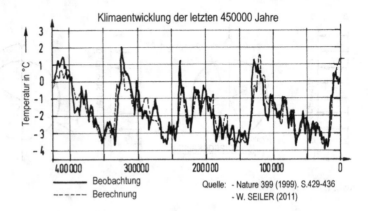

Klimaentwicklung der letzten 450000 Jahre

Temperatur in °C

———— Beobachtung

------ Berechnung

Quelle: - Nature 399 (1999). S.429-436
         - W. SEILER (2011)

• Als weiterer Zyklus mit 18,6 Jahren tritt noch die Nutation hinzu, ein leichtes Pendeln der Rotationsachse um die kegelförmige Mantelfläche. Sie wird durch die Abweichung der Mondbahnebene von der Erdbahnebene erzwungen; ihr Einfluss auf das Klima ist gering.

Alle zeitlichen Änderungen der Bewegungsparameter wirken sich auf die Energieeinstrahlung der Sonne in den verschiedenen Regionen der Erde aus. (Die Solarkonstante bleibt im jährlichen Mittel konstant.) Damit sind länger- und kurzperiodische Klimaänderungen in diesen Regionen verbunden. In der Vergangenheit musste sich die hier lebende Tier- und Pflanzenwelt diesen Wandlungen immer wieder anpassen, womit ein enormer Evolutionsdruck verbunden war. Diesem Umstand ist es vielleicht zu verdanken, dass sich das Leben seit dem Kambrium, trotz mehrfachen Aussterbens fast der ganzen jeweiligen Population, zu einer so hohen Komplexität entwickelt hat. Bei klimatischem Stillstand wäre wenig passiert, eher Degeneration. –

Abb. 1.21 zeigt die Schwankungen der mittleren Temperatur für 65° nördliche Breite, wie sie aus Bohrkernerkundungen und Simulationsberechnungen ermittelt werden konnten (Quelle vgl. Legende im Bild). Innerhalb der letzten 400.000 Jahre wurde die Nordhalbkugel demnach von vier Eiszeiten überzogen, im Mittel ca. alle 100.000 Jahre, überlagert von kürzeren Schwankungen, wie oben erläutert.

6. Eine auf Simulationsrechnungen sich stützende Theorie besagt, dass die Einschlagquote von Kometen und Asteroiden viel höher liegen würde, wenn es die großen Gasplaneten vom Jupitertyp nicht gäbe. Die Quote läge um das Tausendfache höher. Offenbar schleuderten die großen Planeten die zwischen den inneren Planeten vagabundierenden kleinen Körper schon anfangs an den Rand

Abb. 1.22

des Sonnensystems, wo sie sich in der Oort'schen Wolke seither aufhalten. Mit dem Einschlag eines großen Brockens ist inzwischen nur alle 100 Millionen Jahre zu rechnen. Wann immer dieser Fall ehemals eintrat, waren die Folgen verheerend. Würde die Erde heute von einem Asteroid mit einem Durchmesser von beispielsweise 10 km mit voller Wucht getroffen, hätte das den sofortigen Tod der gesamten Menschheit und wohl auch der gesamten Natur zur Folge. Niedere Lebewesen (Mikroben) würden überleben, auch solche tief im Meer, alles begänne von neuem. (Vgl. auch den folgenden Abschnitt.)

Die unter den Punkten 3 und 4 behandelten Voraussetzungen für die Entwicklung höherer Lebensformen gehen auf die Existenz des Mondes zurück! Wie ausgeführt, entstand der Mond durch den Einschlag eines marsgroßen Asteroiden kurz nach Ausformung der Protoerde. Die dabei heraus geschleuderte Masse wurde von der Erde gravitativ eingefangen. Der Körper umkreiste, nun als Mond, die Erde in nur 20.000 km Entfernung (Abb. 1.22, oben). Für das Verhältnis der Umlaufzeiten, damals (T_0) und heute (T_1) gilt (vgl. Bd. II, Abschn. 2.8.5):

$$\frac{T_0}{T_1} = \sqrt{\left(\frac{r_0}{r_1}\right)^3}$$

Hierin sind r_0 und r_1 die Radien einst und heute. Die Rechnung ergibt (d = Tage):

$$\frac{T_0}{T_1} = \sqrt{\left(\frac{20.000}{384.400}\right)^3} = \underline{0{,}01189} \quad \rightarrow \quad T_0 = 0{,}01189 \cdot T_1$$

$$= 0{,}01189 \cdot 27{,}222 = 0{,}323\,\text{d}$$

Das bedeutet: Die Umlaufzeit des Mondes dauerte anfangs nach seiner Ausformung nur ca. $0{,}323 \cdot 24 = 7{,}77$ Stunden. Der Mond umraste die Erde förmlich, das

Erde-Mond-System war dadurch dynamisch außerordentlich kreisel-stabil. Wegen des geringen Abstandes war die gegenseitige gravitative Wirkung um den Faktor

$$(384.400/20.000)^2 = 19,22^2 = 369$$

höher als heute. Daraus lässt sich ein Doppelhub der Gezeitenwülste auf der glutflüssigen Erdkruste von ca. $369 \cdot 0,40 \approx 150\,m$ abschätzen! Diese gewaltigen Wülste wälzten sich um die Erde, die ihrerseits in ca. 5 Stunden um ihre Achse rotierte. Das war schneller als eine Mondumkreisung. Insgesamt war mit der Gezeiten-Reibung eine starke Wärmeentwicklung im Erdmantel verbunden. Sie verflüchtigte sich im Raum, was zu Lasten der kinetischen Energie des ‚Doppelplaneten' Erde-Mond ging. Die Umlaufzeit des Mondes wuchs an, damit auch der Abstand des Mondes von der Erde auf heute 384.400 km (Abb. 1.22, unten).

Neben den aufgezeigten gibt es viele weitere Spezifika, die Voraussetzung für das Entstehen und Bestehen irdischen Lebens waren und sind [13].

1.2.8 Kosmische Gefahren

Wie ausgeführt, wäre der Bestand des Lebens auf Erden bei einem schweren Asteroideneinschlag gefährdet (Abschn. 2.8.10.9 in Bd. II). Das Szenario wäre in jedem Falle apokalyptisch [40]. – Wie die vielen Einschlagkrater auf dem Mond und dem Nachbarplaneten Mars erkennen lassen, wurde die Erde in den ersten Milliarden Jahren ihrer Existenz auch von vielen Asteroiden/Meteoriden unterschiedlicher Größe getroffen. Eine frühzeitigere Entwicklung des Lebens wurde dadurch verhindert. – Seit dem letzten großen Einschlag vor 65 Millionen Jahren, bei dem ein 10 km Brocken den 180 km breiten Chicxulub-Krater an der Mexikanischen Küste aushob, was den Dinosauriern zum Verhängnis wurde und den Säugern zum Durchbruch verhalf, ereigneten sich keine vergleichbaren kosmischen Katastrophen mehr, wohl gab es kleinere Einschläge. Dabei konnte die jüngere Forschung zeigen, dass ein Großteil der seither eingeschlagenen Meteoriten überwiegend Trümmer zweier Asteroiden waren, die vor 470 Millionen Jahren im Asteroidengürtel kollidierten [41]. Der Asteroidengürtel liegt außerhalb der Marsbahn. Noch heute gehen die meisten Meteoriteneinschläge auf dieses Ereignis zurück. Die Brocken sind klein und daher eher harmlos. Wohl mehrere tausend Tonnen Material an Mikrometeoriten gelangen täglich auf die Erde, überwiegend als in hohen Schichten der Atmosphäre abgebremste Staubkörner.

Gefährlich sind jene seltenen Objekte, die die Marsbahn kreuzen (Amor-Klasse) und davon jene, die der Erdbahn nahe kommen oder sie gar kreuzen

(Apollo-Klasse). Beispiele für Einschläge in historisch junger Zeit sind: 1833: Khaipur (Indien), 1908: Tunguska (Sibirien), 1933: Pasamonte (Neumexiko), 1947: Sik-hote-Alinsk (Sibirien). Beim Eindringen in die Atmosphäre bersten die Brocken, was Streubahnen und mehrere Krater zur Folge hat. In Abhängigkeit von der Eintrittsgeschwindigkeit zerbersten und verglühen sie bis zu einem Durchmesser von 50 bis 100 m. – Das Geschehen im sibirischen Tunguska gibt immer noch Rätsel auf, es wurden seinerzeit 2200 km^2 Wald in Brand gesetzt und weitgehend verwüstet. Vielleicht handelte es sich gar nicht um einen Asteroideneinschlag sondern um eine Methanexplosion aus dem Erdinneren heraus.

Ob die relativ junge Entwicklung des Homo sapiens schon ein- oder mehrfach durch schwere Asteroideneinschläge zurückgeworfen worden ist, ist nicht bekannt, wohl eher nicht, lokal stärker gefährdet war er durch Vulkanausbrüche, auch solche in jüngerer Zeit.

Ein schwerer Asteroid, der mit hoher Geschwindigkeit einschlägt, würde durch die Lufthülle kaum gebremst. Unterstellt man (als Beispiel) einen Asteroiden als Kugel mit einem Durchmesser von 1000 m und einer Dichte von 3000 kg/m^3 sowie einer Geschwindigkeit von $v = 30 \cdot 10^3$ m/s $= 30$ km/s, berechnet sich die kinetische Energie im Augenblick des frontalen Einschlags nach Bestimmung des Volumens und der Masse Körpers wie folgt:

$$V = \frac{4}{3}\pi \cdot R^2 = \frac{4}{3}\pi \cdot 500^2 = 5 \cdot 10^8 \, \text{m}^3;$$

$$m = \rho \cdot V = 3000 \cdot 5,2 \cdot 10^8 = 1,57 \cdot 10^{17} \, \text{kg}$$

$$E_{\text{kin}} = \frac{m \cdot v^2}{2} = 1,57 \cdot 1012 \cdot \frac{(30 \cdot 10^3)^2}{2} = 7,07 \cdot 10^{20} \, \text{kg} \left(\frac{\text{m}}{\text{s}}\right)^2$$

$$= 7,07 \cdot 10^{20} \, \text{Nm} = 7,07 \cdot 10^{14} \, \text{MJ}$$

Die größte je gezündete Wasserstoffbombe hatte eine Sprengkraft von 50 Mt TNT $= 2,09 \cdot 10^{11}$ MJ. Der zuvor berechnete Zahlenwert entspricht demnach ca. 3500 Wasserstoffbomben des schwersten Typs und das bei einem Einschlag auf engstem Raum. Als Folge des Einschlags würden sich schwerste Erbeben und Tsunamis ausbreiten. Die aufgewirbelte Staubwolke würde die Erde wohl auf Jahre verfinstern und das in mehrfacher Hinsicht.

Das Szenario ist sehr unwahrscheinlich, gleichwohl nicht ganz auszuschließen. – Der Asteroid Apophis XP14, ⌀270 m näherte sich der Erde im Jahre 2004 auf ca. 400.000 km (Erde-Mond-Distanz 384.400 km), in den Jahren 2029, *2036* und 2069 kommt er der Erde nochmals näher. Eine zunächst prognostizierte Einschlagwahrscheinlichkeit von 1 : 25.000 wurde inzwischen zu 1 : 250.000 bestimmt. – Der Asteroid ‚DD45' (36 m) näherte sich der Erde im Jahre 2009 auf

rund 72.000 km! Der Asteroid ‚2004 BL86' (325 m), begleitet von einem winzigen Mond, tangierte die Erde im Januar 2015 in einer Entfernung von 1,2 Mill. km. –
Von der NASA werden alle erdnahen Objekte registriert und verfolgt, künftig im Rahmen des IAWN-Frühwarnsystems. Zur Entwicklung von Abwehrmaßnahmen wurde das SMPAG-Projekt in Angriff genommen, beide mit UN-Mandat (2014), vgl. [42].

1.2.9 Leben auf anderen Himmelskörpern

1.2.9.1 Leben innerhalb des Sonnensystems

Auf dem sonnennächsten Planeten, dem **Merkur**, konnte sich wegen fehlender Atmosphäre, extremer Temperaturunterschiede zwischen ca. $-180\,°C$ und $+430\,°C$ sowie intensiver UV-Strahlung kein mit der irdischen Form vergleichbares Leben bilden.

Die Dichte- und Temperaturverhältnisse in der Atmosphäre des Planeten **Venus** sind ebenfalls derart lebensfeindlich, dass höhere Lebensformen (irdischer Art) absolut auszuschließen sind.

Einzig auf dem roten Planten **Mars** erscheint ein Leben, das jenem auf Erden ähnlich ist, möglich. Eine solche Fama hielt sich lange, seit G.V. SCHIPAREL-LI (1835–1910) im Jahre 1878 seine Beobachtungen in Form einer Marskarte mit ‚Canali' veröffentlichte (Abb. 1.23a). C. FLAMMARION (1842–1925) verdankten seine Zeitgenossen einen von ihm geschaffenen Marsbewohner (Abb. 1.23b). So oder so ähnlich dachten und denken sich auch in heutiger Zeit die Romanautoren und Filmemacher ihre Fantasy-Geschöpfe. Sie sind inzwischen zu Wesen mit großen Kulleraugen und langen Spitzohren mutiert.

Zur Frage, ob es auf dem Mars Leben gibt, erbrachten eine Reihe von Weltraummissionen seit den Sechziger Jahren des letzten Jahrhunderts eine Reihe neuer Einsichten. Die Anstrengungen waren und sind stark von der Aussicht motiviert, vielleicht Lebensspuren auf dem Planeten entdecken zu können. Zu nennen sind hier die ‚Mariner-Sonden' (1969–1972), die ‚Vikinger-Orbiter' bzw. ‚Lander' (1976/77), die Rover ‚Spirit'/‚Opportunity' (2004) und ‚Curiosity' (2012), sowie die Station ‚Phoenix' (2008). Die Erkundungen lassen vermuten, dass sich auf dem Mars nach seiner Ausformung und nach Entgasung des Lavamaterials viel Wasser auf seiner Oberfläche befand und dass eine warm-dampfige Atmosphäre herrschte. Das Wasser formte maeanderförmige lange Täler. Nach Abkühlung der Kruste gefror das salzige, stark (schwefel-)saure Wasser. Es ist seither als Permafrost unterhalb einer 5 bis 10 cm dicken Bodenschicht und im Bereich der Pole, hier in mächtigen bis zu 2000 m dicken Kappen, gebunden.

a

b

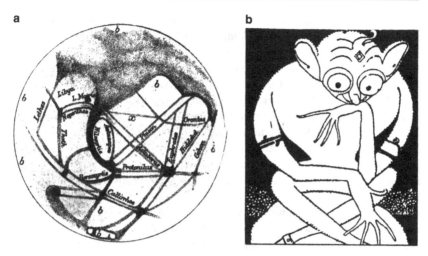

Abb. 1.23

Meteoritenkrater 'Arandas"
Ø 25km: Beim Einschlag ent-
standene Wärme lässt Wasser
im Grundeis schmelzen, Schutt
strömt nach (Viking-Orbiter 1, 1976)

Wellige, blockübersäte Salzboden-
kruste in der 'Chryse Planitia' mit
angewehtem Material (Viking-
Landefahrzeug 1, 1977)
(Hintergrund: 50 m Entfernug)

Abb. 1.24

Die Morphologie des Planeten ist unterschiedlich, im Süden ist die Oberfläche mit Gebirgen, Canyons, Vulkanen und mit Einschlagkratern aller Größe übersät, nördlich gleichen die Regionen eher einer mit Geröll, Sand, und Staub bedeckten Wüste, vgl. Abb. 1.24. Die Unterschiede auf der Süd- und Nordhalbkugel werden auf die Kollision des Planten mit einem riesigen Asteroiden, ca. 700 Millionen Jahre nach Entstehung des Planeten, zurückgeführt, ebenso die Abplattung auf der

Nordhalbkugel. Der sich seinerzeit geformte Krater umfasste ca. 40 % des Planeten! – Die Atmosphäre auf Mars ist mit ca. 5 mbar (Millibar) um den Faktor ca. $5 \cdot 10^{-3} = 0,005$ dünner als auf der Erde (1 bar). Sie besteht zu 95 % aus CO_2, der Rest aus N_2 und Ar, anfangs war sie wohl auch mit Methan und Ammoniak angereichert. In jüngerer Zeit wurden Methanwolken entdeckt, vielleicht von Bakterien unter der Permafrost-Decke stammend oder aus toten Vulkankavernen.

Die Erosion auf dem Mars geht auf die ehemaligen Wasserströme und auf die nach wie vor heftigen Staubstürme mit bis zu 500 km/h zurück.

Trotz intensiver Untersuchungen mit Hilfe von Minilabors konnten noch keine Lebensformen gefunden werden. Ob sich im Trockeneis aus der Frühzeit des Planeten, als es dort noch warm und feucht war, abgestorbene mikro-biologische Lebensspuren, etwa in Form anaeroben Bakterien, erhalten haben, sollen künftige Missionen klären, absehbar existieren sie wohl eher nicht. – In Meteoriten, die vom Mars stammen (sie wurden bei Asteroideneinschlägen auf dem Mars herausgeschleudert), konnten bislang keine Lebensabdrücke entdeckt werden [43].

Auf dem Saturn-Mond **Titan** existieren nach neueren Erkenntnissen ausgedehnte Seen mit flüssigem Ethan, vermutlich auch Methan (Methan ist bei $-170\,°C$ flüssig). Die Atmosphäre enthält N_2, CO, und CO_2. Im Übrigen ähnelt die Oberfläche einer Wüste, einschließlich Hochebenen. Über allem liegt eine dichte Dunstschicht. Die Temperatur beträgt $-180\,°C$. Leben, wie auf Erden, ist unter diesen Bedingungen auszuschließen. –

Etwas anders liegen die Voraussetzungen auf dem Saturn-Mond **Enceladus**. Auf diesem Mond wurde im Jahre 2008 von der Raumsonde ‚Cassini‘ Wasser entdeckt, auch diverse einfache organische Moleküle sowie Wasserdampf, Kohlenstoffmonoxid, Kohlenstoffdioxid und Methan. Das Wasser ist in einer Eisdecke gebunden, die Temperatur liegt bei ca. $-90\,°C$ und tiefer. Leben ist unter solchen Bedingungen auch nicht zu erwarten, vielleicht existierten einfachste Lebensformen im Wasser unter der Eisdecke in einem frühen Stadium.

In silikathaltigen Meteoriten wurden Kohlenstoff und organische Moleküle entdeckt, sogar Aminosäuren. Sie stammen aus dem Umfeld des Sonnensystems, ihre Entstehung und ihr Ursprung sind nicht bekannt.

Nach derzeitigem Erkenntnisstand bleibt festzuhalten: Leben im Sinne der in Abschn. 1.2.3 definierten Ausprägung gibt es im Sonnensystem nur auf dem Planeten Erde!

1.2.9.2 Leben außerhalb des Sonnensystems – Exoplaneten

Dank radio-astronomischer Messungen wurden seit den Sechziger Jahren des letzten Jahrhunderts wiederholt sehr komplexe organische Moleküle in den Dunkelwolken der Galaxis entdeckt, zum Beispiel OH (Hydroxyl), NH_3 (Ammoniak),

C_4H_3OH (Methylalkohol), H_2S (Schwefelwasserstoff), C_2H_5OH (Äthylalkohol), CH_3OCH_3 (Dimethyläther). Die Dunkelwolken sind mit Staub versetzte Gaswolken. Sie schirmen das Licht der dahinter liegenden Sterne ab. Die Infrarotstrahlung von Atomen und Molekülen vermag die Dunkelwolken dagegen weitgehend zu durchdringen. Auch Kohlenstoffmonoxid (CO) wurde entdeckt. Aus dem Vorhandensein solcher organischen Moleküle kann selbstredend nicht auf Lebenskeime oder gar höhere Lebensprozesse geschlossen werden. Denkbar ist andererseits, dass derartige Spuren über die Atmosphäre auf die Erde gelangt sind und zum Werden des irdischen Lebens beigetragen haben. Das ist indessen, wie oben begründet, sehr unwahrscheinlich.

Im Jahre 1990 wurde erstmals ein **extrasolarer Planet** (Exoplanet) aufgespürt. Er kreist um einen Pulsar. Der erste um eine ferne Sonne kreisende Planet wurde im Jahre 1995 entdeckt: 51 Pegasi b, er kreist um Stern Pegasi b. Seither wurden in immer kürzerer Folge weitere Exoplaneten gefunden und das mittels **indirekter** Methoden [44–47]:

- ‚Methode schwankender Radialgeschwindigkeit': Mutterstern und Planet bewegen sich periodisch um ihren gemeinsamen Schwerpunkt, was mit einem ‚Pendeln' des Sternenlichts einher geht.
- ‚Methode schwankender Helligkeit': Als Folge einer gegenseitigen periodischen Bedeckung schwankt die Helligkeit der Lichtstrahlung des Sterns im Rhythmus der Umlaufperiode. In diesem Falle muss die Sichtlinie von der Erde aus mit der Bahnebene des Planeten um ‚seinen' Stern zusammen fallen.

Im Jahre 2004 wurde erstmals über einen **direkten** Nachweis eines Exoplaneten berichtet, was mit Hilfe des Hubble-Teleskops gelang.

Die Mission des von 2009 bis 2013 betriebenen Weltraumteleskops ‚Kepler' war sehr erfolgreich. Innerhalb eines vergleichsweise kleinen Ausschnittes im Sternbild ‚Schwan' wurden ca. 150.000 Sterne mehrfach beobachtet. Ziel war es, solche Planeten aufzuspüren, bei denen hinsichtlich Größe des Planeten, Abstand zum Mutterstern und Umlaufzeit erdähnliche Verhältnisse vorliegen. Bei der Vorgängermission CoRot in den Jahren 2007 bis 2012 waren bereits 32 Planeten aufgespürt worden, auch einige erdähnliche. Es interessieren vorrangig solche Planeten, die in der ‚bewohnbaren' (‚habitablen') Zone kreisen und auf denen sich vielleicht eine erdähnliche Natur hat entwickeln können. Für das Jahr 2024 ist der Start von ‚Plato' geplant, einem Satelliten mit 34 Teleskopen. Er soll über die Dauer von sechs Jahren eine Million Sterne nach Planeten absuchen.

Die Messungen von ‚Kepler' haben ergeben, dass jeder Stern im Mittel von zwei Planeten umrundet wird, davon allerdings nur ein kleiner Teil innerhalb der habitablen Zone. Es gibt sogar Doppelsternsysteme mit Planeten im Umfeld.

2222 Kepler-Objekte mit max. 85 Umlauftagen

| Typ des Exoplaneten | Radius des Exoplaneten | Anzahl der Typen in % | | Anzahl der | |
				Exoplaneten in der Galaxis	Exoplaneten im Universum
Riesenplaneten	6 – 22	2,0	☐	$7,86 \cdot 10^9$	$1,58 \cdot 10^{22}$
große Neptune	4 – 6	1,9	☐	$7,44 \cdot 10^9$	$1,49 \cdot 10^{22}$
kleine Neptune	2 – 4	19,9	☐────────☐	$7,96 \cdot 10^9$	$1,69 \cdot 10^{22}$
Supererden	1,25 – 2	20,3	☐────────☐	$8,12 \cdot 10^9$	$1,62 \cdot 10^{22}$
erdgroße Planeten	0,8 – 1,25	16,6	☐──────☐	$6,62 \cdot 10^9$	$1,32 \cdot 10^{22}$
	bezogen auf Erdradius	bezogen auf alle Sterne		bezogen auf $4 \cdot 10^{11}$ Sterne	bezogen auf $8 \cdot 10^{22}$ Sterne

Abb. 1.25

In Abb. 1.25 sind 2222 ‚Kepler-Objects' nach dem prozentualen Anteil ihrer Größe zusammengefasst. Hieraus kann auf deren Anzahl in unserer Galaxis und im Universum geschlossen werden [48]. Die Anzahl der erdgroßen Planeten wäre demnach riesig, was selbstredend nicht bedeutet, dass sie belebt sind und dass sich auf ihnen gar eine vergleichbare menschliche Zivilisation hat bilden können. – Inzwischen ist man bei der Interpretation der Messungen zurückhaltender geworden, die Lichtfluktuationen des Muttergestirns müssen offensichtlich strenger berücksichtigt werden. Zudem liegt auf der Hand, dass die Erkundung der Größe, Masse und Temperatur des Muttergestirns und des gegenseitigen Abstandes zwischen Planet und Stern mit beträchtlichen Unsicherheiten behaftet ist. An der massenhaften Existenz von Exoplaneten besteht indessen kein Zweifel mehr. Man wagt inzwischen Aussagen über die Gesamtanzahl solcher Planeten innerhalb der Galaxis und im gesamten Universum und kommt auf Milliarden und mehr.

Gefunden wurden zunächst überwiegend Großplaneten, ähnlich Jupiter, und das in geringem oder großem Abstand vom Stern, im ersten Falle mit heißer, im zweiten Falle mit eisig-kalter Oberfläche. Auch wurden Planeten entdeckt, die auf ihrer Oberfläche ausschließlich mit Wasser bedeckt sind. In diversen Fällen kann nicht ausgeschlossen werden, dass es sich bei dem entdeckten Objekt um einen Doppelstern handelt oder um einen ‚Brauner Zwerg'. Nur einige Planeten konnten als von terrestrischem Typ mit einer stabilen Kreisbahn eingestuft werden. Die Unsicherheit bei der Bewertung der Befunde beruht letztlich auf der immer noch unzureichenden Beobachtungsschärfe. Die Datenlage ist unsicher. Die Ergebnisse der künftigen Forschung bleiben abzuwarten. – Auf die Ausführungen in Abschn. 2.4.3 wird verwiesen, wo auf die Möglichkeit von Leben auf extrasolaren Planeten eingegangen wird und auf die Frage, was das aus religiöser Sicht bedeuten würde.

1.2.9.3 Kommunikation mit kosmischen Nachbarn im All

Im Jahre 1972 starteten die baugleichen, ca. 800 kg schweren, US-Raumsonden ‚Voyager' 1 und 2. Bei den Geräten handelte sich um eine Weiterentwicklung der vorangegangenen ‚Mariner'-, ‚Viking'- und ‚Pioneer'-Sonden. Geplant war eine planetare ‚Grand Tour'. Sie verlief sehr erfolgreich: Die Konstellation der großen Planeten war zum Startzeitpunkt so günstig, dass alle vier Gasplaneten einschließlich vieler ihrer Monde während des Vorbeiflugs erkundet werden konnten. Durch Wahl einer geschickten Bahnkurve konnte bei jeder Passage eine zusätzliche Beschleunigung gewonnen werden, derart hoch, dass am Ende der Tour die Gravitation des Sonnensystems überwunden werden konnte, alles gelang. Die Sonden konnten in den kosmischen Raum entfliehen, ein Meisterstück computergestützter Himmelsmechanik!

In die Voyager-Sonden wurden kupferne Schallplatten mit zweistündiger Laufzeit eingelagert. Sie enthalten Grußbotschaften und Musik, um außerirdischen Intelligenzen von der Existenz der Menschen auf dem Planeten Erde zu berichten, was voraus setzt, dass die Schallplatten unversehrt gefunden werden und den Findern die Technik bekannt ist. Frühestens in 40.000 Jahren werden die Sonden ihr Ziel erreichen, sofern es dort die erhofften Intelligenzen gibt. – Die bereits früher gestarteten Pioneer-Sonden 10 und 11 hatten jeweils eine Goldplakette im Gepäck, um den kosmischen Nachbarn Auskunft zu geben (Abb. 1.26). Die Sonden starteten 1972/73. Seit den Jahren 1995 bzw. 2003 sind sie verstummt. Pioneer 10 ist auf dem Flug zum Stern ‚Aldebaran' im Sternbild ‚Stier' unterwegs, er wird den Stern in ca. 2 Millionen Jahren erreichen; *Gute Reise!*

Gleichermaßen kurios sind die Bemühungen, mit außerirdischen Aliens mit Hilfe von Radioteleskopen Funksignale auszutauschen. Zu diesem Zweck wurde im Jahre 1984 das SETI-Institut gegründet (Search for Extraterrestrial Intelligenc). Im Jahre 2007 wurde in Nordkalifornien in Hat Crak das ‚Allen Telescope Array (ATA)' in Betrieb genommen. Es handelt sich um Parabolantennen mit einem Durchmesser von 6,1 m. Geplant war der Bau von insgesamt 350 Schüsseln, installiert wurden 42. Das Projekt ist inzwischen eingestellt. Die Teleskope werden anderweitig genutzt.

Man kann nicht ausschließen, dass sich im All intelligente Gattungen tummeln. Im Gegenteil, bei der riesigen Anzahl von Sternen und Planeten und der gleichfalls riesigen Anzahl von Galaxien ist die Wahrscheinlichkeit dafür eher gleich Eins, also als absolut sicher anzusehen. Die Wahrscheinlichkeit, mit ihnen jemals

Abb. 1.26

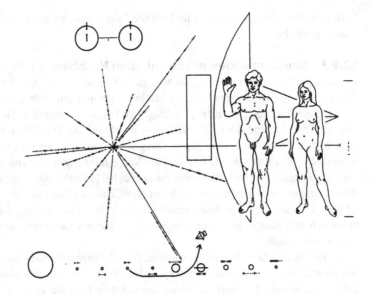

verständlich kommunizieren zu können, dürfte dagegen gleich Null, also absolut auszuschließen, sein. Insofern waren alle Anstrengungen und eingesetzten Mittel des SETI-Instituts mit kosmischen Partnern in direkten Kontakt zu treten von vornherein blanke Utopie. – Die Frage, ob es im Kosmos weitere Lebensformen gibt, hat selbstredend theologische und philosophische Bedeutung, das folgende Kap. 2 in diesem Band widmet sich diesem Thema in den Abschn. 2.4.3/2.4.4.

1.3   Zellen: Grundbausteine der Pflanzen und Tiere

1.3.1   Zur geschichtlichen Entwicklung der Zelllehre (Zytologie)

Tiefere Einblicke und Einsichten in den Aufbau der Pflanzen und Tiere waren erst möglich, als das Lichtmikroskop erfunden war, noch mal tiefere, als das Elektronenmikroskop zur Verfügung stand. R. HOOKE (1635–1702) war wohl der Erste, der im Jahre 1665 die organische Feinstruktur erforschte und in seinem Werk ‚Micrographia' veröffentlichte. Für das, was er in Schnitten von Flaschenkorken sah, prägte er den Begriff ‚cellulae = Zellen' (in Anlehnung an den Grundriss eines Klosters). Zur gleichen Zeit entdeckte A. v. LEEWENHOEK (1632–1723, er ist der eigentliche Erfinder des Mikroskops) Bakterien und Amöben, beides Ein-

Abb. 1.27

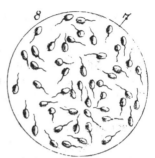

nach: G.-L.L. DE BUFFON (1753)

zeller, auch sah er Spermien und Blutkörperchen. – In seinem Monumentalwerk ‚Histoire naturelle, Naturgeschichte', in der Zeit 1749 bis 1788 geschrieben, berichtet G.L.L. de BUFFON (1707–1788) von seinen mittels Mikroskop entdeckten ‚Samentierchen' unterschiedlicher Herkunft. Zu den in Abb. 1.27 wiedergegeben ‚Tierchen' heißt es:

Aus den Samenblasen des noch warmen Leichnams eines gewaltsam getöteten Menschen ließ ich alle vorrätige Samenfeuchtigkeit herausnehmen …

Die *kleinen Körperchen* sah BUFFON *hurtig schwimmen* …

Ab Mitte des 19. Jhs. galt als wissenschaftlich gesichert: Alle Lebewesen bauen sich aus Zellen auf. Für die Pflanzen war es M.J. SCHLEIDEN (1804–1881), der dafür im Jahre 1838 den experimentellen Nachweis lieferte. Vermutungen zu diesem Sachverhalt reichten schon weiter zurück, so von J.E. PURKINJE (1787–1869) und R. BROWN (1773–1858). – T.A. SCHWANN (1810–1882) wies im Jahre 1839 nach, dass auch alle Tiere im Kleinen aus Zellen bestehen. Weitere Erkenntnisse gehen auf K.T.E. v. SIEBOLD (1804–1885) und L. PASTEUR (1822–1895) zurück. Letzterer widerlegte endgültig die These, Zellen würden spontan aus toter Materie entstehen. R. VIRCHOW (1821–1902) erkannte im Jahre 1855, dass die Zellen immer nur aus sich selbst heraus durch Teilung hervorgehen (‚*omnis cellula e cellula'*). – Im Jahre 1868 hatte F. MIESCHER (1844–1895) aus Zellkernen Nukleinsäuren isoliert. Weitere wichtige Stationen waren die Entdeckung der Photosynthese im Jahre 1862 durch J. SACHS (1832–1897) und der Hormone und ihrer Wirkung im Jahre 1905 durch E.H. STARLING (1866–1927). Im Jahre 1920 konnte P.A. LEVENE (1869–1940) die Struktur der Nukleotide (organische Basen, Zucker-Phosphor-Moleküle) erklären. Weiter sind H.A. KREBS (1900–1981) und F.A. LIPPMANN (1899–1986) zu nennen, letzterer erkannte die Wirkung des Moleküls Adenosintriphosphat (ATP) für den Energie-Stoffwechsel in Pflanzen, das war im Jahre 1941. Bau und Stoffwechsel der Zellen und ihrer Bauteile wurden zunehmend detaillierter begriffen. Im Jahre 1944 erbrachte O. AVERY (1877–1955) den Nachweis, dass die auf den Chromosomen in den Zellkernen liegenden DNA das genetische Material der Vererbung bilden. L.C. PAULING (1901–1994) postulierte 1952 für die Proteine das Helixmodell. Es waren schließlich J.D. WATSON (*1928) und F.H.C. CRICK (1916–2004), die im Jahre 1953 erkannten, dass die Erbinformation DNA als Doppelhelix (als Doppelspirale) strukturiert ist. Die Doppelhelix gilt seither als Ikone der modernen Biologie. In der zweiten Hälfte des 20. Jhs. wurden die zellulären Abläufe immer besser verstanden. Diese Erkenntnismehrung ist keinesfalls abgeschlossen. Die regelmäßigen Meldungen über Fortschritte in der Genetik und Gentechnik sind dafür Beleg. Einer großen Zahl von Forschern wurde in den zurückliegenden Jahrzehnten für diverse bahnbrechende Einsichten in die Zytologie und Genetik der Nobelpreis für Chemie oder Medizin zuerkannt.

Neben dem Einsatz immer leistungsfähigerer Mikroskope, ist es die mit Hilfe von Ultrazentrifugen gelingende, sehr differenzierte Trennung der Zellsubstanzen (begleitet von weiterer computergestützter Labortechnik), welche die Fortschritte ermöglichten bzw. ermöglichen, hierauf wird später noch eingegangen.

Die Zellen der Einzeller (Prokaryoten) haben keinen Kern, sie sind vergleichsweise einfach strukturiert, jene der Vielzeller (Eukaryoten) sind dagegen hochgradig komplex gebaut. Die beteiligten organischen Moleküle befinden sich im Zustand einer ständigen Umstrukturierung (solange der Organismus lebt). Das betrifft den Auf- und Abbau nahezu aller Zellen, wobei die Erbvorschrift über Bau und Wirkgenetik im Kern jeder einzelnen Zelle im Zuge ihrer fortdauernden Teilung jeweils vollständig weiter gegeben wird. Dadurch bleibt die Vorschrift über die ganze Lebenszeit des Lebewesens in allen Zellen erhalten! Die Gesamtheit der genetischen Erbinformationsträger nennt man das Genom des Organismus, deren einzelne Einheiten Gene. Das Genom eines Organismus kann auch im Sinne seines gesamten Erbguts verstanden werden. – Zelllehre und Genetik wurden in den zurückliegenden Jahrzehnten zu einem bedeutenden Wissenschaftsgebiet innerhalb der Biologie mit Querverbindung zur Organischen Chemie ausgebaut [49–54].

1.3.2   Stoffe und Stoffsysteme der Zellen – Wasser – Makromoleküle

Das irdische Leben ist im **Wasser** entstanden. Erst in späterer Zeit wurde das Leben ,landgängig'. Die Entstehung war nur im Wasser möglich: Der Schmelzpunkt

Abb. 1.28

von Wasser liegt mit 0 °C relativ hoch, ebenso der Siedepunkt mit 100 °C. Höhere molekulare Lebensformen können nur innerhalb dieser Temperaturspanne dauerhaft existieren, eigentlich nur innerhalb einer nochmals viel kleineren: Seit ca. 3,5 Milliarden Jahren liegt die **mittlere** Temperatur auf Erden zwischen 10 °C und 20 °C. Dieser Sachverhalt war Voraussetzung für die Entwicklung der inzwischen vorhandenen höheren Lebensformen. An gewisse tages- und jahreszeitliche Temperaturschwankungen nach oben und unten sind die Pflanzen und Tiere je nach Lebensraum angepasst, entweder dank eines speziell ausgebildeten Organismus oder/und dank einer speziellen Lebensweise. In nahezu jeder Nische der Natur gibt es evolutionär angepasste Lebensformen.

Das Wassermolekül (H_2O) ist vergleichsweise einfach strukturiert (Abb. 1.28). Es hat eine ungleiche (partielle) Ladungsverteilung. Auf dieser Art der Ladung beruhen die Höhe der Schmelz- und Siedetemperatur und die Anomalie des Wassers: Bei $+4$ °C hat Wasser die höchste Dichte (ist also dann am schwersten). Bei einer Abkühlung auf diesen Wert, sinkt das Oberflächenwasser eines Teiches in die Tiefe, wärmeres Wasser steigt auf und taucht wieder ab, wenn es auf $+4$ °C abgekühlt ist. Dank dieses Kreislaufs kann ein stehendes Gewässer ausreichender Tiefe nie bis zum Boden durchfrieren: Die unter der Eisdecke und am Boden existierende Pflanzen und Tiere vermögen zu überleben, wie Fische und Lurche.

Die Löslichkeit und Beweglichkeit des Wassers in den Organen beruht ebenfalls auf der speziellen Bindungsart des Wassermoleküls, ebenso diverse Eigenschaften der organischen Makromoleküle, insbesondere der Proteine und Nukleinsäuren.

Die organischen Substanzen der Pflanzen und Tiere sind Kohlenstoffverbindungen. Neben Kohlenstoff (C) sind vorrangig Sauerstoff (O), Stickstoff (N), Wasserstoff (H) und Phosphor (P) beteiligt. Diese Elemente waren in der Frühphase des Planeten reichlich vorhanden, C und O in Form von Kohlenstoffdioxid (CO_2) in der Atmosphäre. Vermöge des eingefangenen Sonnenlichts wurde CO_2 vermittelst Photosynthese gespalten. – Alle Zellen der Pflanzen und Tiere bestehen aus den genannten Elementen. In diesen sind sie als Moleküle gebunden. Nicht nur der Bau der Zellen beruht auf diesen Elementen, ebenso Stoffwechsel und Energieumsatz. Einige wenige Elemente treten in Spurenform hinzu, z. B. Schwefel (S) und Eisen (Fe).

Die Baustoffe der Zellen lassen sich in jeweils vier Gruppen zusammenfassen: Kohlenhydrate, Lipide, Proteine und Nukleinsäuren. Es handelt sich, wie ausgeführt, um organische Moleküle in großer Vielfalt, bei den beiden Letztgenannten um riesige Makromoleküle (vgl. Abschn. 2.5.4 in Bd. IV: Organische Chemie).

- **Kohlenhydrate** (Saccharide): Es sind Zuckermoleküle, entweder Einfachzucker (Monosaccharide) oder Mehrfachzucker (Polysaccharide). Die allgemeine Strukturformel $C_n(H_2O)_m$ lässt den Hydratcharakter erkennen. Die Hydrate werden von den Pflanzen durch Photosynthese aus CO_2 und H_2O abgebaut und abgelagert, z. B. in den Samen und Knollen der Pflanze, wie Getreidekörner und Kartoffeln, sowie in den Früchten. Man denke an Trauben-, Obst-, Rohr- und Rübenzucker, an Blütenzucker (als Honig gewonnen) und an Milchzucker. Die Einfachzucker haben 6 oder 5 C-Atome, wie Glukose, Fructose, Desoxyribose und Ribose. Zu den Mehrfachzuckern zählen Stärke, Glykogen und Cellulose. Die Wand der pflanzlichen Zelle besteht aus Cellulose. Sie bildet das Grundgerüst der Pflanzen. In tierischen Zellen ist Glykogen der wichtigste Energieträger der Kohlenhydrate.
- **Lipide**: Hierunter fallen alle Fette, Phospholipide, Sterine und Steoride (in Hormonen enthalten) sowie Wachse. Im vorliegenden Zusammenhang interessieren die beiden erstgenannten Moleküle. Typisch für alle Lipide ist ihre schlechte Löslichkeit in Wasser. – **Fette** sind Verbindungen aus Glycerin und drei unterschiedlichen Fettsäuren (Triglyceride). Glycerin ist ein dreiwertiger Alkohol. Die höheren Fettsäuren sind solche, bei denen das Fett flüssig ist, ihr Schmelzpunkt liegt niedrig, wie im Falle von Öl, z. B. Ölsäure $C_{18}H_{34}O_2 = C_{17}H_{33}COOH$. – **Phospholipide** sind Verbindungen aus Phosphat, zwei unterschiedlichen Fettsäuren und Cholin. Ein Vertreter von ihnen ist Lecithin. Sie sind wichtige Bestandteile aller Zellmembrane.
- **Proteine**: Es sind Eiweißstoffe. Sie erfüllen in den Zellen mehrere Funktionen:
  - ,Baustoff' für die Zellen, für die Zellverbände und damit für die Gewebe aller Art, beispielsweise als aufbauende Substanz von Haut und Haar, von Horn und Vogelfeder, man spricht von Strukturprotein,
  - ,Transportstoff' inner- und außerhalb der Zellen, z. B. als Träger von Energieeinheiten in Form von Hämoglobin im Blut,
  - ,Botenstoff' in Hormonen,
  - ,Katalysator'. Die katalytischen Proteine nennt man Enzyme (deren Namen enden mit der Silbe -ase). Sie wirken katalytisch bei den bio-chemischen Reaktionen in der Zelle, die i. Allg. mit hohen Reaktionsgeschwindigkeiten ablaufen, z. B. bei den Stoffwechselprozessen. Die Enzyme bleiben selbst unverändert.

Die Proteine sind langkettige Moleküle, sie bauen sich aus 20 unterschiedlichen Aminosäuren auf, die untereinander durch Peptide verknüpft sind (vgl. Abb. 2.73 in Abschn. 2.5.4 in Bd. IV). Der Grundaufbau der Proteine ist in allen Fällen ähnlich, sie unterscheiden sich nur im Rest (R, sauer, basisch, polar, unpolar). Die Abfolge (Sequenz) der Aminosäuren innerhalb der Proteinmoleküle und die Art ihrer Strukturbildung bestimmen deren jeweilige Funktion. Kombination und Kettenlänge der Aminosäuren ermöglichen praktisch ‚unendlich viele' unterschiedliche Proteinvarianten und damit Gewebeformen innerhalb des gesamten Pflanzen- und Tierreiches. Im Einzelnen handelt es sich um komplexe chemische Gebilde bzw. Vorgänge.

• **Nukleinsäuren:** Die Nukleinsäuren sind hoch spezialisierte Makromoleküle. Sie bilden das Erbmaterial der DNS: Desoxyribonukleinsäure und der RNS: Ribonukleinsäure. Das S steht im Kürzel für Säure. Im Folgenden werden die Benennungen: DNA: Desoxyribonukleinacid und RNA: Ribonukleinacid verwendet, A steht für acid (engl.). – Wegen weitere Einzelheiten vgl. Abschn. 1.3.5.

1.3.3   Bau der Zellen – Organellen und ihre Funktion

Abb. 1.29a zeigt eine pflanzliche und Teilabbildung b eine tierische Zelle, jeweils in stark schematischer Schnittdarstellung. Die eukaryotische Zelle ist 10 bis 100 μm groß (maximal bis 200 μm), die prokaryotische Zelle nur ca. 1 μm.

Anmerkung
1 μm = ein Millionstel Meter = 1/1.000.000 m = 1/1000 mm = ein tausendstel Millimeter. Eine Rasierklinge ist ca. 1/10 Millimeter dick; 1 μm entspricht also ca. 1/100 Rasierklingendicke. Eine Zelle mit 10 μm Größe hat demnach eine 1/10 Rasierklingendicke. Entsprechend winzig sind alle Teile, aus denen die Zelle besteht und noch mal kleiner sind jene Millionen Moleküle, aus denen sich die einzelnen Zellorgane aufbauen.

Innerhalb eines Organismus, also einer Pflanze oder eines Tieres, sind die **Körperzellen** in den Geweben eines einzelnen Organs jeweils ähnlich und in vielerlei Hinsicht gleich. Das betrifft zum Beispiel

• bei einem Laubbaum die Zellen von Wurzel und Stamm, von Ästen und Blättern, von Blüten und Samen und
• bei einem Menschen die Zellen im Epithelgewebe, im Binde-, Stütz- und Muskelgewebe, in den Nerven und im Gehirn, im Lymphatischen System, in den Drüsen und Organen des Verdauungs- und Harnsystems, im Atmungssystem, in den Geschlechtsorganen und in den Endokrinen Organen, wie Hypophyse, Zirbel- und Schilddrüse. Als Gewebe bezeichnet man einen Verband gleichar-

Pflanzliche Zelle   Tierische Zelle

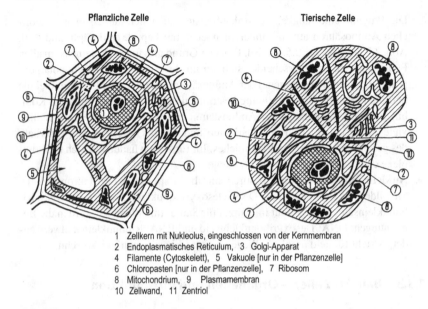

1 Zellkern mit Nukleolus, eingeschlossen von der Kernmembran
2 Endoplasmatisches Reticulum, 3 Golgi-Apparat
4 Filamente (Cytoskelett), 5 Vakuole [nur in der Pflanzenzelle]
6 Chloroplasten [nur in der Pflanzenzelle], 7 Ribosom
8 Mitochondrium, 9 Plasmamembran
10 Zellwand, 11 Zentriol

Abb. 1.29

tiger Zellen mit gleichartiger Funktion. Die Anzahl der Zellen in einem ausge-
wachsenen Menschen liegt wohl zwischen 10^{13} bis 10^{14} (10.000.000.000.000
bis 100.000.000.000.000!) Täglich sterben ca. 10^{12} Zellen ab, sie wachsen wieder nach, mit ansteigendem Alter weniger verstärkt dort, wo Schädigungen, wie
durch Entzündungen verursacht, aufgetreten sind; hierbei können Mutationen
mit ernsten Folgen (z. B. Krebswucherung) auftreten. Den Ersatz besorgen die
entsprechend differenzierten Stammzellen vor Ort. Das betrifft nicht alle Zellen
in gleicher Weise, jene im Verdauungstrakt werden nur wenige Wochen alt, jene in den Knochen etwa drei Jahrzehnte. Das Gehirn dezimiert täglich 200.000
Zellen, ohne dass sie nachwachsen.

Bei der geschlechtlichen Fortpflanzung werden die in den **Keimzellen** der Partner enthaltenen Erbinformationen, also alle vererbungsfähigen Anlagen der beiden
Elternteile, an die Tochtergeneration weitergegeben. Aus der befruchteten Zelle
bilden sich anschließend alle folgenden Zellen durch Teilung (vgl. folgenden Abschnitt). Es ist einsichtig, dass sich das neue Lebewesen mit all' seinen Organen
innerhalb des Gesamtorganismus in der ihn prägenden typischen Ausformung nur
dann bilden kann, wenn die gesamte Erbinformation für alle Organe von Anfang an

in allen Zellen vorhanden ist und bei allen folgenden Schritten, Teilung für Teilung, in allen Einzelheiten erhalten bleibt, also vollständig und fehlerfrei weiter gegeben wird. Sowohl die Weitergabe der Erbinformation wie alle anderen Vorgänge im lebenden Organismus beruhen auf den bio-chemischen Abläufen der in den Zellen vereinigten Molekülstrukturen. Kommen die Abläufe zum Stillstand, bedeutet das den Tod des Individuums. – Dass ein wachsendes und lebendes organisches System auf Energiezufuhr angewiesen ist, liegt auf der Hand. Der dafür erforderliche Stoffwechsel beruht ebenfalls auf molekularen Abläufen in den Zellen und das in allen Zellen des Lebewesens gleichzeitig. Dieses sich selbst organisierende Lebensprinzip ist das Komplexeste was es auf Erden gibt und das in milliardenfachen Formen und Wiederholungen bereits über Millionen von Jahren hinweg. Vielleicht ist es in dieser Form einmalig im gesamten Kosmos. Das Prinzip blieb von Anfang unverändert, wahrlich erstaunlich! Andererseits, hatte sich das Prinzip erst einmal selbst ‚erfunden‘, zunächst in einfacherer Form, war es zwingend, dass es sich zu einer immer vollkommeneren Ausprägung weiter entwickeln musste, blieben die Lebensbedingungen (von Schwankungen abgesehen) doch grundsätzlich gleich, sowohl die Lebensbedingen im Wasser, zu Lande und in der Luft, vor allem blieb die Energiezufuhr durch die Sonne durchgängig und weitgehend ohne Schwankungen erhalten.

Allen Zellen gemeinsam ist das **Zytoplasma** (sie ist in den schematischen Darstellungen der Abb. 1.29 einfach-schraffiert angelegt). Es handelt sich um eine zähflüssige Substanz mit einem hohen Wasseranteil von 60 bis 90 % (und mehr). Das Zytoplasma enthält diverse Proteine als Enzyme, die bei den unterschiedlichen bio-chemischen Reaktionen in und zwischen den **Organellen**, den ‚Organen‘ der Zelle, katalytisch beteiligt sind. Jede Verbindung ist auf ein spezifisches Enzym angewiesen. Zu hohe oder zu niedrige Temperaturen führen zu ihrer Zerstörung, auch Gifte. Die Organellen erfüllen bestimmte Aufgaben und interagieren untereinander. Auch an ihrem Aufbau ist Wasser beteiligt, im Übrigen bestehen auch sie aus den im vorangegangenen Abschnitt beschriebenen Stoffen: Kohlenhydrate, Lipide, Proteine und Nukleinsäuren.

Jede Zelle wird von einer Membran eingehüllt. Die Membran gibt der Zelle ihre Form, den notwendigen Halt und damit einen Wirkraum. Die **Zellmembran** 9 ist keine dichte Hülle, vielmehr durchlässig, was den Stoff- und Informationsaustausch zwischen den Zellen ermöglicht. Die Dicke der Membran liegt zwischen 5 bis 10 nm. (nm: Nanometer $= 10^{-9}$ m = ein Milliardstel Meter $= 10^{-6}$ mm = ein Millionstel Millimeter). Die Membran wird vorrangig von Lipiden aufgebaut.

Auch innerhalb der Zelle werden die Organellen durch Membrane umhüllt. Über diese findet der molekulare Austausch statt. – Die pflanzlichen und tierischen Zellen unterscheiden sich in einigen Organellen. Die pflanzliche Zelle verfügt über eine **feste Zellwand** 10 aus Cellulose, die ihr eine hohe Formstabilität verleiht. Im Inneren der Zelle bilden **Filamente** 4 ein Stützskelett, u. a. zwecks Fixierung des Zellkerns (diese Organelle gibt es auch in tierischen Zellen). **Chloroplasten** 6 mit chlorophyll-farbenen (grünen) Pigmentzentren gibt es nur in pflanzlichen Zellen. Sie wandeln Lichtenergie in chemische Energie um, indem sie das Kohlenstoffdioxid (CO_2) aus der Luft in O (Sauerstoff) und C (Kohlenstoff) trennen. Dabei wird Zucker und Stärke synthetisiert: $6\,CO_2 + 6\,H_2O +$ Sonnenenergie $= C_6H_{12}O_6$ (Glukose) $+ 6\,O_2$ (Sauerstoff). Neben den Chloroplasten liegen in den Zellen der Pflanzen noch weitere Plasten, z. B. solche, die Stärke aus Zucker bilden. Sie werden unter dem Namen Plastiden zusammengefasst. Sie verfügen über eine eigene DNA.

Anmerkung
Den Tieren dient Cellulose (Zucker und Stärke) als Nahrung, Sauerstoff dient der Atmung. Beide werden oxidiert (,verbrannt'). Dadurch wird die für das Leben der Tiere notwendige Energie gewonnen. Ihre Ausscheidungen werden vom Boden aufgenommen, das ausgeatmete CO_2 geht in die Atmosphäre über. Auf beides sind die Pflanzen wiederum angewiesen. Die wechselseitige Abhängigkeit der Pflanzen- und Tierwelt wird daraus deutlich.

Eine weitere nur in pflanzlichen Zellen vorhandene Organelle ist die **Vakuole** 5. Sie dient als Speicher unterschiedlicher Zellsubstanzen.

Weitere Organellen, die sowohl im Zytoplasma pflanzlicher wie tierischer Zellen eingebettet liegen, sind:

- **Zellkern (Nukleus) mit Nukleolus** 1: Der Zellkern ist die größte Organelle, sie ist von einer Doppelmembran umschlossen. Im Inneren des Kerns liegen in molekularer Form die Chromosomen mit der Erbsubstanz (DNA), eingebettet in Chromatin, und das in allen Zellen! Die Anzahl der Chromosomen ist vom Träger abhängig. Sie liegt zwischen 6 bis 60. Beim Menschen sind 46 (homologe) Chromosomen in den Kernen der Körperzellen vereinigt. Vor der Kernteilung verdichten sich die Chromosomen zu kompakten Strängen, ansonsten liegen sie regellos im Kern und sind in diesem Zustand nur schwierig zu identifizieren. – Der Nukleolus ist an der RNA-Bildung beteiligt (vgl. später). – Die meist in der Nähe des Zellkerns liegenden **Zentriolen** 11 steuern die Vorgänge bei der Bildung der Kernmembran während der Zellteilung.
- **Endoplasmatisches Retikulum (ER)** 2: Es verbindet die Kern- mit der Zellmembran. Über ihre ,Kanäle' verläuft der Stoffwechsel.
- **Golgi-Apparat** 3: Der Golgi-Apparat besteht aus fünf bis zehn gestapelten ,Zisternen'. Das Molekül ist u. a. am Aufbau der Zellmembran beteiligt.
- **Ribosom** 7: Das Ribosom ist ein kugelförmiges Körperchen. Die Ribosomen liegen in großer Anzahl überwiegend entlang des Endoplasmatischen Retiku-

lums und bestehen aus Proteinen und RNA. Sie bewirken die Translation der Erbinformation, d. h. sie kodieren die Basen der mRNA, vgl. folgende Abschnitte.

- **Mitochondrium** 8: Das Mitochondrium ist eine von einer Doppelmembran eingeschlossene, relativ große Organelle. Die innere Membran ist mehrfach nach Innen gefaltet, wodurch sie eine große Oberfläche aufweist. Auf ihr findet die oxidative Energiegewinnung aus den Nahrungsstoffen statt, insbesondere aus den Lipiden. In den Zellen von Tieren (hoher Energiebedarf) sind daran große und viele Mitochondrien beteiligt, in pflanzlichen Zellen (geringer Energiebedarf) liegt ihre Anzahl niedriger. Man bezeichnet die Mitochondrien gerne als ‚Energie-Kraftwerke' der Zelle: Die Moleküle NADH und FADH2 werden auf der inneren Membran der Organelle vermittelst Sauerstoff zum Molekül ATP (Adenosintriphosphat) synthetisiert. Dieses Molekül fungiert als Energiespeicher der Zelle. Zusätzlich findet eine Synthese von ATP außerhalb der Mitochondrien statt. An dieser Reaktion sind Enzyme des Zytoplasmas beteiligt.

Im Einzelnen sind die chemischen Vorgänge in den Zellen hochgradig verwickelt und nach wie vor Gegenstand intensiver Forschung. Das gilt auch für die als Nächstes zu behandelnden Vorgänge der Zellteilung und Erbkodierung.

1.3.4   Zellteilung

Es werden zwei Teilungsformen der Zelle bzw. des Zellkerns unterschieden:

- **Mitose**: Teilung der **Körperzellen** während des Heranwachsens des Lebewesens und während der späteren Lebenszeit. Nahezu alle Körperzellen erfahren im Laufe der Lebenszeit eine Erneuerung. Am sichtbarsten wird dieses an den Zellen der Haut, der Haare und der Nägel an Fingern und Füßen. – Bei jeder Teilung entstehen zwei Tochterzellen mit vollständigem Chromosomensatz.
- **Meiose**: Teilung der **Fortpflanzungszellen** (Gameten). Das sind die Keimzellen in den Keimdrüsen der Partner. Man spricht bei der Meiose auch von Reifeteilung.

Mitose   Die im Zellkern vereinigten **Chromosomen** setzen sich jeweils aus unterschiedlichen Einheiten zusammen. Das sind die **Gene**. Deren Gesamtheit auf allen Chromosomen bildet das **Genom** des Lebewesens. Abb. 1.30 zeigt die Abfolge der Gene in schematischer Form. Die an beiden Enden liegenden Einheiten, die

Abb. 1.30

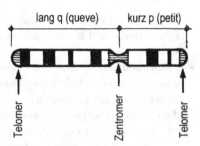

Telomere, und die mittig im Bereich der Einschnürung liegende Einheit, das Zentromer, beinhalten keine aktiven Gene. Die Größe der Gen-Einheiten und deren Abfolge (Sequenz) auf den einzelnen Chromosomen sind unterschiedlich.

In den Körperzellen sind die Chromosomen paarweise vorhanden, man spricht von diploiden Chromosomensätzen. Die beiden Einzel-Chromosomen eines solchen diploiden Satzes (man bezeichnet sie einzeln als homologe Chromosomen oder Homologe) stimmen hinsichtlich Form und Funktion weitgehend überein. Beim Menschen sind im Zellkern 22 Chromosomensätze enthalten, hinzu treten zwei homologe Geschlechts-Chromosomen, beim Mann mit XY, bei der Frau mit XX benannt. Das ergibt insgesamt 46 homologe (Einzel-)Chromosomen. Abb. 1.31 lässt ihre unterschiedliche Größe und Form erkennen.

Zwischen zwei Teilungen einer Körperzelle liegt die sogenannte **Interphase**, in welcher zunächst der Substanzverlust der Zelle aus der vorangegangenen Teilung durch Nachwachsen ausgeglichen wird (G_1-Phase), anschließend verdoppeln sich die homologen Chromosomen einschließlich der auf ihnen liegenden DNA zu einem diploiden Chromosomensatz (s. o.). Sie haften im Zentromer aneinander (S-Phase). Schließlich strukturiert sich der Zellkern im Inneren als Vorbereitung auf

Abb. 1.31   **23 Chromosomen-Paare des Menschen:**

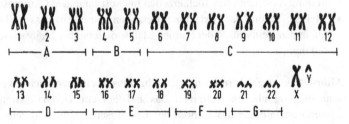

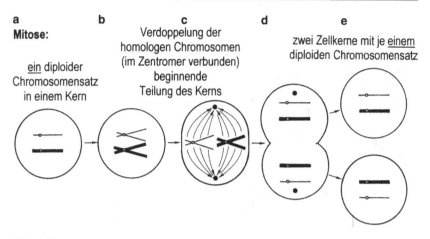

a
Mitose:

ein diploider
Chromosomensatz
in einem Kern

b

c
Verdoppelung der
homologen Chromosomen
(im Zentromer verbunden)
beginnende
Teilung des Kerns

d

e
zwei Zellkerne mit je einem
diploiden Chromosomensatz

Abb. 1.32

die nächste Teilung um (G_2-Phase). – Zellen, die sich nicht teilen, befinden sich (dauerhaft) in der G_0-Phase.

Anhand von Abb. 1.32 sei die Mitose erläutert: Anstelle der 23 Chromosomenpaare ist in der Abbildung nur **ein** Chromosomenpaar dargestellt (Teilabbildung a). Teilabbildung b zeigt die in der Interphase verdoppelten und im Zentromer verknüpften Hälften des Chromosomensatzes. Aus Teilabbildung c geht deren Umordnung hervor: In der Ebene der beiden Zentromere liegen sie nebeneinander. Von den Polen verlaufen Sichelfasern (Mikrotubuli) in Richtung der Zentromere. Bei der weiteren Teilung werden die Paare an den Zentromeren getrennt. Jede Hälfte wird in Richtung der beiden Pole, also in den Bereich der künftigen Einzelzellen gezogen (Teilabbildung d). Nach endgültiger Ein- und Abschnürung der Zelle befindet sich in jedem neuen Zellkern ein diploider Chromosomensatz (Teilabbildung e, entspricht Teilabbildung a). Die nächste Teilung kann mit einer neuen Interphase beginnen. Die mitotische Teilung kann eine halbe Stunde dauern, i. Allg. dauert sie deutlich länger, 2 bis 10 Stunden.

Meiose Die Meiose besteht aus zwei aufeinander folgenden Reifeteilungen. Hierbei wird das elterliche Erbmaterial nach dem Zufallsprinzip durchmischt. Beim Menschen mit seinen 23 Chromosomenpaaren sind 2^{23} Varianten möglich. Hierauf beruht die große Mannigfaltigkeit der individuellen Erbmerkmale der Nachkommen. In Abschn. 1.4.1 wird die Reifeteilung detaillierter dargestellt.

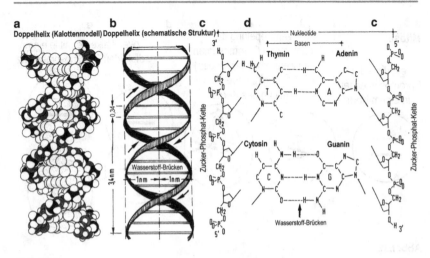

a   **b**   **c**   **d**   **c**
Doppelhelix (Kalottenmodell) Doppelhelix (schematische Struktur)

Abb. 1.33

1.3.5   Bau und Funktion der DNA und RNA – Genetischer Code

Abb. 1.33 zeigt den im Jahre 1953 von J.D. WATSON (*1928) und F.H.C. CRICK (1916–2004) erkannten Aufbau des molekularen Informationsträgers aller Lebewesen auf Erden, vom Bakterium bis zum Homo sapiens. Es handelt sich um ein sehr, sehr langes Molekül, beim Menschen ist es wohl am längsten, mehr als einen Meter lang! DNA steht für Desoxyribonucleinacid. Das Molekül besteht aus zwei kettenförmigen Strängen, die sich spiralig umeinander winden. Auf jedem Chromosom liegt ein solcher DNA-Doppelstrang. Man nennt die Struktur ‚Doppelhelix‘.

Es gibt nur vier verschiedene Kettenglieder (‚Buchstaben‘), aus denen sich die Stränge aufbauen. Es sind dieses die Basen (vgl. Abb. 1.33d und Abb. 2.71 in Abschn. 2.5.4, Bd. IV):

Adenin (A),   Thymin (T),   Guanin (G),   Cytosin (C)

Die Basen sind stets als komplementäre Paare angeordnet: A ⬌ T, T ⬌ A, G ⬌ C und C ⬌ G. Sie sind über OH- und NH_2-Wasserstoffbrücken mit den beiden Einzelsträngen verbunden. Diese fungieren beidseitig als durchgängige Zucker-Phosphat-Gerüste und geben dem Makromolekül den notwendigen Zusammenhalt. Die einzelne Einheit (das ist das Basenpaar plus Zucker-Phosphat-Moleküle und Wasserstoffbrücke zu beiden Seiten) nennt man Nukleotid. Da auf dem DNA-Molekül Milliarden Basenpaare liegen, vermag der DNA-Strang mit seiner speziellen Reihenfolge (Sequenz) differenzierte Informationen nahezu unbegrenzter Vielheit aufzunehmen.

Die Sequenz der Basen auf den einzelnen DNA-Strängen der Chromosomen in den Körperzellen der Lebewesen, z. B. in jenen der Menschen, ist immer dieselbe. Für das einzelne Lebewesen enthält es die gesamte Information für die Ausformung seiner ihn charakterisierenden typischen Konstitution, seiner physischen und psychischen. Sie wird bei jeder Zellteilung kopiert und an die Tochterzelle weiter gereicht. Auf diesem Prinzip beruht die molekulare Erbinformationsspeicherung und -vermittlung. Um zu zeigen, wie groß die Anzahl der Variationen ist, die die vier Basen auf einem Strang bestimmter Länge mit k Plätzen aufnehmen kann, wird aus Gründen der Übersichtlichkeit zunächst von $n = 3$ Elementen ausgegangen. Sie mögen die Namen a, b und c tragen. Gefragt ist, wie sie sich auf k Plätze anordnen lassen. Es werden drei Fälle betrachtet: $k = 1$ Platz, $k = 2$ Plätze, $k = 3$ Plätze. Kann nur ein Platz ($k = 1$) von den (hier 3) Elementen besetzt werden, gibt es drei Varianten, bei $k = 2$ Plätzen oder mehr ist die Zahl der Variationen (V) einsichtiger Weise größer:

$k = 1$	$k = 2$	$k = 3$				
a	aa ba ca	aaa baa caa	aba bba cba	aca bca cca
b	ab bb cb	aab bab cab	abb bbb cbb	acb bcb ccb
c	ac bc cc	aac bac cac	abc bbc cbc	acc bcc ccc

Die Anzahl der Variationen V beträgt:

$$k = 1: V = 3 = 3^1, \quad k = 2: V = 9 = 3^2, \quad k = 3: V = 27 = 3^3$$

Offensichtlich ist ein Induktionsschluss bei n Elementen auf k Plätzen gemäß

$$\text{Anzahl der Variationen:} \quad V = n^k$$

zulässig. Für ein DNA-Molekül mit $n = 4$ ergeben sich gesamtheitlich für die nachstehend angeschriebenen Längen, also Basenplätze k, folgende Anzahlen von Variationen:

$$k = 4: \qquad V = 4^4 = 256$$

$$k = 10: \qquad V = 4^{10} = 1.048.576$$

$$k = 100: \qquad V = 4^{100} = 1{,}6 \text{ mit } 60 \text{ Nullen}$$

$$k = 1000: \qquad V = 4^{1000} = 1{,}8 \text{ mit } 630 \text{ Nullen}$$

$$k = 10.000: \qquad V = 4^{10.000} = 3{,}3 \text{ mit } 6400 \text{ Nullen}$$

Ein langes DNA-Molekül verfügt mit seinen in die Milliarden gehenden Plätzen über einen riesigen, eigentlich unbegrenzten, Informationsspeicher. Die mögliche Gesamtanzahl der Plätze wird indessen in der Natur nicht verwertet. Warum das so ist, wird im Folgenden erläutert

Im Zuge der Körperzellenteilung (Mitose) verdoppeln sich die homologen Chromosomen im Zellkern, vgl. voran gegangenen Abschnitt, Abb. 1.32. Man spricht bei dieser Reifeteilung von **Replikation** (Vervielfältigung): Es trennen sich die komplementären Stränge der DNA in zwei Einzelstränge (Abb. 1.34a). An jede ‚frei geschnittene‘ Base jedes Stranges lagert sich eine komplementäre Base an, einschließlich der zugehörigen Zucker-Phosphat-Moleküle. Letztere dienen dem neu synthetisierten Strang (auch Folgestrang oder Rückwärtsstrang genannt) als Stützglieder. Der alte Strang ist der Leitstrang (auch als Vorwärtsstrang bezeichnet). Auf die geschilderte Weise entstehen aus der ursprünglichen DNA zwei neue DNA mit jeweils identischer (antiparalleler) Abfolge der Nukleotide. Die Replikation verläuft nicht durchgängig in einem Zuge über die gesamte Länge der DNA, sie startet vielmehr gleichzeitig an verschiedenen Stellen.

Bestimmte Abschnitte der DNA, das sind die Gene, bestimmen und bewirken die Bildung jener Proteine, aus denen die Zellen der Gewebe bestehen und solche Proteine. die die bio-chemischen Abläufe zwischen ihnen (als Enzyme) steuern.

Die Proteine werden von 20 Aminosäuren aufgebaut (Bd. IV, Abschn. 2.5.4, Abb. 2.73). Ihre Namen sind:

Ala: Alanin	Glu: Glutaminsäure	Leu: Leucin	Ser: Serin
Arg: Arginin	Gln: Glutamin	Lys: Lysin	Thr: Threonin
Asp: Asparaginsäure	Gly: Glycin	Met: Methionin	Trp: Tryptophan
Asn: Asparagin	His: Histidin	Phe: Phenylalanin	Tyr: Tyrosin
Cys: Cystein	Ile: Isoleucin	Pro: Prolin	Val: Valin

Der Aufbau der Proteine erfolgt in zwei Schritten:

Transkription im Zellkern: DNA → mRNA (Um- bzw. Überschreibung der Erbinformation)
Translation im Zellplasma: mRNA → tRNA → Proteine (Protein-Biosynthese)

Auch diese bio-chemischen Abläufe sind hochgradig komplex. An ihnen sind, wie bei allen anderen Reaktionen, mehrere unterschiedliche Enzyme beteiligt. Im Ergebnis handelt es sich um die ‚Übersetzung/Umsetzung‘ der DNA-Information in die spezifischen Proteine, aus denen sich die Zelle aufbaut. Im Einzelnen:

Abb. 1.34

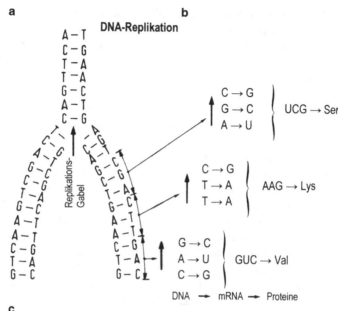

a

```
A – T   DNA-Replikation
C – G
T – A
T – A
G – C
A – T
C – G
```

b

```
        C → G
        G → C   } UCG → Ser
        A → U

        C → G
        T → A   } AAG → Lys
        T → A

        G → C
        A → U   } GUC → Val
        C → G

DNA  →  mRNA  →  Proteine
```

Replikations-Gabel

c
Genetischer Code

	U	C	A	G	
U	UUU Phe	UCU Ser	UAU Tyr	UGU Cys	U
	UUC Phe	UCC Ser	UAC Tyr	UGC Cys	C
	UUA Leu	UCA Ser	UAA **Stop**	UGA **Stop**	A
	UUG Leu	UCG Ser	UAG **Stop**	UGG Trp	G
C	CUU Leu	CCU Pro	CAU His	CGU Arg	U
	CUC Leu	CCC Pro	CAC His	CGC Arg	C
	CUA Leu	CCA Pro	CAA Gln	CGA Arg	A
	CUG Leu	CCG Pro	CAG Gln	CGG Arg	G
A	AUU Ile	ACU Thr	AAU Asn	AGU Ser	U
	AUC Ile	ACC Thr	AAC Asn	AGC Ser	C
	AUA Ile	ACA Thr	AAA Lys	AGA Arg	A
	AUG Met	ACG Thr	AAG Lys	AGG Arg	G
G	GUU Val	GCU Ala	GAU Asp	GGU Gly	U
	GUC Val	GCC Ala	GAC Asp	GGC Gly	C
	GUA Val	GCA Ala	GAA Glu	GGA Gly	A
	GUG Val	GCG Ala	GAG Glu	GGG Gly	G

Bei der **Transkription** wird die DNA in mRNA (mRNA = messenger-RNA = Boten-RNA) umgeschrieben. Die RNA ist ein einsträngiges Abbild der DNA (oder von Abschnitten davon). Bei der Transkription wird Thymin durch Uracil (U) ersetzt. Für die (komplementäre) Überschreibung der Basen der DNA in jene der mRNA gilt:

T (Thymin) → A (Adenin)	A (Adenin) → U (Uracil)
C (Cytosin) → G (Guanin)	G (Guanin) → C (Cytosin)

Ist der mRNA-Strang geformt, wird er aus dem Zellkern in das Zytoplasma entlassen. Hier lagert er sich an ein Ribosom an. Im Ribosom wird seine Information in eine Aminosäureabfolge übersetzt. Je drei Basen der mRNA (man nennt sie Codon oder Triplett) synthetisieren eine Aminosäure, vgl. Abb. 1.34b. Dieser Vorgang heißt **Translation**. Da sich die vier Basen der mRNA (A, U, G, C) zu $4^3 = 64$ Dreiergruppen ordnen lassen, synthetisiert nicht jedes Codon nur eine einzelne der 20 Aminosäuren, vielmehr bewirken in einigen Fällen mehrere Codons die Synthetisierung ein und derselben Aminosäure. Eines der Codons bewirkt einen ‚Start‘, drei Codons einen ‚Stopp‘. Bis zu diesem Stopp werden die synthetisierten Aminosäuren Stück für Stück aneinander gefügt. Der Stopp bewirkt die Ablösung des fertigen Proteins. Mit dem Startsignal beginnt die Bildung einer neuen Sequenz und damit eines neuen Proteins. – Die Translation der mRNA-Basen in Aminosäuren nennt man Genetische Kodierung und das Übersetzungsschema **Genetischer Code** (Abb. 1.34c). Da je drei Basen (als Dreiereinheit = Codon oder Triplett) eine Aminosäure festlegen, wird ein Protein, das beispielsweise aus 1000 Aminosäuren unterschiedlicher Abfolge besteht, von 1000 Codons in der zugeordneten, passenden Abfolge aufgebaut (codiert). Beim Menschen sind wohl 100.000 (oder deutlich mehr) verschiedene Proteine am Aufbau der Zellen und an den mannigfaltigen regulativen Aufgaben beteiligt. Sie bauen sich alle als Makromoleküle aus einer großen Anzahl von Aminosäuren in sehr eigener Anordnung auf. Das erklärt, warum es so vieler Gene bzw. Genabschnitte und Codons in unterschiedlicher spezifischer Anordnung auf den DNAs bedarf, damit ein Lebewesen mit seinen unverwechselbaren Eigenschaften bestehen und sich immer wieder gleichartig fortpflanzen kann. Das ist alles stimmig und wunderbar angelegt.

Nicht alle Abschnitte innerhalb der DNA codieren (übersetzen), die Abschnitte heißen **Introns**. Davon gibt es in jedem Gen diverse Sequenzen unterschiedlicher Länge. Die übersetzenden Abschnitte heißen **Exons**. Die Gene des Menschen haben im Mittel acht Exons. Die Introns werden beim Spleißen heraus geschnitten und abgebaut. Anschließend werden die Exons miteinander verbunden. Der so gebildete mRNA-Strang ist nunmehr durchgehend übersetzbar. Bei der Translation sind eigenständige tRNA-Moleküle der Ribosomen beteiligt. All' das bewirken die Enzyme im Zuge der bio-chemischen Abläufe selbstregulierend! Einsichtiger Weise ist das mit einem Energieumsatz verbunden.

Wie ausgeführt, bezeichnet man die Mitochondrien als ‚Kraftwerke der Zellen' und die Ribosomen als die ‚Protein-Fabriken'. In diesen entstehen jene Zellsubstanzen, aus denen sich die spezifischen Zellen im jeweiligen Organ aufbauen.

Der Genetische Code gilt in der vorgestellten Form (Abb. 1.34c) dem Prinzip nach für alle Lebewesen gleichermaßen, für alle Tiere und Pflanzen! Dieses Faktum gilt als Hinweis bzw. Beweis dafür, dass sich der Code in der Urzeugungsphase gebildet hat, zu einem Zeitpunkt, als sich die Lebewesen noch nicht ausdifferenziert hatten. Nachfolgend behielt der Code über alle Zeiten Gültigkeit. Er musste unverändert und universell gültig bleiben, nur so konnte die Erbinformation von den Gliedern der Elterngeneration auf jene der Kindergeneration immer wieder eindeutig weiter geben werden, gleichgültig, in welche Richtung sich die jeweilige Art im Einzelnen entwickelte. Die Entwicklung ihrerseits ist davon abhängig, in welchem Umfang die Gene infolge Umordnung oder Defekten eine Änderung erfahren. Eine solche Änderung im Erbgut nennt man Mutation. Eine Mutation führt zu Variation und Selektion und ist damit die Grundlage für die Evolution aller Arten auf Erden (Abschn. 1.7).

1.3.6 Gene – Genom – Sequenzierung – Human-Genom-Projekt

Die äußere Erscheinungsform eines Lebewesens kennzeichnet seinen Phänotyp. Das beinhaltet das Aussehen und den Bau des gesamten Organismus mit all' seinen Teilen und deren Funktionen. Bestimmt wird der Phänotyp vom Genotyp, der in jeder Körperzelle eines Organismus ‚verankert' ist. Die Gene bilden in ihrer Gesamtheit und Abfolge das Genom. Bei der Vererbung bleibt das Genom von Generation zu Generation erhalten. Das gilt nicht nur für die Weitergabe jener auf den Chromosomen liegenden DNA-Erbinformationen, sondern auch für jene Informationen, die in den Mitochondrien und Plastiden liegen. Von diesen Organellen wird angenommen, dass sie in der Urzeugungsphase als freie Einzeller existierten und irgendwann in einfache Mehrzeller eindrangen. Sie lebten mit ihnen symbiotisch zusammen und ermöglichten so als energieliefernde Bestandteile der Zelle die Ausbildung höherer vielzelliger Lebensformen. Vielleicht hat ein solcher Übergang nur ein einziges Mal stattgefunden? Das wäre dann der Schöpfungsmoment alles Lebendigen auf Erden gewesen.

Wie ausgeführt, liegt auf den Chromosomen je ein DNA-Molekül mit unterschiedlich langen codierenden und nicht-codierenden Abschnitten. Das sind die

Abb. 1.35

Gene. Um die Gene an ihrem Ort (Locus) zu kennzeichnen, werden sie nach folgender Regel genkartiert:

1. Chromosomen-Nummer (beim Menschen Nr. 1 bis 22 und X oder Y),
2. Lage des Gens auf dem kürzeren (p) oder längeren (q) Abschnitt des Chromosoms,
3. Ziffer der Region in dem das Gen auf dem Chromosom liegt,
4. Ziffer der Unterregion (meist zwei Ziffern). –

Abb. 1.35 zeigt als Beispiel das menschliche Chromosom Nr. 12 in schematischer Darstellung. Aus der Benennung des Gens 12q24.1 lässt sich folgern: Das Gen liegt auf dem Chromosom 12; auf dem langen Abschnitt, in der Region 2 und dort in der Unterregion 4.1. Ein weiteres Beispiel: Das sogenannte ‚Sprachgen' FOXP2 hat den Locus: 7q31.2. Es liegt demgemäß auf dem menschlichen Chromosom 7, auf dessen langem Abschnitt in der Region 3, Unterregion 1.2.

Anmerkung

Das Gen FOXP2 findet sich auch in den Zellen anderer Wirbeltiere und übernimmt dort wohl auch Aufgaben der Lautgebung.

Es gibt Gene, die die Proteine synthetisieren und solche, die den Stoffwechsel und andere molekulare Vorgänge regulieren (Abb. 1.36a).

Der Mensch besteht aus $5 \cdot 10^{13}$ Körperzellen. In jeder dieser Zellen liegt das vollständige Genom mit ca. $3,3 \cdot 10^9$ Basenpaaren. Auf dem längsten Chromosom (1) liegen ca. 250 Millionen, auf dem kürzesten (Y) ca. 50 Millionen Basenpaare. Würde man ein Chromosom bzw. seine DNA strecken, wäre es wohl einen Meter lang!

Der überwiegende Teil der Chromosomen besteht aus nicht-codierenden Basenpaaren: Im Mittel codieren nur 3 % der Sequenzen Proteine-Moleküle (Abb. 1.36b)! – Die DNA der Mitochondrien und Plastiden codieren weitgehend vollständig. Die Frage, warum es bei den Eukaryoten so ausgedehnte nicht-codierende Sequenzen gibt, also Introns, ist Gegenstand der Forschung. Es ist eigentlich unverständlich, dass über so lange Zeiträume 97 % molekulares Material als ‚Schrott' mitgeschleppt wird, denn prinzipiell strebt die Natur immer einen

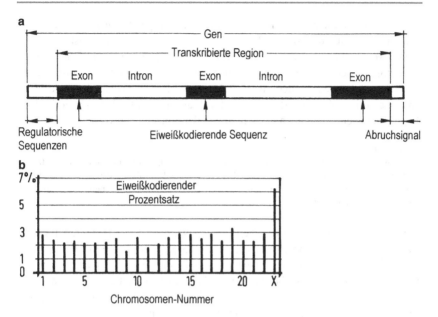

Abb. 1.36

Zustand minimalen Aufwandes an. Auffällig ist, dass Introns bei Bakterien und Archeaen fehlen. Inzwischen konnte geklärt werden, dass in den 97 % des nicht-codierenden DNA-Materials Sequenzen für gewisse regulatorische Funktionen liegen, auch Material für eine Neukombination von Genen sowie RNA-Relikte aus der evolutionären Entwicklung. Vieles wird noch nicht vollständig verstanden.

Sowohl die Anzahl der Chromosomensätze wie jene der Basenpaare sind bei den Lebewesen sehr unterschiedlich. Beispiele für das Verhältnis Anzahl der Chromosomensätze zu Anzahl der Basenpaare zu Anzahl der Gene:

- Bakterium Escherichia coli: 1/4,6 Millionen/4500
- Fruchtfliege (Drosophila melanogaster): 8/200 Millionen/13.500
- Maus (Musmusculus): 40/2,6 Milliarden/25.000
- Mensch (Homo sapiens): 46/3,3 Milliarden/23.000

Die Anzahl der Chromosomensätze liegt bei vielen Lebewesen höher als beim Menschen: Schimpanse: 48, Rind: 60, Pferd 66, Hund 78, Einsiedlerkrebs 254, Farnarten 630. Mit der Komplexität des Organismus (etwa Gehirnvolumen, Denkfähigkeit) stehen die Zahlen erkennbar in keinem unmittelbaren Zusammenhang, wohl mit dem Alter der Art, bei den fossilen Arten liegen sie am höchsten. Die Angaben zur Anzahl der codierenden Genabschnitte sind unsicher. Inzwischen konzentriert sich die Forschung nicht mehr so sehr darauf, die vollständigen Genome zu erkunden, sondern die interaktiven Wirkmechanismen der funktionellen Gene zu begreifen. Letzteres erweist sich als außerordentlich schwierig. Das ‚Buch des Lebens' liegt noch lange nicht in allen Einzelheiten vor.

Anmerkung
Eine eng bedruckte Buchseite enthält ca. 3400 Buchstaben. Wollte man die 3.400.000.000 Basenpaare, die in jeder menschlichen Zelle liegen (jedes Paar als ein Buchstabe), in einem Buch veröffentlichen, wären 1.000.000 Buchseiten erforderlich, bei einem Buch mit 500 Seiten, ergäben sich 2000 Bücher!

Mit der Analyse des menschlichen Genoms wurde in den 80er Jahren des letzten Jahrhunderts begonnen. Im Jahre 1990 startete das internationale ‚Human-Genom-Projekt'. Ziel war die vollständige Abklärung des menschlichen Genoms. Im Jahre 1999 konnte das Chromosom 22 als erstes vollständig entziffert werden. Im Jahre 2000 wurde ein 90 %-Entwurf und im Jahre 2003 die 100 %-Lösung des Gesamt-Genoms (‚The Book of Life') bekannt gegeben.

Im Jahre 2008 startete das 1000-Genom-Projekt mit dem Ziel, von 1000 Personen das vollständige Genom zu bestimmen, es wurde im Jahre 2012 abgeschlossen.

Die DNA-Sequenzierung war in der Anfangszeit aufwendig, langwierig und demgemäß kostenträchtig. Unverzichtbar sind leistungsfähige Computer. Inzwischen ist die Labortechnik deutlich fortgeschritten. Die Sequenzierung ist dadurch schneller und kostengünstiger geworden. Einzelheiten enthalten Abschn. 1.5.3 und 1.5.4.

1.3.7 Biosynthese der Proteine (Eiweiß-Moleküle)

In Abschn. 1.3.5 wurden Replikation, Transkription und Translation erläutert. Die Vorgänge seien nochmals vertieft dargestellt:

1. **Replikation:** Aufwinden und Trennen der Doppelhelix in zwei Stränge mit identischer Erbinformation, gesteuert von sogen. Promotern.
2. **Transkription:** Kopieren der beiden DNA-Stränge mit Hilfe eines Enzyms in jeweils einsträngige mRNA. Im Gegensatz zu Prokaryoten treten bei Eukaryoten innerhalb der Gene Exons und Introns auf (Abb. 1.37a). Die DNA wird daher zunächst in eine prä-mRNA überführt (Teilabbildung b). Die Introns werden durch Spleißen herausgeschnitten (Teilabbildung c) und die Ex-

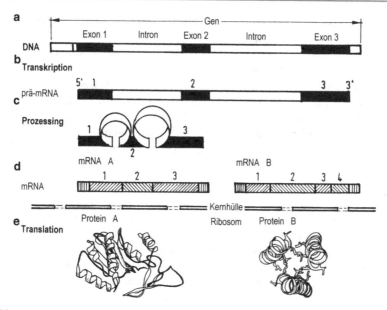

Abb. 1.37

ons zusammengefügt. Wo Abbruchsignale auftreten, wird die Synthese des mRNA-Moleküls beendet, Anfang und Ende werden um Teile ergänzt (Teilabbildung d).

3. **Translation:** Die einzelnen mRNA-Moleküle werden aus dem Zellkern durch die Kernhülle hindurch an ein Ribosom im Zytoplasma herangeführt. Im Ribosom werden die Basen der mRNA gemäß dem genetischen Code übersetzt. Jede neu gebildete Aminosäure wird durch das ihr zugeordnete tRNA-Molekül in die Kette eingefügt. Auf diese Weise wächst die vom Gen codierte Aminosäurensequenz Stück um Stück, wobei an der Bildung jeweils das Start-Codon AUG und eines der Stop-Codons (UAA, UAG oder UGA) beteiligt sind. Tritt das Stop-Codon auf, löst sich die synthetisierte Aminosäurensequenz vom Ribosom ab, womit die Proteinsynthese beendet ist. Die Translation findet an mehreren Ribosomen gleichzeitig statt, wodurch die Umsetzung der gesamten Erbinformation in die Proteine jenes Gewebes/Organs, in welchem die Zellteilung stattfindet, beschleunigt wird.

Bei den Prokaryoten entfällt die Bildung der prä-mRNA mit anschließender Spleißung, weil deren Gene intronfrei sind. – Die Moleküle der Proteine (Eiweißbausteine) sind hochgradig verknäult gefaltet (Abb. 1.37e).

Die geschilderte Proteinsynthese ist integraler Teil jeder Zellteilung, beim Menschen dauert sie mehrere Stunden.

Am Bau der etwa 200 verschiedenen menschlichen Zelltypen sind ca. 100.000 Proteine beteiligt. Das bedeutet, dass die 23.000 Gene des menschlichen Genoms jeweils mehrere Proteine vermöge Modulkombination synthetisieren.

Die Gesamtheit der Proteine eines Lebewesens bezeichnet man auch als dessen Proteom. An der ‚Human Proteom Initiative', der Erstellung einer Protein-Datenbank für alle Gewebe und Organe des Menschen, wird zurzeit an verschiedenen Instituten gearbeitet. Hierzu bedarf es einer hoch entwickelten Labortechnik.

1.3.8   Mutation

Eine Änderung im Erbgut nennt man Mutation. Sie tritt eher selten auf, wenn, dann spontan, zufällig, ungerichtet. Sie wirkt zweifach, zum einen auf das Schicksal des von der Mutation betroffenen Individuums und dessen unmittelbare Nachkommen und zum anderen auf die Entwicklung der Population als Ganzes, der es angehört: Als Folge der Mutation bei einem Elternteil wird das Individuum des Tochterteils mit veränderten Merkmalsausprägungen geboren. Ist diese Änderung von Vorteil, wird sie sich eher durchsetzen, insbesondere dann, wenn sich das Umfeld, in welchem die Population existiert, verändert hat und die Merkmalsänderung eine vorteilhafte Anpassung an diese Änderung ermöglicht. Sofern sich die mutierte Merkmalsänderung auf die Nachkommen vererbt und viele Nachkommen gezeugt werden, führt das zu einer Veränderung der ganzen Population. Der Prozess kann über einen längeren Zeitraum auf das Werden einer neuen Art hinauslaufen (Abschn. 1.7). Negativ ist eine Mutation dann, wenn sich beim Tochterindividuum Missbildungen, Behinderungen, Krankheiten einstellen (letzteres ggf. erst in späteren Lebensjahren).

Im Regelfall verlaufen Replikation, Transkription und Translation mit großer Zuverlässigkeit, letztere sinkt mit zunehmendem Alter. – Die Mutationsrate pro Gen wird bei Eukaryoten (Vielzeller) zu 10^{-6}, bei Prokaryoten (Einzeller) zu 10^{-7} geschätzt. Da Vielzeller viele Zellen und Einzeller in einer Population i. Allg. massenhaft auftreten, ist die Gesamtzahl der Mutationen in beiden Fällen (absolut gesehen) gleich hoch und damit auch die Wahrscheinlichkeit für das Auftreten einer Mutation. – Unterschieden werden:

- Chromosomenmutation: Änderung der Anzahl und Gestalt der Chromosomen, eine solche Mutation ist dramatisch.
- Genmutationen: Änderung der Basensequenz der DNA und/oder der RNA infolge Fehler bei der Replikation, Transkription oder Translation. Ursache kön-

nen in diesem Fall auch äußere Einflüsse sein, wie radioaktive oder ultraviolette Strahlung, auch energiereiche kosmische Strahlung.

Fehler bei der Replikation innerhalb der nichtkodierenden DNA-Abschnitte (Introns) bleiben folgenlos, solche kodierender Sequenzen (Exons) haben meist ernste Folgen, fallweise erst im Verlauf des Lebens.

Vererbt werden nur solche Mutationen, die in Keimzellen auftreten. Sind die Folgen nicht so schwerwiegend, dass das heranwachsende Leben nicht schon im embryonalen Zustand oder bei der Geburt stirbt, verbleibt die Änderung im Erbgut der Nachkommen und wird von diesen, sofern zeugungsfähig, weiter vererbt. In diesem Falle bleiben die Gendefekte erhalten. Rezessive (zurücktretende, nicht dominante) Ausprägungen bleiben indessen unerkannt, fallweise werden sie im Zuge des Erbgangs ‚ausgemendelt'.

1.4 Genetik

Anmerkung
Anstelle Genetik werden auch die Begriffe Vererbungslehre, Erblehre, Erbbiologie verwendet. Die Thematik wird hier in der Reihenfolge: Molekulargenetik, Allgemeine Genetik (Mendelsche Regeln), Domestikation/Züchtung abgehandelt. Vielfach wird die umgekehrte Reihenfolge gewählt, was der historischen Entwicklung entspricht.

1.4.1 Molekulargenetik

Wie ausgeführt, nennt man ein einzelnes Chromosom homolog, bei paarweiser Anordnung spricht man von einem diploiden Chromosomensatz. Beim Menschen liegen 23 Chromosomenpaare im Zellkern. Jeweils eine Paarhälfte stammt vom Vater, die andere von der Mutter. An jeweils gleichen Orten (Loci) der beiden homologen Chromosomen des Paares liegen jeweils jene beiden Gene väter- und mütterlicherseits, welche die Erbinformation für ein bestimmtes Merkmal in sich vereinigen (z. B. Blütenform, Gefiederfarbe).

Die Erbanlagen auf den Chromosomen werden bei der Weitergabe an die Nachkommen auf zweierlei Weise durchmischt,

1. bei der Reifeteilung in den Keimdrüsen (Gonaden) der männlichen und weiblichen Individuen, sie wird als Meiose bezeichnet, und
2. bei der Paarung eines männlichen und weiblichen Individuums gleicher Art, bestehend aus Begattung, Besamung, Befruchtung.

Die Meiose geht mit zwei Reifeteilungen der in den Keimdrüsen liegenden Zellen
einher (man nennt sie auch Urreifezellen). Bei den meisten Pflanzen sind Staub-
blatt und Fruchtknoten die männlichen bzw. weiblichen Keimdrüsen, bei den (höheren) Tieren sind es Hoden bzw. Eierstock.

Anhand Abb. 1.38 werde die **Meiose** erläutert (dargestellt an **einem** Chromosomenpaar): Jedes der beiden homologen Chromosomen verdoppelt sich zunächst
(Teilabbildungen a und b), hierbei vollzieht sich die Replikation der auf den Chromosomen liegenden DNA in zwei identische Kopien (Abb. 1.34). Anschleißend
vereinigen sich die Paare in ihren Zentromeren. Die Chromosomen lagern sich dabei aneinander (Teilabbildung c). Hierbei kann es an gleichen Stellen zu einem
‚Bruch' mit anschließendem Austausch von Chromosomenabschnitten kommen
(Teilabbildung d). Den Vorgang nennt man ‚**Cross-over**', wie in den Teilabbildungen h bis j veranschaulicht. Hiermit ist eine teilweise Durchmischung der von den
Eltern überkommenen Gene verbunden.

Von den Kernpolen (den Zentriolen) gehen Sichelfäden aus. Sie strecken die
Zelle. Es kommt zur Zellteilung. Die Chromosomen trennen sich im Bereich der
Zentromere (Teilabbildung e). Damit ist die 1. Reifeteilung abgeschlossen. In den
beiden so entstehenden Zellkernen liegt je ein Chromosomenpaar. Sie stimmen mit
dem ursprünglichen Paar nicht mehr überein, vgl. Teilabbildung f mit Teilabbildung a. Die beiden Zellen teilen sich erneut (mitotisch). Das ist die 2. Reifeteilung.
Die so entstandenen Zellen nennt man Reifezellen (auch Gameten, Keim- oder Geschlechtszellen). Hinsichtlich Ausformung und Größe sind die in den weiblichen
und männlichen Keimdrüsen entstandenen Gameten sehr unterschiedlich: Von den
vier Gameten der weiblichen Individuen ist nur eine befruchtungsfähig, die drei
anderen verkümmern. Die verbleibende Zelle ist die Eizelle, sie ist i. Allg. groß,
plasmareich und unbeweglich. Die Gameten der männlichen Individuen sind klein,
plasmaarm und i. Allg. beweglich (bei Tieren häufig begeißelte Spermien).

Bei der Befruchtung verschmelzen eine männliche und eine weibliche Rei-
fezelle. Die so entstehende Zelle heißt Zygote. Sie enthält einen vollständigen
diploiden Chromosomensatz. Dieser stammt je zur Hälfte von beiden Partnern
(Abb. 1.38g). – Um die Zygote bildet sich eine Hülle. Aus der Zygote entsteht
über das Stadium des Embryos der Körper eines neuen Individuums, ein vielzelliger Organismus mit allen arttypischen Anlagen, zunächst in Kleinform. Nach einer
gewissen Zeit des Wachsens (mit mitotischer Zellteilung in den Zellen) erreicht das
neue Individuum seine endgültige Form und Größe und schließlich eigene Zeu-
gungsreife, es wird zum ‚Erwachsenen'.

Die beim Menschen (und bei höheren Tieren) ablaufenden weiblichen und
männlichen Reifungsvorgänge sind in Abb. 1.39 nochmals ausführlicher veranschaulicht und einander gegenübergestellt. Die Abläufe entsprechen jeweils

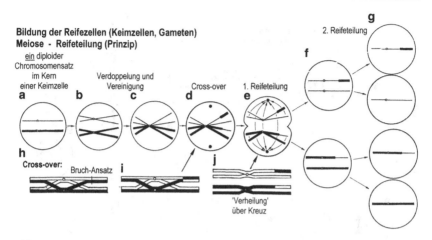

Bildung der Reifezellen (Keimzellen, Gameten)
Meiose - Reifeteilung (Prinzip)

ein diploider
Chromosomensatz
im Kern
einer Keimzelle
a

b Verdoppelung und
Vereinigung
c

d Cross-over

e 1. Reifeteilung

f

g 2. Reifeteilung

h
Cross-over: Bruch-Ansatz i

j 'Verheilung'
über Kreuz

Abb. 1.38

einzeln dem in Abb. 1.38 behandelten Prozess: Die Urkeimzellen in der weiblichen und männlichen Zygote vermehren sich im Zuge der embryonalen Entwicklung durch mitotische Teilung. Hierbei wandern die Zellen in die sich bildenden Keimdrüsen (Gonaden), die sich später beim weiblichen Individuum zum Eierstock und beim männlichen Individuum zum Hoden ausdifferenzieren, den Geschlechtsorganen, davon gibt es jeweils zwei. Die Urkeimzellen wachsen in diesen zu den Oocyten 1. Ordnung bzw. zu den Spermatocyten 1. Ordnung heran (Abb. 1.39a).

Im neuen Lebewesen entwickeln sich während der Meiose in mehreren Schritten auf der einen Seite die reife Eizelle mit drei Polkörperchen und auf der anderen die reifen Spermien (über die Phase der Oocyten bzw. Spermocyten 2. Ordnung, Teilabbildungen e/f). Die Polkörperchen sterben ab. Die verbleibende Eizelle und die Spermien enthalten jeweils einen haploiden Chromosomensatz (Abb. 1.39g entspricht Abb. 1.38g).

Die Eizellen bilden sich bis zur Reife aus der Vorstufe der (weiblichen) Oogonien bis zur Pubertät vollständig aus und liegen fortan im Eierstock, wohl insgesamt 400 bis 500 reife Eizellen. Im Gegensatz zu den Spermacyten teilt sich die Oocyte in eine große plasmahaltige Eizelle (0,12 bis 0,15 mm) und ein kleines Polkörperchen. Kommt es nach dem Eisprung in die Gebärmutter zu keiner Befruchtung, wird das Ei ausgeblutet. – Bei den höheren Wirbeltieren reift das Embryo im Mutterleib. Alle älteren und die meisten anderen Tiere kannten bzw. kennen nur die Entwicklung im Ei außerhalb des Körpers, diesbezüglich gibt es in der Natur unzählige Varianten und Ausnahmen.

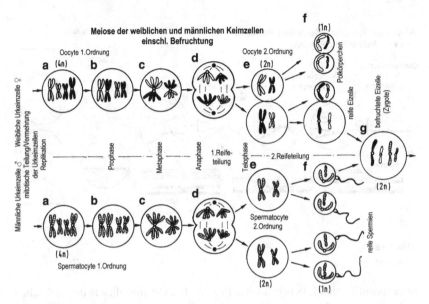

Abb. 1.39

Anmerkung

Im Vogelei sind alle Stoffe für die embryonale Entwicklung des Kükens enthalten, insbesondere im fetthaltigen Dotter. Es ist daher relativ groß. Beim Strauß erreicht das Ei eine Größe von 7 cm, beim ausgestorbenen madagassischen Riesenstrauß erreichte es eine Größe von 30 cm und war 10 kg schwer.

Bei der Frau stellt sich der zyklische Eisprung vom 13. bis 14. Lebensjahr bis etwa zum 50. Lebensjahr ein. Das sind über die Dauer von 35 Jahren ca. 35 · 12 ≈ 400 Eisprünge (Ovulationen). Zwischen dem 19. und 26. Lebensjahr liegt die Zeit der höchsten Fruchtbarkeit. Zwischen dem 35. bis 40. Lebensjahr beträgt die Möglichkeit, schwanger zu werden, nur noch ca. 20 %. Zwischen dem 45. bis 50. Lebensjahr setzt die Menopause ein (es sind die Wechseljahre). Dann ist keine Befruchtung auf natürlichem Wege mehr möglich.

Die Ausreifung der Spermien im Hoden und anschließend im Nebenhoden dauert ca. 9 Wochen. Das Spermium des Mannes ist ca. 0,10 mm groß; es wird regelmäßig und reichlich produziert. Gelingt einem der Spermien nach dem Erguss das Eindringen in die reife Eizelle, führt das zu deren Befruchtung. Die Fähigkeit, Spermien zu bilden, währt beim Mann bis ans Lebensende, mit abnehmender Kapazität im Alter.

Das Spermium steuert bei der Verschmelzung zur Zygote nur Kern-DNA bei, die Eizelle zusätzlich das Zytoplasma und damit die in den Mitochondrien und Chloroplasten (bei Pflanzen) enthaltenen DNA. Der maternale Beitrag an der Vererbung ist somit bedeutender.

Die skizzierte Reifezellenbildung gilt für alle fortpflanzungsfähigen weiblichen und männlichen Individuen im Pflanzen- und Tierreich. Im Einzelnen gibt es gleichwohl diverse Modifikationen und z. T. große Unterschiede, auch hinsichtlich der Art der geschlechtlichen und ungeschlechtlichen Fortpflanzung.

Das Erbgut auf den väterlichen und mütterlichen Homologen kombiniert sich bei der Reifeteilung nach dem Zufallsprinzip. Beim Menschen sind bei 23 Chromosomenpaaren $2^{23} = 8{,}4{\cdot}10^6$ Kombinationen möglich. Das gilt für beide Partnerchromosomen. Bei der Befruchtung vereinigen sich zudem die unterschiedlichen Reifezellen des Paares. Das ist der Grund, warum sich die Kinder eines Paares in den meisten Fällen erheblich von einander unterscheiden, sowohl hinsichtlich ihrer Physis wie ihrer Psyche.

Die Vielfalt der Nachkommenschaft hatte für die evolutionäre Entwicklung der Arten große Vorteile. Nur so gelang es den Pflanzen und Tieren, trotz der ständigen und vielfach widrigen Veränderungen der irdischen Lebensräume, durch Selektion und Anpassung zu überleben und sich dabei weiter zu entwickeln.

1.4.2 Allgemeine Genetik – Mendel'sche Regeln

Mitte des 19. Jahrhunderts wurde die wissenschaftliche Genetik durch Gregor (Johann) MENDEL (1822–1884) begründet. Er war Autodidakt. Er fand die ersten drei der nach ihm benannten Vererbungsgesetze. Etwa 50 bis 60 Jahre später fanden die Regeln, ausgehend von der Chromosomentheorie, und nochmals später, ausgehend von der molekularen Genetik, ihre Bestätigung.

Zur Begründung der Vererbungsregeln erweist es sich als zweckmäßig, den Verlauf eines Erbganges von der Elterngeneration (P; Parentalgeneration) auf die Folgegenerationen (F_1, F_2; Filialgenerationen) in Form eines Kombinationsquadrates darzustellen. Hiermit lassen sich auch komplizierte Kreuzungen mit mehreren Merkmalen vergleichsweise einfach überblicken bzw. ableiten. Das Schema geht auf R.C. PUNNETT (1875–1967) zurück. Man spricht daher vom Punnett-Quadrat.

Abb. 1.40 zeigt das Prinzip: Rechts oben liegt jene Keimzelle des männlichen Partners, die sich nach der 1. Reifeteilung aus der Urkeimzelle als eine von zwei entwickelt hat. Dabei wird unterstellt, dass während dieser Teilung kein ‚Crossover' statt gefunden hat, dann stimmt das Chromosomenpaar mit jenem in der

Abb. 1.40

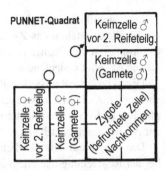

Urkeimzelle überein. Auf dem Chromosomenpaar liegen jene Genmerkmale, die im Zuge des Erbganges verfolgt werden sollen. In den nach der 2. Reifeteilung entstehenden Keimzellen (Gameten) treten die Chromosomen einzeln auf. Für die in der weiblichen Keimzelle liegenden Genmerkmale gilt das Entsprechende, im Schema der Abb. 1.40 links unten. – Das Merkmal, dessen Vererbung hier interessiert, möge beispielsweise die Farbe sein. Deren Ausprägung möge als schwarz oder weiß auftreten. Grund für die unterschiedliche Ausprägung (der Farbe) ist die entsprechende Kennung im Gen. Sie bestimmt, wie das Merkmal beim Individuum auftritt.

Ist das Merkmal auf den Chromosomen der beiden Gameten jeweils gleich, liegt es reinerbig vor, ist es auf den beiden Gameten ungleich vertreten, liegt es mischerbig vor. Beispiel: Im Falle der Farbe mit A für schwarz und mit a für weiß, liegen im Falle der Reinerbigkeit A und A oder a und a je einzeln auf den Chromosomen der beiden Gameten. Bei Mischerbigkeit verteilt sich A und a zu gleichen Teilen auf den Chromosomen der beiden Gameten.

Anmerkung
Wie an anderer Stelle ausgeführt, entsprechen die Chromosomen in den Gameten (Keimzellen, Reifezellen) mit ihren Merkmalen jenen in den Urkeimzellen und Körperzellen, wenn sich bei der Meiose (Übergang von der Urkeimzelle zur Gamete) kein ‚Cross-over' ereignet hat. Das Individuum trägt diese Erbinformation zeitlebens in sich, vom Zeitpunkt, als es noch eine einzellige Zygote war, über die embryonale und später über die adulte Entwicklung bis zum Tode. Dank der mitotischen Zellteilung bleibt sie durchgängig unverändert.

Bei der Befruchtung sind unterschiedliche Kombinationen der in den männlichen und weiblichen Gameten liegenden Merkmalsausprägungen möglich, je nachdem, welche männliche und welche weibliche Keimzelle ‚zum Zuge kommt'. Entsprechend fällt die Kreuzung aus. Wird unterstellt, dass viele Befruchtungen stattfinden und somit entsprechend viele Nachkommen von den Eltern gezeugt

Abb. 1.41

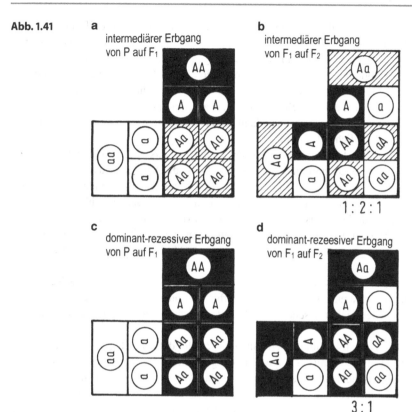

a
intermediärer Erbgang
von P auf F₁

b
intermediärer Erbgang
von F₁ auf F₂

1 : 2 : 1

c
dominant-rezessiver Erbgang
von P auf F₁

d
dominant-rezeesiver Erbgang
von F₁ auf F₂

3 : 1

werden, sowie außerdem, dass es keine bevorzugte Zeugungsmuster gibt, sind, statistisch gesehen, bei der Kreuzung gleichhäufige Kombinationen zu erwarten. Unterschieden werden gleichstarke Merkmalsausprägung und

- dominante Merkmalsausprägung (sie ist merkmals-überlegen) bzw.
- rezessive Merkmalsausprägung (sie ist merkmals-unterlegen).

Wegen dieses Umstandes sind zwei unterschiedliche Erbgänge möglich, ein intermediärer und ein dominant-rezessiver.

Abb. 1.41a zeigt den intermediären Erbgang eines Merkmals, wobei die Ausprägung dieses Merkmals bei den Partnern jeweils reinerbig vorliegen möge, hier mit AA bzw. aa in der Elterngeneration. In der Folgegeneration F₁ tritt die Ausprägung des Merkmals einheitlich als Aa auf. Da sich A und a gleich stark bei der Farbgebung durchsetzen, ist die Farbe der Nachkommen uniform grau (AA schwarz, aa weiß, Aa grau). Werden anschließend zwei Individuen der F_1-Generation, die beide die Merkmalsausprägung Aa tragen, gekreuzt, werden sich die in Teilabbildung b dargestellten Kombinationen im Mittel einstellen, das bedeutet: Bei den Individuen (Enkeln) der F_2-Generation treten die Merkmalsausprägungen AA, Aa = aA, aa im Verhältnis 1 : 2 : 1 auf. Aa und aA sind gleichwertig. Dasselbe Ergebnis ergibt sich auch dann, wenn in der Elterngeneration AA weiblichen und aa männlichen Ursprungs war.

Die Abb. 1.41c/d zeigen das Kreuzungsergebnis eines dominant-rezessiven Erbganges, wiederum unter der Annahme, dass die Merkmalsausprägung bei beiden Partnern der P-Generation jeweils reinerbig vorliegt. A sei indessen dominant gegenüber a. In der F_1-Generation ist bei allen Individuen ausschließlich die dominante Merkmalsausprägung A vorhanden (im Beispiel in der Farbe schwarz: AA, Aa oder aA), in der F_2-Generation treten solche mit dominanter Merkmalsausprägung zu 75 % und solche mit rezessiver Merkmalsausprägung zu 25 % auf, also gesamtheitlich im Verhältnis 3 : 1.

Die Abb. 1.41a und c (P → F_1) beinhalten die **1. Mendel'sche Regel**, die Uniformitätsregel: Werden zwei reinerbige (homozygote) Individuen, die sich in einem Merkmal unterscheiden, gekreuzt, sind die Nachkommen uniform (einheitlich). –

Die Abb. 1.41b und d beinhalten die **2. Mendel'sche Regel**, die Spaltungsregel: Werden zwei mischerbige (heterozygote) Individuen, die sich in einem Merkmal unterscheiden, gekreuzt, treten die Nachkommen mit gespaltenen Merkmalsausprägungen auf.

Werden Glieder der F_2-Generation, die sich in einem Merkmal unterscheiden, weiter untereinander gekreuzt, lassen sich die Merkmale der Nachkommen nach demselben Schema auffinden, z. B. dann, wenn die Merkmalsausprägung in einem Elternteil reinerbig und im anderen mischerbig vorliegt.

Die **3. Mendel'sche Regel**, auch Unabhängigkeitsregel der freien Kombination genannt, lautet: Werden mehrere Paare gegensätzlicher Erbanlagen in der F_1-Generation gekreuzt, kombinieren sich ihre Merkmalsausprägungen unabhängig voneinander, wiederum dem Zufall folgend. Bei zwei Merkmalen und dominant-rezessivem Erbgang stellt sich das Spaltungsverhältnis 9 : 3 : 3 : 1 ein, wobei von den 16 Individuen der F_2-Generation (im Mittel) 9 von ihnen beide dominante Merkmalsausprägungen aufweisen (z. B. Farbe schwarz, Form rund), je 3 eine dominante und rezessive Ausprägung (z. B. schwarz/eckig und rund/weiß) und 1 Individuum beide rezessiven Ausprägungen (z. B. Farbe weiß, Form eckig). Im Beispiel ist die Ausprägung der Farbe mit schwarz dominant, mit weiß rezessiv, bei der Form ist rund dominant und eckig rezessiv. Abb. 1.42 verdeutlicht das Er-

a

dominant-rezessiver Erbgang von P auf F₁ zwei Merkmalsausprägungen

		A|B	a|b
		AA|BB	
aa|bb	a|b	Aa Bb	Aa Bb
	a|b	Aa Bb	Aa Bb

b

dominant-rezessiver Erbgang von F₁ auf F₂ zwei Merkmalsausprägungen A, B: dominant a, b: rezessiv

		A|B	A|b	a|B	a|b
		Aa|Bb			
	A|B	AA BB	AA bB	aA BB	aA bB
Aa|Bb	A|b	AA Bb	AA bb	aA Bb	aA bb
	a|B	Aa BB	Aa bB	aa BB	aa bB
	a|b	Aa Bb	Aa bb	aa Bb	aa bb

c

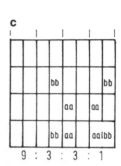

$$9 : 3 : 3 : 1$$

Abb. 1.42

gebnis. – Bei drei Merkmalen und bei dominant-rezessivem Erbgang stellt sich das Spaltungsverhältnis 27 : 9 : 9 : 9 : 3 : 3 : 3 : 1 ein, usw. Sind noch intermediäre Anteile im Erbgang vorhanden, lässt sich das Ergebnis der Kreuzung mit Hilfe des Kombinationsquadrates vergleichsweise einfach anschreiben. Inzwischen hat sich hieraus eine eigene mathematische Fachdisziplin der Mathematik entwickelt, die Biomathematik und Bioinformatik, in welchen neben den Erbprozessen viele weitere biologische Prozesse behandelt werden [55–58].

Anmerkungen

In der Zeit von 1857 bis 1865 führte G. MENDEL, Mönch des Augustinerordens, seine Kreuzungsversuche durch und das an Erbsen im Klostergarten. Dank der großen Zahl der Kreuzungen (wohl ca. 13.000 über mehrere Generationen) gelang ihm die Herleitung seiner drei Gesetze. Die Erbse war als Selbstbestäuber mit kurzer Generationsdauer günstig gewählt. G. MENDEL konnte eine große Versuchszahl realisieren und statistisch auswerten. Durch Vorversuche schuf er sich reinerbige Pflanzen. Er beschränkte sich auf wenige signifikante Merkmale: Färbung des Keimblattes, der Samenschale und der Blüte, Form und Farbe der Hülse, Blütenstellung, Achslänge. – Mendels Publikation aus dem Jahre 1866 blieb unbeachtet, erst 1899/1900 wurde sie von den Botanikern C. CORRENS (1864–1933), E. TSCHERMAK (1871–1962) und H. de. VRIES (1848–1935) entdeckt. Seine Gesetze benannten sie mit seinem Namen. Die Genannten hatten unabhängig voneinander entsprechende Kreuzungsversuche durchgeführt. – In den Jahren ab 1904 erarbeiteten T. BOVERI (1862–1916) und W. SUTTON (1877–1916) wiederum unabhängig voneinander die Chromosomentheorie der Vererbung. Die Mendel'schen Gesetze fanden damit ihre Begründung (s. o.), auch für Tiere. Damit war bewiesen, dass die Vererbungsregeln gleichermaßen für Pflanzen und Tiere gelten: Alles Lebendige beruht auf denselben chromosomalen Grundlagen. – In der Zeit ab 1907 begann der Genetiker T.H. MORGAN (1866–1945) Versuche

Abb. 1.43

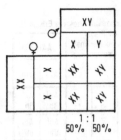

$$1 : 1$$
$$50\% \quad 50\%$$

mit der Taufliege ‚Drosophila' anzustellen. Auch hierbei bestätigten sich die Mendel'schen Regeln. T.H. MORGAN erweiterte sie um zwei weitere Regeln, die mit der Genkopplung im Zusammenhang stehen (‚Cross-over', vgl. Abschn. 1.4.1); dafür erhielt er im Jahre 1933 den Nobelpreis für Medizin.

Männliche Individuen tragen in der Geschlechtskeimzelle das Chromosomenduo XY (Nr. 23, vgl. Abb. 1.31), weibliche Individuen das Chromosomenpaar XX. Dadurch ist das Geschlecht festgelegt. Diese Regel gilt in weiten Teilen des Pflanzen- und Tierreichs. Abb. 1.43 zeigt die Vererbung des Geschlechts beim Menschen. In den Zygoten stellen sich XX und XY im Verhältnis 1 : 1 ein, real liegt das Verhältnis bei ca. 1,05 : 1. – Auf den Geschlechtschromosomen liegen eine Reihe geschlechtsgebundener Gene, die ihrerseits für die zugehörigen geschlechtgebundenen Merkmale verantwortlich sind, wie Bluterkrankheit oder Rot-Grün-Blindheit. Sie treten nur bei Männern auf; bei Frauen wird ihre Ausprägung unterdrückt.

1.4.3 Domestikation – Züchtung

Frühzeitig begann der Mensch Tiere zu halten, in der Herde, später in Gehege und Stall. Auch begann er Pflanzen auf dem Acker anzubauen. Die Umwandlung wild lebender Tiere und Pflanzen in Haustiere bzw. Kulturpflanzen vermittelst Züchtung bezeichnet man als Domestikation. Sie vollzieht sich über viele Generationen. Der Mensch begann damit vor ca. 12.000 Jahren, als er sesshaft wurde. Hierbei versuchten die Züchter die Rasse der Nutztiere bzw. die Sorte der Nutzpflanzen durch Kreuzung und Auslese differenzierend zu beeinflussen und zu verändern. Die Zuchtziele waren und sind sehr unterschiedlich. In der Regel wird ein größerer wirtschaftlicher Nutzen angestrebt: Eine höhere Leistung, eine größere Ausbeute, ein größerer Ertrag. Es kann aber auch um schönere Formen und Farben oder eine höhere Robustheit und Resistenz gehen. Heute verfolgt man diese Ziele mit

Kreuzungs-, Hybrid- und Mutationszüchtung zu erreichen, vermehrt unter Zuhilfenahme der der Gentechnik. Tier- und Pflanzenzüchtung spielen in der Viehwirtschaft, im Fischereiwesen, im Acker- und Pflanzenbau, im Winzereiwesen und in der Forstwirtschaft eine große Rolle. Zur Sicherstellung der Ernährung der wachsenden Weltbevölkerung ist dieses Bemühen einsichtig. Die in den entwickelten Ländern angebotenen Grundnahrungsmittel sind überwiegend von hoher Güte, was auf der Sorgfalt der Produzenten und einer umfassenden Kontrolle beruht. Wäre es anderes, würden die Menschen kein so hohes Alter erreichen.

Der **Hund** ist wohl das älteste domestizierte Tier. Schon vor 100.000 Jahren wurde er dem frühen Homo sapiens zum engsten Begleiter. Das ist er bis heute geblieben, Stichworte: Jagdhund, Wachhund, Hirtenhund, Schlittenhund, schließlich Schoßhund. Heute erfüllt er als Blinden-, Polizei- und Rettungshund weitere Aufgaben. Hervorgegangen ist er aus den im Norden und Süden lebenden Wolfsarten. Er gehört in seiner Urform somit zu den in Rudeln lebenden Raubtieren. Von ihnen leben noch heute einige Arten in freier Wildbahn. Kennzeichnend sind ein scharfes Gebiss und ein guter Geruchssinn. Hunde sind Aasfresser. Als reinrassig werden heute 360 Hundearten anerkannt, hinsichtlich ihrer Vermischung gibt es wohl die doppelte Anzahl oder mehr. Das Zuchtziel war ursprünglich der Erhalt der Aggression. Dieses selektierte Merkmal ist in ihm nach wie vor (rassenspezifisch unterschiedlich) genetisch verankert. In Deutschland werden ca. 5,6 Millionen Hunde gehalten; es kommt zu ca. 30.000 Beißvorkommen im Jahr, einige davon sind schwer.

Als zweites Beispiel seien **Pferde** genannt. Nach der Nutzung (nicht nach biologischen Gesichtspunkten) werden Warmblüter (bewegungs- und lauffreudig; Sportpferde), Kaltblüter (schwer, kräftig; Arbeits-, Zug- und Schlachtpferde) und Ponys (klein, robust; Reit- und Spielpferde) unterschieden. Das Pferd stammt in seiner heutigen Form vom ,Equus' ab, einem kräftigen Wildpferd, das von Amerika über die Beringstraße nach Asien gelangte. Vor 5000 Jahren wurde es domestiziert: Aus dem asiatischen Steppenpferd wurde es zum Pferd der asiatischen Reitervölker und gelangte in dieser Form nach Europa und von hier wiederum nach Amerika, jetzt als Nutzpferd.

Sehr viel ausführlicher wären die Entwicklungslinien von Hund und Pferd zu beschreiben, auch jene aller anderen Haustiere, wie Rinder, Schafe und Ziegen, jene der Geflügelarten, sowie jene der Nutzpflanzen, wie die verschiedenen Getreidesorten (Weizen und Roggen) und jene der Kulturpflanzen, wie Hirse, Reis und Mais, wie Hopfen und Weinrebe, wie Kaffee und Tee, wie Tabak und Drogen, wie Baumwolle und Hanf, wie die vielfältigen Gemüse-, Beeren- und Obstsorten, wie die Blumen usw. usf. Das, was sich dem Auge heute in der Kulturlandschaft zeigt, ist eine in den zurückliegenden 10.000 Jahren vom Menschen neu erschaffene Natur (keine ‚göttliche'). Obwohl diese ‚Natur' für den Menschen von großem Nutzen ist, ist sein Verhältnis zu ihr ambivalent, insbesondere zu seinen ‚Nutztieren'. Das wird in dem vielfach gebrauchten Begriff ‚Tierproduktion' deutlich: Hierzu drei Beispiele:

- Die jährliche Milchleistung bei Kühen stieg in Deutschland seit 1950 von im Mittel 1800 Liter auf 6700 Liter, bei den ‚Schwarz-Bunten' im Norden von 3000 auf 8500 Liter, bei Spitzenkühen auf 9500 Liter, und das nur in wenigen Jahren. Im Ausland (USA) werden nochmals höhere Werte erreicht. – Jungbullen landen mit etwa 800 kg Lebendgewicht nach einer Lebensdauer von ca. 20 bis 24 Monaten Mast im Standstall im Schlachthof. Den Jungkälbern werden die Hornansätze (zur Vermeidung der Verletzungsgefahr durch die Hörner) weggeglüht.
- Bei Schweinen konnte innerhalb von vier Jahrzehnten (etwa ab den 1960er Jahren des letzten Jh.) die Spanne zwischen Befruchtung und Wurf der Ferkel von 21 auf 8 Tage und jene der Säugedauer von 52 auf 25 Tage verkürzt werden. Statt 15 wirft die Sau inzwischen ca. 25 Ferkel. Nach 170 Tagen endet das Leben des Jungtiers im Schlachthof.
- In etwa demselben Zeitraum konnten ‚Hochleistungs-Legehennen' mit einer Legekapazität von 300 Eiern jährlich (und mehr) gezüchtet werden (nach etwa drei Jahren sind sie bei dieser Leistung erschöpft): In 4 Stunden wächst das Ei im Eileiter, in weiteren 17 Stunden bildet sich um das Ei im Eihalter die Schale, das sind in der Summe 24 Stunden. Die andere Züchtungslinie sind ‚Hochleistungs-Masthennen', nach Anfuttern von 1,5 kg Fleischmasse werden sie nach ca. 30 Tagen Lebensdauer geschlachtet. (Ein wild lebender Hühnervogel legt 4 Eier im Jahr.)

  Da es für die männlichen Küken keine Verwertung gibt (auch nicht als Masthahn), werden sie sofort nach der Geburt mit CO_2 vergast (ehemals und vielfach nach wie vor geschreddert) und verfuttert, in Deutschland sind es etwa 45 Millionen Küken jährlich. Dank Züchtung weisen die weiblichen und männlichen Küken unterseitig eine andere Färbung auf und lassen sich dadurch automatisiert separieren. – In Deutschland werden pro Jahr 300 Millionen Hendl verspeist und 17.000 Millionen = 17 Milliarden Eier verwertet (in China sind es gar 500 Milliarden Eier).

Man mag diese Entwicklung bedauern und kritisieren, die Züchtung zu höherer Leistung dient der ausreichenden Versorgung der heutigen und der in Zukunft weiter ansteigenden Weltbevölkerung, insofern ist sie unverzichtbar. Wurden in den 1950er Jahren des letzten Jh. noch 40 kg Getreide pro Hektar geerntet, sind es heute 100 kg, die Halme sind kürzer, die Ähren deutlich volumenreicher.

Biolandwirtschaft ist aufwendig, die Produkte werden als gesünder und die Tierhaltung als artgerechter bewertet (z. B. Kühe auf der Weide, zwei pro Hektar); sie erfreut sich eines wachsenden Zuspruchs. Die Anzahl der Veganer steigt. Zwiespältig wird die Praxis mit Versuchstieren (z. B. mit Primaten) in der medizinischen Forschung gesehen. – Das Halten von Tieren im Zoo und im Zirkus wird von Vielen kritisiert, ebenso Riten wie Hahnen- und Stierkampf, wohl zu Recht.

Domestikation von Tieren fand nur bei den Frühmenschen in Eurasien statt, bei den Ureinwohnern Afrikas, Australiens und Nordamerikas war sie unbekannt, in Südamerika wurden lediglich Lamas und Alpakas gehalten, die Menschen der Maya-Kultur kamen ohne Haustiere aus.

Auch gegenüber ‚Wildtieren' ist das Verhältnis des modernen Menschen zwiespältig: Durch Erschließung neuer Siedlungs- und Wirtschaftsräume, durch Trockenlegung von Mooren, durch Pflug von Brachland, durch Waldrodung und durch intensive Land- und Plantagenwirtschaft wurden und werden die Lebensräume der wild lebenden Tiere immer enger. Zu erwähnen ist auch das Überfischen der Meere (Wale, Thunfische). Hinzu tritt das Überjagen manch' seltener Arten (für Pelz-, Leder- und Schmuckwaren). Da dem aus den Stoßzähnen von Elefanten und den Hörnern von Nashörnern gewonnenen Material im asiatischen Raum eine aphroditische (den Geschlechtstrieb steigernde) Wirkung unterstellt wird, ist ein Aussterben der genannten Tiere durch hemmungslose Wilderei absehbar.

Viele weitere Beispiele wären zu nennen. Das alles hat inzwischen zur Ausrottung vieler Arten geführt. Das ‚Washingtoner Artenschutzübereinkommen' aus dem Jahre 1975 hat viel Gutes bewirkt. Unter striktem Schutz stehen ca. 1000 Tierarten, bei mehr als 30.000 Arten ist die Nutzung eingeschränkt. Indessen, nicht überall sind Naturschutz und ökologisches Handeln im Bewusstsein der Gesellschaft fest verankert. Nicht nur Tiere, auch viele Pflanzen sind gefährdet, wie einige tropische Hölzer. Die Felder in der Landwirtschaft und die Wälder in der Forstwirtschaft bieten in heutiger Zeit vielfach ein monotones Bild. Indessen, auch diesbezüglich hat ein Umdenken eingesetzt, kommt es zu spät? Wird ein Umsteuern bei der weiter stark steigenden Erdbevölkerung noch gelingen?

1.5 Gentechnik

1.5.1 Biotechnische Verfahren

Die Gentechnik ist der Biotechnik zuzuordnen. Biotechnische Verfahren sind seit alters her bekannt, insbesondere in der ‚Lebensmitteltechnologie', wie bei der Herstellung von Bier und Wein, Brot und Käse, usf. Seit frühester Zeit wurden die

Produkte ohne Wissen um die bio-chemischen Abläufe erzeugt. Die Kenntnisse und Fertigkeiten gingen von einer Generation auf die andere über. Erst in jüngerer Zeit weiß man, dass an der Erzeugung zwei Mikroben (Mikroorganismen) maßgeblich beteiligt sind, auch weiß man, wie sie wirken:

- Den **Hefen** kommt eine besondere Bedeutung zu. Sie gehören zu den einzelligen Pilzen und vermehren sich i. Allg. durch Knospung oder Spaltung. Hefen vermögen in zwei Lebensformen zu existieren: Mit Sauerstoff (aerob) und ohne Sauerstoff (anaerob). Entsprechend dieser Wirkung werden sie eingesetzt. – Aerob gedeiht Hefe in Kohlenhydraten (Stärke) durch Abbau von Zucker. Die Hefezellen vermehren sich dabei zügig. In dieser Lebensform wird Hefe gehalten, wenn es um die Züchtung von Hefekulturen geht, z. B. um die Herstellung von Nutzhefe für unterschiedliche Herstellungsverfahren; dabei wird die Hefe vielfach zusätzlich mit Sauerstoff beaufschlagt/versorgt.

Luft-Abschluss, also Sauerstoff-Abschluss, führt nicht zum Absterben der Hefe, sie nimmt vielmehr die zweite Lebensform an: Sie vermehrt sich nur noch sehr langsam und baut Zucker zu Alkohol und Kohlendioxid (CO_2) ab. Den anaeroben Zustand nennt man Gärung. Erreicht der Alkoholgehalt 2 bis 3 %, wird das Wachstum anderer Mikroben in dem mit gärender Hefe versetzten Produkt gehemmt, was dessen Haltbarkeit sichert. Das gilt umso mehr, je höher der Alkoholgehalt liegt, vgl. hier auch Abschn. 2.5.5, 8. Ergänzung in Bd. IV: Gewinnung von Bier und Wein.

Bei der **Bier**herstellung wird Hefe mit Malz und Hopfen in Wasser zu Alkohol vergoren. Bierbrauen ist wohl das älteste ‚biotechnische Verfahren‘: Die Sumerer zerstampften Hirse, versetzen es mit Wasser und vergoren es mit Speichel in einem geschlossenen Gefäß zu einem süßlichen, alkoholischen Getränk (Abb. 1.44).

Durch Keltern der Weintrauben wird **Wein** gewonnen: Der Saft wird mit Hefe zu Alkohol vergoren. Der Siedepunkt von Alkohol liegt bei 78 °C. Durch Destillation von Wein wird reiner Alkohol gewonnen (‚gebrannt‘), dieser bildet die Grundlage für die Herstellung von Spirituosen.

Brot wird aus gegorenem (gesäuertem) Mehlbrei hergestellt. Hierbei kommen Milchsäurebakterien und sauertolerante Hefen zum Einsatz. Bei der Gärung ‚geht‘ der Teig auf (vermöge der CO_2-Bläschen). Beim Backen sterben die Bakterien und Hefen ab. – Aus Sauermilch wird **Quark** gewonnen, ebenso **Käse**. Im letztgenannten Falle wird Lab (aus dem Magen milchsäugender Kälber oder Lämmer) zwecks Gerinnung (quasi als Katalysator) zugegeben, außerdem Bakterien und/oder Schimmelpilze, wobei das Produkt sortentypisch nachbehandelt/gelagert wird.

Abb. 1.44

- **Bakterien** sind Einzeller ohne Zellkern. Wie sie leben und wirken, wird in Abschn. 1.6.2 dargestellt; ihr Auftreten ist immer massenhaft. In der Biotechnik erfüllen Bakterien wichtige Aufgaben, z. B. bei der Abwasserklärung und Abfallbeseitigung. Sie sind gleichfalls bedeutend bei der Produktion von Biomaterialien aller Art und von Medikamenten, z. B. von Antibiotika, Insulin, Interferon und Impfstoffen.

1.5.2   Funktionsproteine: Enzyme

Die molekulargenetischen Vorgänge werden von Enzymen gesteuert. Mikroskopische Untersuchungen scheiden auf dieser Ebene aus. Die Wirkung der Proteine kann nur biochemisch ge- und erklärt werden.

Restriktionsendonukleasen sind Enzyme, die für gentechnische Prozesse aus Bakterien gewonnen werden. Man spricht auch von Restriktionsenzymen. Sie vermögen innerhalb einer DNA eine spezifische Abfolge der vier Basen G, A, T, C zu erkennen und sie an einer bestimmten Stelle zu trennen. Abb. 1.45 zeigt als Beispiel das aus dem Bakterium E.coli gewonnene Enzym. Es trennt eine DNA dort, wo die Sequenz GAATTC in beiden komplementären Strängen auftritt und zwar zwischen den Basen G und A. Das ergibt einen versetzten bzw. verschränkten Schnitt; man spricht von einem **klebrigen** Ende. – Es gibt auch Enzyme, die einen durchgängigen Schnitt mit einem **glatten** Ende bewirken. – Für die Entdeckung der Restriktionsenzyme wurden die Mikrobiologen W. ARBER (*1929), D. NATHANS (1928–1999) und H.O. SMITH (*1931) im Jahre 1978 mit dem No-

Abb. 1.45

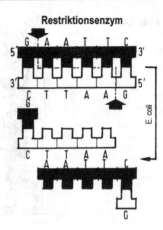

belpreis für Physiologie und Medizin geehrt. Ohne diese Entdeckung gäbe es wohl keine gentechnischen Verfahren. Von den über tausend inzwischen bekannten Restriktionsendonukleasen werden nur wenige für die Replikation (Vervielfältigung) und die Fragmentierung von DNA (also ihre gezielte Trennung in ‚Schnipsel' mit definierter Sequenz) eingesetzt.

Zur Verknüpfung (Klebung) von DNA-Fragmenten dienen **DNA-Ligasen**. Auch hierbei handelt es sich um Enzyme. Zur Klebung wird Energie benötigt. Sie wird von ATP- und NAD^+-Enzymen bereitgestellt.

Weitere wichtige Enzyme für mikrogenetische Eingriffe und Verfahren sind die **DNA-Polymerasen**. Um ihre Wirkung zu verdeutlichen, werde die Replikation, die mit jeder Zellteilung einhergeht, nochmals anhand Abb. 1.46 erläutert; vgl. Abschn. 1.3.5 und Abb. 1.34. In der Legende der Abb. 1.46 sind die bei der Replikation einer DNA beteiligten Enzyme notiert. Wie ausgeführt, wird der DNA-Doppelstrang bei der Replikation in zwei Einzelstränge getrennt (Stichwort: Reißverschluss).

Die so entstehenden Einzelstränge werden anschließend jeweils einzeln zu einem neuen Doppelstrang mit identischer Erbinformation ergänzt bzw. aufgebaut. Diese Synthese bewerkstelligen die DNA-Polymerasen. Das geschieht am Leit- und Folgestrang notwendigerweise unterschiedlich. Beim Leitstrang erfolgt die Synthese unmittelbar hinter der sich öffnenden Replikationsgabel. Im Folgestrang geschieht das abschnittsweise diskontinuierlich: Es werden einzelne Fragmente synthetisiert und zwar vom jeweils angedockten Primer aus, der von einem Primase-Enzym erzeugt wird. Nach Vervollständigung verknüpfen DNA-Ligasen die

Abb. 1.46

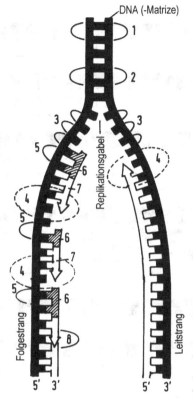

DNA (-Matrize)

Replikation der DNA

1. Entspiralisierung
   (Enzym: Topoisomerase)
2. Stabilisierung
3. Öffnen der Gabel
   (Enzym: Helikase)
4. DNA-Synthese
   (Enzym: Polymerase)
5. Primer-Synthese
   (Enzym: Primase)
6. RNA-Primer
7. Fragment
8. Fragment-
   Verbindung
   (Enzym: DNA-Ligase)

Jede Base im Leitstrang
wird komplementär ergänzt.
Jede Base im Folgestrang
wird von unregelmäßig
angedockten Primern abschnittsweise ergänzt. An dieser Ergänzung
zu einem vollständigen Strang sind folgende Enzyme beteiligt:
Primasen, Polymerasen, Ligasen.

Fragmente zu einem durchgehenden Strang. Die Primasen sind Nukleotide, deren
Ende der DNA-Polymerase als Startpunkt dient. Polymerasen wurden erstmals im
Jahre 1956 von dem Biochemiker A. KORNBERG (1918–2007) aus dem Bakteri-
um E.coli gewonnen, was im Jahre 1959 mit der Verleihung des Nobelpreises für
Medizin gewürdigt wurde. –
   Die Replikation verläuft außerordentlich präzise. Die Fehlerrate wird pro Tei-
lung zu $1 : 10^8$ geschätzt! Der vorstehend erläuterte Wirkmechanismus der Poly-
merasen kommt bei vielen gentechnischen Verfahren zum Einsatz.

Polymerase-Kettenreaktion (PCR)

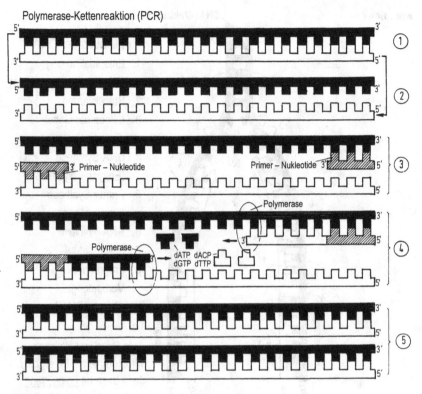

Abb. 1.47

1.5.3 Polymerase-Ketten-Reaktion (Polymerase-Chain-Reaction, PCR)

Das PCR-Verfahren (deutsch: Polymerase-Kettenreaktion) hat für die moderne Gentechnik die allergrößte Bedeutung. Die Methode ermöglicht die Vervielfältigung der Erbsubstanz. Sie arbeitet computergestützt automatisch. Bei dem Verfahren wird die DNA-Replikation während der Teilung einer Zelle bei der Mitose oder Meiose im ‚Reagenzglas' technisch nachgeahmt. Das Verfahren läuft zyklisch (kettenförmig) ab. Vielfach geht es nicht um die Vervielfältigung der gesamten DNA, sondern nur gewisser Abschnitte davon, meist um die Vervielfältigung eines einzelnen Gens. In kurzer Zeit lassen sich viele Kopien erzeugen. Innerhalb jedes Zyklus folgen vier Verfahrensschritte aufeinander (Abb. 1.47):

1. Der DNA-Abschnitt wird auf 94 bis 96 °C erhitzt. Dabei trennt sich der Doppelstrang in zwei Einzelstränge, die Wasserstoff-Brücken lösen sich.
2. Die Einzelstränge werden zügig auf 65 °C abgekühlt, um eine Rückbildung des Doppelstrangs zu verhindern.
3. Je ein Primer lagert sich an die 3'-Enden an, man spricht von Denaturierung.
4. Die Substanz wird erneut erwärmt, in diesem Falle auf ca. 70 °C. DNA-Polymerasen und energiereiche ‚DNA-Bausteine' werden zugegeben, letzteres sind die Desoxyribonukleosidtriphosphate dATP, dCTP, dGTP, dTTP. Die Polymerasen bewirken eine Auffüllung der Stränge und damit je eine Duplizierung zu einem Doppelstrang, man spricht bei diesem Schritt von Hybridisierung und Polymerisation.
5. Es liegen nunmehr zwei vollständige Stränge vor. Das Verfahren wird nach einer Ruhepause mit Schritt 1 fortgesetzt.

Durch die Verdoppelung pro Zyklus werden in Folge

$$2 \rightarrow 4 \rightarrow 8 \rightarrow 16 \rightarrow 32 \rightarrow 64 \rightarrow$$

Kopien generiert, nach 20 bis 30 Zyklen fällt eine riesige Menge von Kopien an.

Die kopierten Stränge können jetzt weiter verarbeitet werden. Die PCR geht auf K. MULLIS (*1944) zurück. Das Verfahren wurde von ihm im Jahre 1983 vorgestellt, zehn Jahre später erhielt er den Nobelpreis. Ihm diente die aus dem Bakterium E.coli synthetisierte Polymerase als Enzym. Inzwischen wird ein Enzym eingesetzt, das gegen Hitze beständiger ist. Es wird aus dem Bakterium Thermophiens aquaticus gewonnen, welches in den siedend heißen Geysiren, z. B. im Yellowstone Park in den USA, anzutreffen ist. Man nennt es Taq-Polymerase. Es bleibt bis 110 °C aktiv. Das hat eine Beschleunigung des Verfahrens zur Folge, weil die DNA-Primasen, DNA-Polymerasen und DNA-Nukleotide (dATP, dCTP, dGTP, dTTP) nur einmal zu Prozessbeginn (in jeweils ausreichender Menge) zugeführt werden müssen; die Enzyme bleiben über alle Temperaturwechsel hinweg aktiv.

1.5.4 Gelelektrophorese – DNA-Sequenzierung

Voraussetzung für die Bestimmung der Basenfolge einer DNA bzw. eines DNA-Abschnittes (eines Gens) ist deren Vervielfältigung. In den 1970er Jahren wurden die dafür notwendigen Kopien mit Hilfe von Bakterien erzeugt. Inzwischen kommt die PCR-Technik zum Einsatz (vgl. vorangegangenen Abschnitt). Als Ergebnis stehen DNA-Abschnitte (Gene) in großer Zahl bestimmter Abschnittslänge mit 3'- und 5'-Enden zur Verfügung.

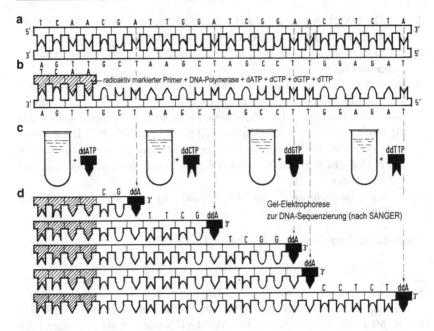

Abb. 1.48

Die Sequenziermethode werde mit Hilfe von Abb. 1.48 erläutert:

a. Teilabbildung a zeigt den DNA-Abschnitt, der sequenziert werden soll. Der Abschnitt sei z. B. aus einer DNA mittels eines Restriktionsenzyms herausgeschnitten worden, er besteht hier aus 24 Basenpaaren.

b. Der Doppelstrang wird in einen Einfachstrang zerlegt. Drei Substanzen werden zugesetzt: Geeignete radioaktiv markierte Primer, die am 3'-Ende andocken, DNA-Polymerasen und die Nukleotid(-Bausteine) Desoxynukleosidtriphosphate dATP, dCTP, dGTP, dTTP (Kürzel: dNTP) in jeweils ausreichender Menge.

c. Das derart angereicherte Gemisch wird mit speziell chemisch behandelten Abbruch-dd-Nukleotiden in geringer Konzentration versetzt: ddATP, ddCTP, ddGTP, ddTTP (Kürzel: ddNTP). Ihr Name ist: Didesoxy(dd)ribonukleotide. Da geschieht zeitlich nacheinander mit je einem ddNTP-Nukleotid.

d. Mittels des Enzyms DNA-Polymerase werden die zugesetzten dNTP-Nukleotide in die Einzelstränge eingebaut, wobei sich die Synthese jeweils vom Primer aus am komplementären Gegenstrang orientiert. Die den vier Fraktionen beigefügten ddNTP-Nukleotide treten dabei an die Stellen der dNTP-Nukleotide, mit der Folge, dass an einer solchen Stelle die Polymerisation abbricht. Es entstehen dadurch unterschiedlich lange Abschnitte. In Abb. 1.48d sind als Beispiel jene fünf möglichen Fragmente für das Adenin-Nukleotid des in Teilabbildung b gewählten DNA-Abschnitts schematisch dargestellt. Für die anderen Basen fallen ebenfalls unterschiedlich viele und unterschiedlich lange Fragmente an.

Die derart synthetisierten Fragmente werden einem Acrylamid-Gel zugeführt.

Heute kommt das aus Meeresalgen gewonnene grobkörnige Agarose-Gel, ein Polysaccharid, zur Anwendung. Wird ein elektrisches Feld angelegt, wandern die synthetisierten Nukleotidfragmente in Richtung der Anode (Pluspol). Ursache ist die negative Ladung der Phosphatgruppe in den Nukleotid-Säuren. Man spricht von elektrophoretischer Trennung. Dabei zeigt sich, dass sich die langen (schweren) Fragmente langsam, die kurzen (leichten) schneller durch das Gel bewegen. Wird der Strom abgeschaltet, wird ein bestimmtes Bandenmuster erkennbar, eine bestimmte Sequenz, sie ist radioaktiv markiert. In Abb. 1.49 ist der Vorgang angedeutet. Aus der Abfolge der Banden lässt sich die gesuchte Sequenz auf einer Folie im Elektropherogramm ablesen.

Die erläuterte Didesoxy-Methode wird heutzutage computergesteuert (automatisiert) durchgeführt, wobei anstelle radioaktiv fluoreszierend markierende Nukleotide eingesetzt werden. Man spricht bei diesen inzwischen weiter entwickelten Methoden von solchen der 2. bzw. 3. Genartion.

Für die Entwicklung des ersten Sequenzierungserfahrens wurde F. SANGER (1918–2013) im Jahre 1980 der Nobelpreis für Chemie verliehen, 1958 hatte er den Preis schon einmal erhalten, es war ihm und seinem Team gelungen, das vollständige Genom der Bakteriophage PhiX174 mit seinen 5386 Basenpaaren zu entschlüsseln.

Mittels der Sanger-Methode wurde in den Jahren 1990 bis 2003 das Human-Genom-Projekt durchgeführt. Das gestaltete sich als mühsam, langwierig und teuer. Mit den heutigen Gen-Sequenzierern der 3. Genaration lässt sich das menschliche Genom in vergleichsweise kurzer Zeit kostengünstig lesen.

Zum vertieften Eindringen in die Gentechnologie wird auf [59–63] verwiesen.

1.5.5 Gentechnische Entwicklung und Forschung

Ziele und Aufgaben der forschenden und praktischen Gentechnik sind vielfältig. Einsichtiger Weise ist es zulässig und notwendig, die Arbeit der Gentechniker zu

Abb. 1.49

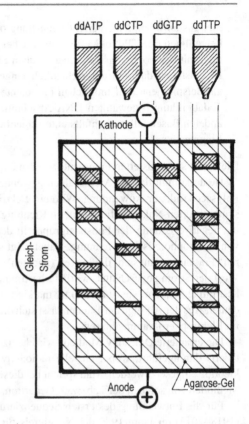

hinterfragen, geht es doch um Eingriffe in Lebensabläufe, fallweise in menschliche. Der erzielbare Nutzen ist dem möglichen Schaden gegenüber zu stellen. Nicht immer rechtfertigen die erzielbaren Einsichten den notwendigen Aufwand und die eingesetzten Mittel. Nur weil es sich um Forschung handelt, medizinische gar, begründet sie nicht beliebiges Tun. Ethische Gebote sind einzuhalten, schon aus Rücksicht gegenüber jenen Menschen, denen Fragen des Lebens ‚heilig' sind. Dass den verschiedenen Forschungsanstrengungen jährlich viele Millionen Tiere zum Opfer fallen, sei in dem Zusammenhang angemerkt. Andererseits ist Forschung auf Experimente angewiesen, anders ist naturwissenschaftliches Arbeiten auf den biologischen und medizinischen Sektoren nicht möglich.

- Wegen ihrer kurzen Generationsfolge werden bevorzugt Hefe, Fadenwurm, Taufliege, Krallenfrosch und Maus als Versuchstiere eingesetzt. Mit Hilfe dieser Versuche lassen sich viele Grundfragen klären, sind doch alle zellbiologischen Abläufe dem Prinzip nach gleich, einschließlich jener beim Menschen. Gleichwohl, eine dem Menschen nähere Forschung ist auf Versuche an Primaten angewiesen, das gilt insbesondere für die Verhaltensbiologie und die Gehirnforschung. – Genetische Klonierungsversuche blieben an Primaten bislang erfolglos. Über einen neuerlichen ‚Erfolg‘ wurde im Jahre 2009 aus Japan berichtet: In die Eier von Weißbüschelaffen-Weibchen wurde jenes Gen der glockenförmigen Qualle Aequorea victoria eingeschleust, welches das grün fluoreszierende Protein GFP (am Glockenrand der Qualle) codiert. Die Nachkommen des Affen leuchteten bei UV-Bestrahlung, ebenso deren Nachkommen. Das Quallengen war offensichtlich übertragen und weiter vererbt worden. Die Varianten des GEP-Proteinmoleküls dienen inzwischen als molekularbiologische Marker bei vielen Anwendungen. Die Entdeckung dafür wurde im Jahre 2008 mit dem Nobelpreis für Chemie gewürdigt.

- Das ursprünglich postulierte Gesetz ‚Ein Gen macht ein Protein‘, die sogen. Crick-Regel, gilt in dieser Form nicht immer. Die Zahl der Struktur- und Steuerproteine ist i. Allg. so groß, insbesondere bei höheren Lebewesen, dass die Anzahl der Gene nicht ausreicht, um sämtliche Proteine zu codieren. Offenbar sind unterschiedlich kombinierte Gene bzw. Genabschnittsmodule gemeinsam für die Ausprägung vieler phänotypischer Anlagen verantwortlich.

- Die Gensequenzen der Exons codieren nicht. Diese Regel gilt vermutlich auch nicht immer. In jedem Falle erfüllen sie regulatorische Aufgaben.

- Die Regel, dass alle Gensequenzen der Introns immer und gleichermaßen codieren, gilt ebenfalls nicht immer. Es gibt aktive und nichtaktive. Ihr Wirksamwerden ist von Umwelteinflüssen, von Lebensweise und Beanspruchung des Lebewesens, von seinem Ernährungsverhalten (ggf. von Drogenkonsum) abhängig. Man spricht vom Ein- und Ausschalten der Genaktivitäten. Das soll bereits für das embryonale Entwicklungsstadium gelten.

- Vor dem zuvor aufgezeigten Hintergrund sind Gentests problembehaftet: Die genetische Präposition für bestimmte Erbkrankheiten, insbesondere für solche, die sich erst im fortgeschrittenen Alter einstellen können, ist keinesfalls so stringent gesichert, wie vielfach unterstellt. Das Risiko, dass solche Erkrankungen auftreten, lässt sich immer nur mit einer gewissen Wahrscheinlichkeit, selten nur mit Gewissheit, angeben. Die meisten der vererbbaren Anlagen beruhen auf mehreren, kombiniert wirkenden Genvarianten. Mutationen in unterschiedlichen Genen können dasselbe Krankheitsbild zur Folge haben. Sie betreffen letztlich Modifikationen der Proteine. Anlagen für Übergewicht, Bluthochdruck, Typ-2-Diabetes, Herz- und Hirninfarkt, Herz-Rhythmus-Störung, Stoffwechselstörung, Immunschwäche und gewisse Krebsformen, sind genetisch nachgewiesen. Ob sie sich im Laufe des Lebens einstellen, ist, wie ausgeführt, stark vom Lebensstil und von weiteren Einflüssen abhängig. Die Abklärung der kausalen Zusammenhänge ist Gegenstand der Forschung. – Fraglos sind auch viele weitere Anlagen, wie Intelligenz mit all' ihren Mustern, wie Gedächtnis, Logisches Denken, Rechenfertigkeit, Abstraktions- und räumliches Vorstellungsvermögen, Mündliche und Schriftliche Sprachbegabung, wohl auch Musikalität, und andere kognitive Eigenschaften, genetisch bestimmt, vielleicht auch Spiritualität. So trägt jedermann an seinem familiären Erbe. Das ist sein Schicksal. Bei der Geburt ist jedem das meiste ‚in die Wiege gelegt'. Über das weitere entscheidet sein individuelles Bemühen und Tun. Mit dem Faktum der genetischen Vorprägung, insbesondere die geistigen (und charakterlichen) Anlagen betreffend, sind philosophische und theologische Implikationen verbunden, in jedem Falle auch politische [64–68]. – Alle Menschen sind verschieden. Im Deutschen Grundgesetz, Art. 3, heißt es nicht: Alle Menschen sind gleich, sondern: *Alle Menschen sind vor dem Gesetz gleich.*

• Neben den erwähnten Unwägbarkeiten, gibt es einige eindeutige Zusammenhänge zwischen einem genetischen Defekt und der zugehörigen und mit Sicherheit eintretenden schweren Behinderung. Das ist beim Down-Syndrom (Chorea Huntington) und beim Rett-Syndrom der Fall. Sie beruhen in eindeutiger Weise auf bestimmten genetischen Mutationen. Beim erstgenannten Syndrom ist das 21ste Chromosom dreifach vorhanden. Das zweitgenannte Syndrom beruht auf einer Mutation des für die Funktion der Nervenzellen wichtigen MECP2-Gens, das in der Xq28-Randregion des X-Chromosoms liegt. Die Behinderungen enden meist später tödlich. In solchen Fällen macht ein prädiktiver medizinischer Gentest Sinn. Er wird i. Allg. auch, insbesondere bei werdenden Müttern, die sich in fortgeschrittenem Alter befinden, durchgeführt. Weitere auf Gendefekten beruhende schwere Erkrankungen sind: Hämophilie (Bluterkrankheit), Mukoviszidose (Wassermangel in den Zellen infolge eines zellulären Osmosedefekts), Hämochromatose (erhöhte Aufnahme von Eisen). Vorsorge und verantwortungsvolle Familienplanung stehen als Gründe für einen Gentest der Zielsetzung nach einem Menschen mit optimierten Eigenschaften gegenüber. Was ist vernünftig, erlaubt, ethisch vertretbar? Werden bei einem Gentest eines Menschen, etwa im Erwachsenenalter, Genmakel erkannt, mögen sie ihn verunsichern, vielleicht sein Leben lang. Auch mögen sie Nachteile in der (beruflichen) Lebensplanung auslösen. Das im Jahre 2009 in Deutschland verabschiedete ‚Gendiagnostikgesetz' versucht den Umgang mit gentechnischen Daten und ihren Umfang zu regeln, gleichermaßen bei einer vorsorglich motivierten pränatalen genetischen Untersuchung (am Embryo) oder bei einer prädikativen

(am Erwachsenen) sowie bei der genetischen Diagnostik im Falle einer uner-
klärlichen Krankheit [69].

• Von großem praktischen Nutzen erweist sich der ‚Genetische Fingerabdruck'.
Das Verfahren dient zur Täterermittlung in der Kriminalistik und Forensik. Bei
diesem ‚DNA-Fingerprinting' werden sehr spezifische, mit einem hohen Mutationsgrad behaftete Intron-Regionen verwendet. Je höher der Mutationsgrad
im Intron, umso größer ist die Anzahl der typischen Merkmale des Individuums. Eine DNA stammt vom Tatort aus Haar-, Blut- oder Spermaproben, die
andere wird von tatverdächtigen Personen genommen, z. B. aus einer Spei-
chelprobe. Meist werden mehrere Genabschnitte ausgewertet, je mehr, umso
sicherer ist die Zuordnung. In der DNA-Analyse-Datei (DAD, 8 Merkmale) des
BKA Deutschlands sind ca. 1 Million Personen erfasst (in GB sind es ca. 3 Millionen mit 11 Merkmalen und in den USA ca. 4 Millionen mit 13 Merkmalen,
2013). Man arbeitet daran, künftig ein Phantom-Bild aus einem Gen-Schnipsel
anfertigen zu können. – Auch die Identifizierung von Brandopfern gelingt mit
der Methode. – Vater- und Mutterschaftstests sind ebenfalls möglich (heimli-
che Tests sind verboten). – Auch für die persönliche Familienforschung lassen
sich aus Gentests Schlüsse ziehen. – Während alle Chromosomen eine ständige Durchmischung erfahren, bleiben das Y-Chromosom beim Mann und die
mitochondriale DNA bei der Frau über alle Erbgänge hinweg unverändert.

• Ein wichtiges Gebiet der genetischen Grundlagenforschung ist die Paälo-
Genetik. In dieser interessiert beispielsweise die Frage, ob sich der Homo
neanderthalensis und der Homo sapiens getrennt entwickelt haben oder ob es
Kreuzungen gegeben hat, oder die Frage, wann und welche Wege der Homo
sapiens auf seiner Wanderung von Afrika über die Kontinente nahm und wie
verschieden sich die Glieder im Zuge der Besiedelung der Welt entwickelten.
An dem in Abb. 1.50 dargestellten Beispiel sei die Frage nach dem Werden
des Menschen innerhalb des Tierreiches angedeutet, es handelt sich um ein im
Computer realisiertes Modell! Die Abbildung zeigt das 118 Basen zählende
Gen HAR1 (abgesehen vom ersten (T) und letzten (A) ‚Kästchen' ist die Ba-
senbelegung nicht notiert). Das Gen ist für das Gehirn aktiv und bestimmend
für die Entwicklung der Zentralen Cortex, wohl auch für die Spermatogene-
se. Es ist in allen höheren Lebewesen wirksam. Die Änderungsrate des Gens
war zunächst durchgehend niedrig. Seit einer sehr frühen Zeit, als sich die
Entwicklungslinien von Huhn und Schimpanse trennten, traten nur zwei Ba-
senänderungen (Mutationen) ein! Seit der Abspaltung des Menschen von der
Linie der Schimpansen sind es 18 Substitutionen, überwiegend von A in G
und von T in C. Das betrifft einen Zeitraum von ca. 6,5 Millionen Jahren. –
Zu ca. 99 % stimmen die Genome von Schimpanse und Mensch mit ihren 3,27

Abb. 1.50

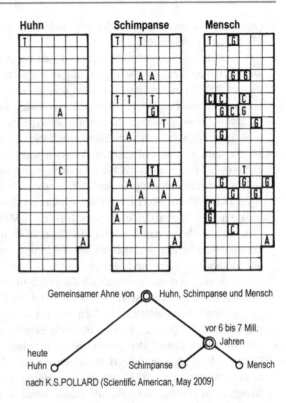

Gemeinsamer Ahne von ⊙ Huhn, Schimpanse und Mensch

vor 6 bis 7 Mill.
Jahren

heute
Huhn ○   Schimpanse ○   Mensch ○

nach K.S.POLLARD (Scientific American, May 2009)

Milliarden Basenpaaren überein. Von dem 1,2 %igen Unterschied wirken sich wiederum nur wenige Anteile aus. Das Gen HAR1 gehört dazu und ist offensichtlich bedeutend, denn in dem relativ kurzen Zeitraum von 6 bis 7 Millionen Jahren entfernte sich der Mensch deutlich vom Schimpansen. – Nochmals zu Abb. 1.50: Die obigen Teilbilder zeigen den Wechsel der Basensequenz im betrachteten Gen vom Huhn zum Schimpansen bzw. vom Schimpansen zum Menschen. In den freien Feldern blieben die Basen über die ganze Zeit hinweg jeweils unverändert, in den Bildern sind die Enden des Gens mit T und A gekennzeichnet, alle anderen Basen sind (wie ausgeführt) nicht eingetragen.

- Man ist inzwischen vielen weiteren Genen des Menschen und der meisten Lebewesen auf der Spur. Es ist absehbar, dass dadurch ein deutlich genaueres und gewandeltes Bild von der Natur entstehen wird, damit auch vom Menschen: Das Gen HAR2 förderte die händischen Fertigkeiten. Das Gen FOXP2 war an der Entwicklung des Sprechvermögens und der Sprache beteiligt. Beim Menschen weist es gegenüber dem Schimpansen nur zwei Basenunterschiede auf. In Neandertalerfossilien konnte das Gen wie beim Menschen bestätigt werden, was nicht zwingend auf die gleiche Sprechfähigkeit des Neandertalers wie beim Menschen schließen lässt, dazu müssen noch andere phänotypische Merkmale erfüllt sein. – An diesen Fragen und solchen, die die Abstammung und Entwicklung vieler anderer Lebewesen betreffen, wird derzeit, gemeinsam mit der klassischen Fossil-Paläontologie, intensiv geforscht.

1.5.6 Klonen

1.5.6.1 Reproduzierendes Klonen

Im Jahre 1997 sorgte die Nachricht über die Geburt eines geklonten Schafes, Dolly II mit Namen, für weltweite Aufregung, die Nachricht stieß auf Ablehnung und Bewunderung zugleich. Das Klonen, also die künstliche identische DNA-Vervielfältigung, war I. WILMUT (*1945) gelungen. Dolly II erwies sich später als eher kränklich und wurde im Alter von sieben Jahren wegen Lungenentzündung eingeschläfert.

Es hatte schon ein Jahrzehnt zuvor Klonierungsversuche gegeben, sie waren aber nur zum Teil gelungen. Dolly II wurde im allgemeinen Bewusstsein als erstes Lebewesen wahrgenommen, das ohne Befruchtung vermöge eines männlichen Samens zur Welt gekommen war, nicht von Gottes-, sondern von Menschenhand.

Das reproduzierende Klonen ist ein gentechnisches Verfahren. Es besteht aus folgenden Schritten (Abb. 1.51):

a. Aus dem Eierstock eines weiblichen Individuums wird ein reifes Ei entnommen. Hierin befinden sich im Inneren der Zellkern mit dem Erbmaterial (die

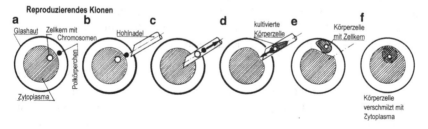

Abb. 1.51

Erbinformation) und ein außen liegendes Polkörperchen. Das Ei wird in einer Petrischale in Nährlösung abgelegt. Wenn möglich, werden mehrere reife Eier entnommen, dazu ist die Spenderin der Eier vorab hormonell zu behandeln.

b. Mittels einer Pipette wird die Eizelle fixiert, gleichzeitig wird mit einer Hohlnadel die Glashaut durchstoßen.

c. Erbmaterial und Polkörperchen werden abgesaugt. In der Zelle verbleiben das Zytoplasma und die hierin enthaltenen Organellen, u. a. die Mitochondrien.

d. Von dem Individuum, das geklont werden soll, wird eine Körperzelle entnommen und kultiviert. Die Zelle wird nach entsprechender Behandlung in die entkernte Eizelle eingeführt, man spricht von ‚Gentransfer'. Bei Dolly II war es eine Euterzelle des (Mutter-)Schafes Dolly I.

e. Ein leichter Stromstoß oder eine anderweitige chemische Stimulation bewirkt, dass sich die injizierte Zelle mit eigenem Kern und Zytoplasma mit dem Zytoplasma der Eizelle vereinigt (Teilabbildung f).

Die auf diese Weise mit fremdem Erbgut ausgestattete Eizelle wird in den Eierstock der weiblichen Eispenderin nach vorangegangener biochemischer Behandlung und nach wenigen Zellteilungen implantiert. Es kann auch ein anderes weibliche Individuum sein, in welchem der Embryo ausgetragen wird (was bei Dolly II der Fall war). Man spricht von einem somatischen Zellkerntransfer (SCNT).

Das auf diese Weise geschaffene Geschöpf trägt nur die Erbanlagen des geklonten Lebewesens in sich, nicht jene der weibliche Eispenderin, allenfalls geringfügige Erbanteile der im Ei verbliebenen Mitochondrien.

Inzwischen wurde das Verfahren bei diversen Säugetieren angewandt, unter anderem bei der Hausmaus, bei Ziege, Rind und Schwein, bei Hund und Katze, bei Maultier und Pferd und einigen Wildtieren. – Bei Primaten sind wohl alle Versuche bislang nicht geglückt (beim Rhesusaffe wohl im Jahre 2007). – Gemäß weltweiter Übereinkunft wurde das Klonen eines Menschen aus ethischen Gründen bislang nicht versucht. Im Jahre 2005 wurde die Nachricht verbreitet, in Südkorea habe man erstmals geklonte menschliche Embryonen gewonnen, aus 242 Eiern angeblich 30 Klone. Später wurde ruchbar, dass es sich um die Fälschung eines südkoreanischen Wissenschaftlers handelte, im Jahre 2009 wurde er verurteilt!

Gründe und Ziele des reproduzierenden Klonens sind:

• Klonen solcher Tiere, die vom Aussterben bedroht sind. In den USA wurden geklonte Kälber des Gaur ausgetragen (2001). Beim Gaur handelt es sich um das größte Wildrind auf Erden. Es existiert nur noch in einer Restpopulation. Die Kälber wurden von Hauskühen ausgetragen, also von Tieren einer fremden Art! Auch andere seltene Tiere wurden geklont. Die Erfolgsquoten waren bislang sehr gering (gehäufte Totgeburten und Missbildungen). Der Kerntransfer ist schwierig, das manipulierte Ei ist anfällig. – In Japan ist es in jüngerer Zeit gelungen (2009), aus 16 Jahre altem tief gefrorenem Mäusehirn-Gewebe Mäuse zu klonen. – In Deutschland sind solche Versuche verboten.

- Schaffung transgener Tiere, um mit ihrer Hilfe Medikamente herzustellen. Wird ein fremdes Gen in das Chromosom des zu implantierenden Kerns eingefügt, entsteht ein transgenes Individuum. Im Vergleich zum Spendertier ist es kein identischer Klon. Das Schaf Polly war das erste Tier mit einem eingeschleusten menschlichen Gen für den Blutgerinnungsfaktor IX. Es wurde ebenfalls von I. WILMUT im Jahre 1997 vorgestellt. An Mäusen war das Verfahren schon vorher praktiziert worden. – Damit ergibt sich die Möglichkeit, bestimmte Substanzen, z. B. Antikörper, Gerinnungshemmer, zu erzeugen, die über das Blut (oder die Milch) dem transgenen Tier entnommen werden. – Ganz allgemein bieten sich mit diesem Verfahren viele Möglichkeiten in der Tier- und Pflanzenzüchtung an. Gleichwohl, der derzeitige Forschungsstand ist recht verwirrend und noch recht intransparent. – Zum Weiterlesen vgl. [70, 71].

1.5.6.2 Therapeutisches Klonen

In allen lebenden Organismen bilden sich regelmäßig neue Zellen bzw. Zellgewebe. Bei den Pflanzen im Rhythmus der Jahreszeiten, auch bei den niederen Tieren. Bei den höheren Tieren ist eine Reihe von Organen auf eine ständige Erneuerung angewiesen, bei den Menschen z. B. die Verdauungsorgane (Darm, Leber, Niere), auch Knochenmark und Blut. Alles wächst nach, Muskeln, Knochen, Haut und Haare und das in unterschiedlichen zeitlichen Zyklen, gesteuert von den sogen. **Adulten Stammzellen**, die täglich das Entstehen neuer Gewebezellen milliardenfach bewirken, wobei das Wachstum des neuen Gewebes vor Ort, an der Basis im Organ, genetisch gesteuert wird. Ob sich auch die Zellen von Hirn, Herz und der Bauchspeicheldrüse selbst erneuern, ist nicht gesichert [72]. –

Knochenmark-, Blut- und Hauttransplantationen (z. B. bei Brandopfern) gehören zur regelmäßigen und erfolgreichen Stammzellentherapie in heutiger Zeit. Hierbei wird zwischen autologer und allogener Stammzellentherapie unterschieden, im ersten Falle stammt das Material vom Patienten, im zweiten von einem (familiären) Spender.

Die Idee des therapeutischen Klonens ist folgende (Abb. 1.52): Wie beim reproduzierenden Klonen wird zunächst aus der reifen Eizelle das Kernmaterial entfernt, sie wird in einer Petrischale in Nährlösung gehalten (Teilabbildungen a/c). Einem erwachsenen Menschen wird eine Zelle, z. B. eine Hautzelle, entnommen und deren Kernmaterial in das Zytoplasma des Eies injiziert. Die Eizelle wird mit Nährlösung oder anderweitig kultiviert. Sie beginnt sich zu teilen (Teilabbildun-

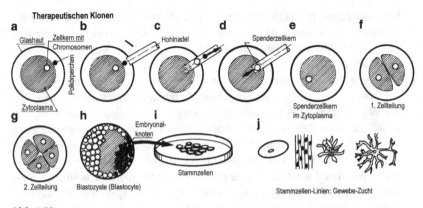

Abb. 1.52

gen d/g). Nach ca. drei Tagen bildet sich eine Blastozyste mit ca. 100 Zellen. Es handelt sich um einen Embryo in sehr frühem Stadium. Die Blastozyste enthält einen Embryonalknoten mit **Embryonalen Stammzellen** (ES). Sie werden entnommen (Teilabbildungen h/i). Die Blastozyste wird dabei zerstört, was als Tötung eines Embryos gedeutet werden kann.

Wie der Name sagt, sind die Embryonalen Stammzellen noch nicht ausdifferenziert, aus ihnen vermögen sich alle Zellen zu bilden, ihre künftige Bestimmung ist noch nicht festgelegt: Ziel ist es, aus diesen **totipotenten Stammzellen** vermöge geeigneter biochemischer Wachstumsfaktoren bestimmte Zelllinien zu züchten, die dann in bestimmte Gewebe übergehen, etwa Muskel-, Nerven- oder Drüsengewebe. Es geht also um die Zucht bestimmter Gewebe. Beim Menschen werden ca. 250 Gewebearten unterschieden. Stammt die Spenderzelle von einem Patienten, könnte ihm gesundes Gewebe zur Heilung eingepflanzt werden. Abwehrreaktionen mit Abstoßung wären nicht zu befürchten, da die auf diese Weise gewonnenen Stammzellen mit dem Spender genetisch verwandt sind. Bislang konnte das Ziel einer solchen Zelltherapie trotz diverser Versuche in vielen Laboratorien nicht befriedigend erreicht werden. Es ist zudem ethisch umstritten, weil ein Embryo in der Nährlösung zerstört werden muss. – Ebenso bedenklich ist es, keinen Intraspezies-Nukleus-Transfer durchzuführen (wie dargestellt), sondern einen Interspezies-Nukleus-Transfer, indem z. B. eine menschliche Zelle in das reife Ei einer Sau oder einer Kuh eingeführt (transferiert) wird, um die Tötung einer menschlichen Blastozyste zu umgehen. In diesem Falle handelt es sich um eine Vermengung von menschlichem mit tierischem Erbgut über die Mitochondrien der Eispenderin.

In Deutschland sind durch das ‚Gesetz zum Schutz von Embryonen' (ESchG, 2011) das Klonen zur Erzeugung von menschlichen Embryonen und das Vermengen von Erbinformationen verschiedener Eizellen, die zu einer Chimären- oder Hybridbildung führen, verboten: Androhung bis zu fünf Jahren Freiheitsentzug oder Geldstrafe. Embryo im Sinne des Gesetzes ist die befruchtete, entwicklungsfähige Eizelle ab 24 Stunden nach der Kernverschmelzung. – Ob es sich bei der Blastozyste, die nicht aus einer Befruchtung mit einem männlichen Spermium entstanden ist, um ein menschliches Wesen handelt, ist eine Frage des individuellen ethischen Standpunktes. In einer freien Wertegemeinschaft kann die Frage nur politisch entschieden werden, was sich dann in einem Gesetz niederschlägt, wie dargestellt. (In den USA, Großbritannien und Südkorea ist das Klonen menschlicher Embryonen für Forschungszwecke zur Gewinnung embryonaler Stammzellen erlaubt.)

Inzwischen werden auch andere Wege verfolgt (seit etwa dem Jahr 2006). Es werden Zellen ausgewachsener Lebewesen (z. B. deren Hautzellen) in den Zustand ihres embryonalen Stammzellenzustandes zurück versetzt, genetisch ‚reprogrammiert'. Dazu werden die entnommenen Zellen (vielfach aus Nabelschnurblut) in einer Petrischale mit bestimmten Stoffen biochemisch behandelt, um sie in ihren Urzustand zu überführen. Man spricht in diesem Falle von **induzierten pluripotenten Stammzellen** (iPSE, ‚Ipse'). Sie sind noch nicht auf einen bestimmten Gewebetyp festgelegt und können zu jedem Zelltyp differenzieren. Sie werden direkt oder indirekt (z. B. über Retroviren) eingeschleust. Im Falle eines Erfolges liegen die Vorteile auf der Hand: Der Tötung einer (menschlichen) Blastozyste bedarf es nicht. In wie weit sich die Zellen wirklich zur therapeutischen Gewebebildung ohne Nebenwirkung eignen, ist Gegenstand der Forschung. – Es gibt Versuche, in Schweinen menschliche Bauchspeicheldrüsen, Nieren und Herzen wachsen zu lassen, um sie später in Menschen einzupflanzen. An Mäusen und Primaten ist es wohl schon gelungen.

Wenn man den Meldungen vertrauen kann, konnten in China im Jahre 2016 aus dem Bindegewebe der Haut von Mäusen Spermien gewonnen werden, in Japan sogar reife befruchtungsfähige Eizellen. Nach künstlicher Befruchtung und Einsetzen in eine Maus erwuchsen hieraus gesunde Nachkommen, die sich ihrerseits als zeugungsfähig erwiesen. Die Frage, wie sich dieser Forschungsdurchbruch auf die Fortpflanzungstechnik (auch beim Menschen) auswirken wird, bleibt abzuwarten und ist von großer ethischer Brisanz.

1.5.7 Gentechnischer Eingriff in Pflanzen und Tiere

In den vorangegangenen Abschn. 1.5.1 bis 1.5.6 wurden diverse Verfahren der Gentechnologie, ihre biologischen und technischen Grundlagen, behandelt. Ein wichtiger Ansatz der Gentechnik ist der gezielte Eingriff in die Erbanlagen von

Pflanzen und Tieren, um bestimmte Nutzziele zu erreichen, um beispielsweise Ertrag, Qualität und Vielfalt zu mehren, dazu gehören auch größere Robustheit gegen Hitze und Trockenheit, Kälte und Feuchtigkeit im Lebensraum. Solche Vorhaben stoßen in der Gesellschaft neben Zustimmung überwiegend auf Skepsis bis Ablehnung. Es wird befürchtet, dass durch den Verzehr ‚genmanipulierter‘ Nahrungsmittel gesundheitliche Risiken bestehen. Verständlich sind solche Vorbehalt gegenüber mit Pestiziden gespritzten Pflanzen (Bd. IV, Abschn. 2.5.6, 6. Erg.), gegenüber gentechnisch veränderten eigentlich nicht, wird doch die ‚natürliche‘ Züchtung, die auch auf Mutation und Selektion beruht, bei dem gentechnischen Eingriff nur zeitlich verkürzt vollzogen. Ob solche Eingriffe im Falle von Tieren ethisch vertretbar sind, ist eine andere berechtige Frage, wenn z. B. auf diese Weise Hochleistungsvieh mit verkürzter Lebenszeit ‚erzeugt‘ wird. Inzwischen gibt es solche Projekte in China und Korea mit dem Ziel, den wachsenden Bedarf an Fleisch in großmaßstäblichem Rahmen durch gentechnisch ‚optimierte‘ Rinder zu decken. Erwähnt seien auch gentechnisch veränderte Lachse, in welche über das ganze Jahr wirksame Wachstumshormone transferiert werden konnten.

In einer Reihe von Fällen wurden Pflanzen erfolgreich gentechnisch verändert, um sie gegen Fremdbefall widerstandsfähiger zu machen oder um ihr Aussehen und ihre Haltbarkeit zu verbessern oder um sie resistent gegen Herbizide oder/und Insektizide zu machen, gegen die sie gespritzt wurden. Im letztgenannten Falle wird befürchtet, dass die Resistenzen auf andere Organismen überspringen, auch auf den Menschen, was mit verstärkter Resistenz gegenüber Antibiotika einhergehen könnte. Zu den genbehandelten Arten (als Saatgut) gehören: Raps, Mais und Reis, Soja, Kartoffeln, Zuckerrohr und Zuckerrüben, Baumwolle, Bananen und Ananas, Tomaten und diverse weitere Gemüse- und Obstsorten. Auf ca. 13 % der Ackerfläche werden inzwischen, weltweit gesehen, gentechnisch veränderte Pflanzen angebaut (2015). – Vielfach werden Nahrungsmittel verzehrt, die indirekt mit Gentechnik in Verbindung stehen, z. B. dann, wenn Fleisch solcher Tiere verzehrt wird, die mit gentechnisch behandeltem Kraftfutter gefüttert wurden. Dass das Erbgut der Tiere und in der Folge jenes des Menschen dadurch beeinflusst werden könnte, ist aus den genetischen Abläufen, wie oben dargestellt, nicht zu erwarten, bleibt aber strittig, weil ein negativer Einfluss auf die Gesundheit nicht gänzlich auszuschließen ist. Diese Sichtweise steht im Konflikt mit der Aussicht bzw. Hoffnung, mit Hilfe der Gentechnik eine ausreichende Versorgung der rasch anwachsenden Erdbevölkerung mit Nahrungsmitteln künftig sicherstellen zu können.

Als eher gerechtfertigt wird seitens der Bevölkerung die Herstellung solcher Medikamente und Impfstoffe gesehen, die aus gentechnisch behandelten Fremdorganismen gewonnen werden. Ein Beispiel ist das aus Schweinen und Rindern stammende Insulin zur Behandlung von Diabetes, das, da es mit dem menschlichen Insulin nicht völlig übereinstimmt, zunächst gentechnisch etwas verändert werden muss. – In Deutschland sind 179 Arzneimittel mit 137 Wirkstoffen zugelassen, die gentechnisch hergestellt werden (2015). Solche Stoffe werden für Schutzimpfungen und u. a. gegen angeborene Stoffwechsel- und Gerinnungsstörungen eingesetzt, auch gegen einige Krebsformen.

Bei den gentherapeutischen/gentechnischen Verfahren werden in-vitro- und in-vivo-Gentransfer unterschieden. Es wird in die Körperzelle des Organismus eine Nukleinsäure eingefügt. Im erstgenannten Falle wird am Gen der dem Organismus entnommenen Zelle die Veränderung vorgenommen, anschließend wird sie reinjiziert, im zweitgenannten Falle erfolgt der Eingriff direkt am Gen in der Zelle des Organismus, insgesamt mit dem Ziel einer lebenslangen Wirkung (z. B. Immunisierung). Da der Eingriff vielfach recht unspezifisch erfolgt, können Nebenwirkungen nie ganz ausgeschlossen werden. Wegen der hiermit verbundenen möglichen (Spät-)Folgen, werden Eingriffe am Genom verbreitet abgelehnt, insonderheit das Ausbringen und der Anbau und schließlich der Verzehr gentechnisch veränderter Organismen (GVO).

Wie wird der Gentransfer bewerkstelligt? Es gibt inzwischen verschiedene Verfahren. In Teilen wird die Natur nachgeahmt. Es entsteht immer ein transgener Organismus. – Bei Pflanzen verwendet man bevorzugt das Bodenbakterium Agrobacterium tumefaciens. Wenn es in freier Natur eine Pflanzenzelle infiziert, verursacht es an ihr tumorartige Wucherungen. Der Tumor bildet sich, wenn die DNA (T-DNA) des Bakteriums in die Zelle der Pflanze eindringt. Die T-DNA ist nicht Bestandteil des Bakterienchromosoms, sondern Teil eines ringförmigen Moleküls, des sogen. Ti-Plasmids (ti = tumorinduzierend), welches im Zellplasma des Bakteriums liegt. Beim Befall der Pflanzenzelle baut es sich in deren Genom, sprich in einem Chromosom, ein und verursacht die Wucherung. – Diese Eigenschaft wird beim planmäßigen gentechnischen Gentransfer genutzt, indem zunächst aus dem ringförmigen Ti-Plasmid jener Genabschnitt mittels eines Restriktionsenzyms heraus geschnitten wird (Stichwort Schere), der den Tumor auslöst. An dieser Stelle wird das zu transferierende Gen (das z. B. eine Resistenz der Pflanze bewirkt) mit Hilfe einer Ligase ‚eingeklebt‘, vgl. hier Abb. 1.45. Das derart rekombinante (neu zusammengesetzte) Ti-Plasmid wird in die Pflanzenzelle eingeschleust. Es fügt sich daraufhin in ein Chromosom der Pflanzenzelle ein, jetzt mit dem neuen Gen. Das ganze vollzieht sich in einer Nährlösung mit biochemischer Unterstützung. Nach Teilung der Zelle enthalten die Tochterzellen das transferierte Gen. Im weiteren Verlauf entsteht nach weiterer Zellteilung eine transgene Pflanze. Diese Methode (und damit die Grüne Gentechnik insgesamt) funktioniert nur, weil der Genetische Code für die Proteinsynthese einheitlich für alle Organismen gilt. Das bedeutet: Erbmaterial lässt sich zwischen unterschiedlichen Organismen übertragen (hier von einem Bakterium auf eine Pflanze), auch dann, wenn es gentechnisch verändert ist.

In die aktuell diskutierte Genom-Editierung mittels der CRISPR/Cas9-Methode (gesprochen krisper-kas-neun) werden große Hoffnungen gesetzt. Sie beruht auf dem bei Bakterien entdeckten Selbst-Immunisierungsvermögen bei Virenbefall (Bakterien besitzen keinen Zellkern, Abschn.1.6.2). Im Jahre 2012 wurde von E. CHARPENTIER (*1968) und J.A. DOUDNA (*1964) erkannt, dass dieser ‚Mechanismus' auf höhere Lebewesen (mit Zellkern) im Labor angewandt werden kann. Hierbei wird ein bestimmter DNA-Doppelstrang, beispielsweise eines Pflanzengenoms, an bestimmter Stelle (nach vorangegangener biogenetischer Findung) mit Hilfe des von den Bakterien her bekannten Cas9- Proteins durchschnitten. Die Schnittstelle wächst irgendwie zusammen. An der dezidiert festgelegten Stelle wird quasi eine Mutation künstlich eingeprägt. An dem Organismus (im Beispiel an der Pflanze) wird anschließend die herkömmliche Züchtung fortgesetzt: Kreuzung und Auswahl der Nachkommenschaft. Durch die Methode gelingt ein präziser, schneller und damit kostengünstiger Eingriff an der für das Merkmal maßgebenden Stelle (des Pflanzen-Genoms). Nach Abschluss der Züchtung hat die Pflanze die angestrebte, vererbungsfähige Eigenschaft. Da kein Fremdgen eingefügt wird, handelt es sich streng genommen um keinen gentechnisch veränderten Organismus.

Wie ausgeführt, werden gentechnisch veränderte Lebensmittel (GVO) von der deutschen Bevölkerung zu ca. 90 % abgelehnt. Das gilt uneingeschränkt für genetisch verändertes Saatgut, auch für den Einsatz solchen Tierfutters und solcher Tierprodukte ohnehin. Einschlägige Informationen und Stellungnahmen enthält die Website des ‚Bundesinstituts für Risikobewertung (BfR)'.

1.6 Viren – Bakterien – Pflanzen und Tiere

1.6.1 Viren

Viren sind winzige Partikel (Vitrons) unterschiedlicher Form (Abb. 1.53). Gegenüber den Prokaryoten (Einzellern) sind sie um den Faktor 0,1 bis 0,01 kleiner, gegenüber den Zellen der Eukaryoten (Vielzeller) um den Faktor 0,03 bis 0,003. Für eine lichtmikroskopische Untersuchung sind sie zu winzig. Daher ließen sie sich erst befunden, als das Rasterelektronenmikroskop praktisch zur Verfügung stand. Das war ab Ende der 1930er Jahre der Fall. In der Folgezeit entwickelte sich die Virologie. Bislang wurden ca. 3600 unterschiedliche Virenarten untersucht, die

Abb. 1.53

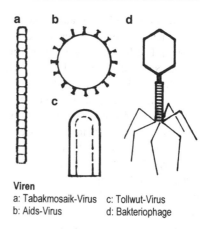

Viren
a: Tabakmosaik-Virus   c: Tollwut-Virus
b: Aids-Virus   d: Bakteriophage

Hälfte davon sind Viren, die Pflanzen befallen (an der Tabakpflanze wurde der erste Virenbefall Ende des 19. Jh. als solcher entdeckt: Mosaikerkrankung). Weil es zu allen Lebewesen zugeordnete spezielle Viren gibt, dürfte die reale Anzahl der Viren sehr hoch liegen. So gesehen, sind erst wenige Arten entdeckt.

Obwohl Viren aus Nukleinsäuren, Proteinen und Lipiden bestehen, handelt es sich bei ihnen nicht um Lebewesen, sondern um Materie in unbelebtem Zustand. In diesem vermögen sie lange Zeit, auch unter extremsten Bedingungen, zu überdauern.

Dringen sie in einen lebenden Organismus ein, in ein Bakterium, ein Tier oder eine Pflanze, werden sie ‚lebendig‘. Jene Viren, die ein Bakterium als Wirt haben, nennt man Bakteriophagen, kurz auch Phagen.

Viren unterscheiden sich untereinander nicht nur der Form nach sondern auch nach der Art, wie ihr Erbgut aus Nukleinsäuremolekülen, meist ringförmig, strukturiert ist, es ist entweder ein- oder doppel-strängig (RNA, DNA).

Ist das Virus in eine Zelle eingedrungen, nutzt es deren Stoffwechsel und deren Enzyme, um sein Erbgut in jenes der Zelle ‚einzubauen‘. Durch Teilung oder Knospung vermehrt sich das Virus anschließend in der infizierten Zelle. Diese Vermehrung kann langsam verlaufen, überwiegend erfolgt sie ‚explosionsartig‘, was alsbald zur Auflösung (zum Tod) der befallenen Zellen bzw. des Zellverbandes und damit des Gewebes, führt. Damit setzt i. Allg. eine schwere Erkrankung des Wirtsorgans und des ganzen Körpers ein.

Die meisten Virusinfektionen werden von Tieren übertragen, man spricht von Zoonosen. Vielfach lösen sie Epidemien aus. Bei weltweiter Verbreitung spricht man von Pandemie. Erkundung und Bekämpfung ist Aufgabe der Epidemiologie.

Nicht alle bei Tieren auftretenden Viruserkrankungen sind für den Menschen gefährlich, z. B. die Blauzungen-Krankheit bei Wiederkäuern (Rinder, Schafe und Ziegen). Die Krankheit wird nicht direkt von Tier zu Tier übertragen, sondern indirekt: Nach Biss eines erkrankten Tieres durch eine bestimmte Mücke (Gnitze oder Bartmücke genannt) geht das Virus beim Saugen in die Mücke über, wo es sich vermehrt. Bei einem erneuten Stich eines anderen Tiers, wird es übertragen. In Deutschland trat die Krankheit im Jahre 2006 gehäuft auf. Ab 2008 bestand Impfpflicht für alle gefährdeten Tiere, inzwischen ist sie aufgehoben. Seit 2012 gilt Deutschland offiziell diesbezüglich als epidemiefrei. – Es gibt andere Fälle, in denen Tiere, die das Virus tragen, daran selbst nicht erkranken, Tiere anderer Art aber mit dem Virus infizieren. Von den auf diese Weise infizierten Tieren kann das Virus dann auch auf den Menschen überspringen und eine Krankheit auslösen (s. u.).

Den besten Schutz gegen eine Viruserkrankung bietet nach aller Erfahrung eine Impfung. Für diverse Viruserkrankungen fehlt allerdings bis heute das passende Serum. Der Impfstoff besteht aus abgeschwächten Viren oder harmlosen Stücken aus der Proteinhülle des Virus. Gegen diese bildet das körpereigene Immunsystem nach der Impfung Antikörper. Hierdurch kommt es im Falle einer Infektion nur zu einer milden Form der Erkrankung. Da sich die Proteine in der Virushülle im Laufe der Zeit (vielfach relativ schnell) verändern, bedarf es einer regelmäßigen (jährlichen) Auffrischung der Impfung mit einem neu angepassten Impfstoff. Zur Herstellung werden Hühnereier oder sogenannte Vero-Zellen aus den Nieren von Meerkatzen mit dem Saatvirus infiziert, worin die Impfviren sich vermehren; dann werden sie ‚geerntet‘ und zum Impfstoff weiter verarbeitet. Das dauert ca. drei Monate. –Häufig ist eine gewisse Impfskepsis zu beobachten, z. B. bei Müttern, wenn ihr Kind gegen Masern geimpft werden soll. Nebenwirkungen sind extrem selten. Insofern ist die Skepsis eher unbegründet, insbesondere, wenn man die Folgen einer Nichtimpfung dagegen abwägt.

Die bekannteste Viruserkrankung ist die jährlich ab Herbst auftretende ‚Humane‘ Grippe (Influenza), auch ‚Gewöhnliche‘, ‚Saisonale‘, ‚Triviale‘, ‚Gemeine‘ Grippe genannt. Sie breitet sich meist von Südostasien über die Kontinente aus. Sie wird durch Tröpfcheninfektion über Husten oder Niesen, auch durch Atmung und beim Sprechen, übertragen. Erfahrungsgemäß ist die Erkrankung bei Menschen jüngeren und mittleren Alters schwerer. Ältere Menschen wurden in ihrem Leben wohl schon häufiger durch vorangegangene Infektionen auf ‚natürliche Weise geimpft‘. Auf der anderen Seite sind ältere Menschen altersbedingt geschwächter und dadurch gefährdeter, eine jährliche Grippeimpfung ab dem 60-sten Lebensjahr wird empfohlen (alle fünf Jahre eine Impfung gegen Lungenentzündung, s. u.).

In den Jahren 1918/20 starben an der ‚Spanischen Grippe' in drei Wellen mehr als 25 Millionen Menschen (H1N1-Virus); es werden noch höhere Zahlen genannt. Es war die schlimmste Pandemie seit der Pest Mitte des 14. Jahrhunderts. – Im Jahre 1957 grassierte die ‚Asiatische Grippe' (H2N2) und 1968/70 die ‚Hongkong-Grippe' (H3N2). Die Benennung bezieht sich auf die H- und N-Proteine der Virushülle. H steht für Hämaglutinin und N für Neuraminidase. Sie bestimmen die knospenartige Ausstülpung der Virushülle, die ihrerseits die Art der Anbindung an die Körperzelle des Wirts festlegt. Von den H-Varianten kennt man drei, von den N-Varianten 16 Subtypen. Am gängigsten sind die Subtypen H1N1 und H3N2. – Seit dem Jahre 1997 ist die H5N1-‚Vogelgrippe' bekannt. Sie wurde erstmals von Vögeln direkt auf den Mensch übertragen. Das Virus scheint gleichwohl auf den Menschen vermöge Mutationsanpassung noch nicht endgültig spezialisiert zu sein, d. h. es ‚springt' noch nicht von Mensch zu Mensch. Als seinerzeit von dem Virus infizierte Vögel gefunden wurden und Hühner und Enten vom Virus befallen waren, wurden in Europa große Geflügelbestände getötet, anschließend wurden die Farmen neu aufgebaut. Vergleichbare Maßnahmen sind bei der bäuerlichen Geflügelhaltung in Südostasien und Afrika (wo Mensch und Tier eng benachbart leben) nicht möglich, sodass sich die Vogelgrippe wohl nie wird ausmerzen lassen. – Die im Jahre 2009 erstmals in Mexiko aufgetretene ‚Schweine-Grippe' (H1N1) wurde von Anfang an von Mensch zu Mensch übertragen. Im selben Jahr wurde sie von der WHO (Weltgesundheitsorganisation) als Pandemie eingestuft (Alarmstufe 6), ebenso im Jahre 1969/70 die ‚Hongkong-Grippe' vom Typ A/H3N2. An ihr starben seinerzeit weltweit 800.000 Menschen, in Deutschland waren es 30.000.

Ursprünglich ist der Humane Grippevirus (s. o.) von wilden Wasservögeln, die an dem Virus nicht erkrankten, auf Geflügelvögel und von diesen auf das Hausschwein übergegangen. Von diesem kam das Virus auf den Menschen, seitdem ist es auf den Menschen spezialisiert. Beim Infekt der Schleimhäute wird zunächst die Lunge angegriffen. Die Erkrankung setzt sich dann mit hohem Fieber, Gelenkschmerzen und Schüttelfrost fort; häufig ergeben sich Komplikationen mit einer bakteriellen Lungenentzündung. In Deutschland sind jedes Jahr mehrere tausend Todesfälle zu beklagen. Eine antivirale medikamentöse Behandlung ist schwierig. In Grenzen ist ein Neuraminidasemittel wirksam, das die Vermehrung der Viren hemmt und möglichst umgehend verabreicht werden sollte.

Auch harmlose Erkrankungen, wie Erkältung mit Husten und Schnupfen, werden von Viren ausgelöst, meist in der kalten Jahreszeit, wenn das Immunsystem geschwächt ist.

Weitere Viruserkrankungen sind: Masern, Mumps, Pocken, Röteln, Herpes (Herpes-Simplex: Bläschenerkrankung, Herpes-Zoster: Windpocken, Gürtelrose), sowie SARS und MERS im Mittleren Osten, hervorgerufen durch Coronaviren, die von Dromedaren überspringen. Sehr schwere Erkrankungen werden durch das Nipah-, Westnil- und Ebola-Virus verursacht. Die Ebola-Epidemien in Schwarzafrika 1976 und 2014 konnten inzwischen erfolgreich überwunden werden. Das Ebola-Virus wird durch Fledermäuse und Flughunde übertragen. Weitere Erkrankungen entstehen durch eine Infektion mit dem Hepatitis-B- oder -C-Virus und dem Epstein-Barr-Virus. – Schnell wirkende medikamentöse Therapien stehen dem Arzt bei den meisten Viruserkrankungen nicht zur Verfügung. Sich impfen zu lassen, ist die beste Entscheidung. – Inzwischen werden auch Krebserkrankungen auf eine Virus-Infektion zurückgeführt. Das ist bei den verschiedenen Varianten des humanen Papillom-Virus (HPV) der Fall, das bei der Auslösung von Feigwarzenkrebs und von verschiedenen Arten Gebärmutterhalskrebs beteiligt ist, entdeckt von H. z. HAUSEN (*1936), der dafür im Jahre 2008 mit dem Nobelpreis ausgezeichnet wurde. Für die Erkrankung ist seit dem Jahr 2006 ein Impfschutz möglich. Er wird in Deutschland inzwischen von ca. 20 % der Mädchen wahrgenommen (Zeitpunkt vor dem ersten Geschlechtsverkehr).

Wie groß Erfolg und Segen einer Impfung sein kann, zeigt die Bekämpfung der Poliomyelitis (Kinderlähmung). Das Polio-Virus befällt Nervenzellen. Das kann den Ausfall von Muskelfunktionen (bis zur Lähmung) zur Folge haben. Vor Einführung der Impfung erkrankten im Jahre 1988 weltweit noch 350.000 Kinder an der Infektion, im Jahre 2008 waren es nur noch 1600, und das überwiegend in unterentwickelten Ländern wie Tschad, Niger und Teilen Indiens. – Ebenso erfolgreich war die Ausrottung des Pockenvirus.

Das HI-Virus (HIV = Humane Immundefizienz Virus) löste die bislang schwerwiegendste Infektionswelle in der jüngeren Menschheitsgeschichte aus. Das Virus wurde wohl Mitte der 1960er Jahre aus Zentral-Afrika in den Karibischen Raum und von hier Anfang der 1970er Jahre in die USA eingeschleppt. Es stammt von Menschenaffen ab, vielleicht wurden infizierte Tiere von Jägern verspeist. Um 1983/86 konnten die beiden Varianten des Virus isoliert (identifiziert) werden.

Die Ansteckung erfolgt über offene Wunden und Eindringen des Virus in die Blutbahn. Inzwischen steht ein Erkennungstest zur Verfügung. Die Inkubationszeit zwischen Ansteckung und Ausbruch der Krankheit kann mehrere Jahre dauern (bis 8 Jahre und mehr). Das Virus greift die weißen Blutkörperchen und die sogen. T-Helferzellen an und schaltet dadurch das Immunsystem zunehmend aus. Die Erkrankung heißt AIDS (Acquired Immune Deficiency Syndrome). Gleichzeitige Infektionen anderer Art führen zu weiterer Schwächung und nach längerem Siechtum zum Tod. Bis heute (2015) sind 39 Millionen Menschen an der Krankheit verstorben, ca. 34 Millionen sind infiziert, davon die meisten im mittleren und südlichen Afrika und in Osteuropa (in Deutschland ca. 80.000). Von den Infizierten sterben jährlich weltweit 2,1 Millionen Erkrankte, das sind 5700 Menschen täglich! Schlimm genug, täglich infiziert sich die gleiche Anzahl Menschen weltweit erneut oder sind es gar mehr. Drogenabhängige und Homosexuelle bilden dabei Hochrisiko-Gruppen. Mit antiretroviralen Medikamenten gelingt inzwischen eine Besserung im Krankheitsverlauf. Heilen lässt sich die Infektion durch Medikamente bislang nicht. An einer gentherapeutischen Behandlung wird geforscht. Tiefere Einblicke in das dunkle Reich der Viren gewähren [73–76].

1.6.2 Bakterien

Wie in Abschn. 1.1 ausgeführt, sind Bakterien (Bacteria) (im Gegensatz zu Viren) Lebewesen. Sie gehören zu den Prokaryoten, den Einzellern. In der Zelle liegt kein Kern. Im Gegensatz zu den tierischen haben die Zellen eine formstabile Zellwand mit einer charakteristischen Gestalt: Kokken sind kugelförmig, Bazillen stäbchenförmig und Spirillen schraubenförmig. Innenseitig der Zellwand liegt eine zarte Membran. Sie hüllt das Zytoplasma ein. Im Zytoplasma liegen Ribosomen und ein ringförmiges Chromosom. Auf diesem liegt eine doppelsträngige DNA, sie besteht aus bis zu einer Million Nukleinsäure-Molekülen. – Bakterien vermehren sich ungeschlechtlich durch mitotische Zellteilung, sie besitzen also ein kloniertes Genom. Die Weitergabe der Erbinformation erfolgt, wie in Abschn. 1.3.7 beschrieben, durch Replikation, Transkription (DNA $\rightarrow$ mRNA) und Translation (mRNA $\rightarrow$ Proteine). Die Lebensdauer der Organismen ist sehr kurz, die Vermehrungsrate entsprechend hoch.

Die Bakterien besiedeln alle Bereiche und Nischen auf Erden: Im Boden, im Wasser und in der Luft, auf Pflanzen und Tieren, innen und außen, massenhaft. Ihr Artenreichtum ist riesig. Der größte Teil der Bakterien existiert in Form eines schleimigen Biofilms, in diesem sind meist unterschiedliche Arten versammelt. Der Stoffwechsel der Bakterien ist uneinheitlich. Die meisten Bakterien leben heterothrop von organischen Substanzen.

Die Bodenbakterien im Humus zersetzen und mineralisieren die hier vorhandenen organischen Stoffe zu anorganischen. Diese können anschließend von den Pflanzen als Nahrungssalze aufgenommen werden. Im Süß- und Salzwasser übernehmen Cyanobakterien (Blaualgen) diese Aufgabe, sie bilden eine der größten Äste der Bacteriae.

Durch ihr Tun schaffen Bakterien die Nahrungsgrundlage für alle ökologischen Systeme und damit für die Stabilität aller Lebensvorgänge auf Erden. Insofern sind sie unverzichtbar: Sie sorgen für eine immer während Erneuerung aller Lebensgrundlagen, nicht nur durch direkten Befall der zu Fäulnis und Verwesung bestimmten organischen Substanzen, sondern auch indirekt über die bakterielle Darmflora, in welcher pflanzliche und tierische Substanzen ab- und umgebaut werden. – Abgestorbene Tiere vermögen Aasfresser, vom Aasgeier bis zum Aaskäfer, zu verdauen. – Zum Verzehr und Abbau organischer Substanzen toter Tiere und Pflanzen sind viele Arten im Reich der Insekten, etwa die Aasfliegen, ausgelegt, dazu gehören auch die Staatenbildner Ameisen und Termiten. Termiten sind auf den Abbau von Holz spezialisiert. In deren langem Darm leben in verschiedenen Kammern begeißelte Einzeller mit dem Insekt in Symbiose, es sind Millionen von Bakterien. Sie vermögen die Zellulose des von der Termite gekauten Holzes in Zucker umzuwandeln und aus der Luft Stickstoff einzubauen. Davon lebt das Insekt. Von der auf diese Weise verwerteten und ausgeschiedenen Substanz errichten die Termiten ihre höhlenartigen Bauten. Das ist eines der unzähligen Beispiele für die symbiotische bakterielle Lebensform und Wirkungsweise, allüberall.

Auf der Mundschleimhaut und an den Zähnen des Menschen siedeln wohl um 10^{10} Bakterien. In der Darmflora, vorrangig im Dickdarm, siedeln ca. 10^{14} Mikroben, und das in ca. 5600 verschiedenen Arten (vorherrschend Escherichia coli in vielen Varianten). In der Summe ist beim Menschen eine Masse von ca. 1 kg Bakterien an den Verdauungsaufgaben beteiligt! Sie zerlegen nicht nur Nahrung z. B. in Aminosäuren für diverse Proteine, sondern erzeugen auch Vitamine. –

Die Bakterienflora auf der Haut wirkt als äußerer Schutz, es sind wohl in der Summe ca. 10^{12} Bakterien. Sie siedeln bevorzugt in Feuchtbereichen (auf den Handflächen und Fußsohlen, in den Achseln und Leisten und auf der Stirn); auch hier treten die Bakterien in großer Artenvielfalt auf [77, 78].

Neben Hefen und Pilzen verrichten Bakterien bei vielen technischen Prozessen beim Abbau von organischen Substanzen und bei der Erzeugung neuer Stoffe den wichtigen Beitrag (vgl. hier Abschn. 3.5.7.4 in Bd. II (Bioenergie) und Abschn. 2.5.5, 8. Erg. (Fermentation) in Bd. IV). Es handelt sich um ein weites Wissens- und Anwendungsgebiet, in welchem sich Biologie, Chemie und Technik treffen. – Schon lange ist die **graue** Biotechnologie der Abwasser- und Müllentsorgung und -verwertung in Klärwerken und Deponieanlagen bekannt. Noch viel älter ist die **weiße** Biotechnologie bei der Herstellung von Brotwaren, Michprodukten, wie Käse und Joghurt, Bier und Wein. In der **grünen** Biotechnologie geht es um die Entwicklung von Nutzpflanzen höheren Ertrags und höherer Resistenz. Ziel ist es insgesamt, die Effizienz der Produkte durch gentechnische Eingriffe in die Pflanzen und Bakterien, die bei den Prozessen beteiligt sind, zu steigern.

So nützlich sie auf der einen Seite sind, so schädlich können Bakterien auf der anderen Seite sein. Sie verursachen eine Reihe von Erkrankungen, insbesondere bei Tieren, einschließlich beim Menschen. Sie schädigen die jeweils befallenen Gewebe und Organe. Beim Menschen sind Pneumo-, Strepto- und Staphylokokken (und andere) Auslöser einer Nasennebenhöhlenentzündung (Sinusitis) und einer Lungenentzündung (Pneumonie). Auch sind sie bei einer Bronchien-, Mandel- und Blasenentzündung und bei weiteren Infektionserkrankungen sowie bei allen Wundentzündungen beteiligt, wobei in diesem Fall meist Coli-Bakterien als Verursacher hinzu treten. Bei Magenschleimhautentzündung (Gastritis, Typ B) ist das Bakterium Helicobacter pyroli Verursacher. Darminfektion (Salmonellose) wird durch Salmonellen, stäbchenförmigen Enterobakterien (Escherichia coli), ausgelöst, wenn sie über bakteriell infizierte Lebensmittel oder Speisen (Fleisch, Fisch, Milch oder Eier in verdorbenem Zustand) aufgenommen werden. Die Erkrankung tritt auch bei Wild- und Nutztieren verbreitet auf.

Alle bakteriellen Infektionen können zu einer Allgemeininfektion (Sepsis) führen, wenn die Krankheitserreger über die Blut- und Lymphbahn in den gesamten Organismus eingeschwemmt werden. In Deutschland gibt es jährlich 200.000 Sepsiserkrankungen, die Hälfte verläuft tödlich!

Die nach wie vor schwerste bakterielle Erkrankung mit Todesfolge ist die Tuberkulose (Tbc), hervorgerufen durch verschiedene Varianten des Mykobakteriums.

Epidemische bakterielle Erkrankungen sind Cholera (hervorgerufen durch Vibro-Cholera-Bakterien im Dünndarm) und Ruhr (Shigellose, hervorgerufen durch Shignellen-Bakterien im Dickdarm), in beiden Fällen meist verursacht durch verunreinigtes Trinkwasser, infizierte Lebensmittel oder Schmutz aller Art. Es handelt sich um schwere Erkrankungen mit hoher Sterblichkeit. Typhus geht mit ähnlichen Symptomen einher, Verursacher ist in diesem Falle das Bakterium Salmonella typhi. Die Erkrankung tritt, wie die vorgenannten, vorrangig in unterentwickelten Ländern in Regionen mit unzureichenden hygienischen Verhältnissen auf, hier werden immer noch 17 Millionen Typhuskranke jährlich registriert, davon sterben ca. 1,5 Millionen (2014).

Weitere durch Bakterien ausgelöste Erkrankungen sind: Tetanus (Wundstarrkrampf, u. a. nach Hundebiss), Meningitis (Hirnhaut- und Rückenmarkshautentzündung), Diphterie (Rachenentzündung), Keuchhusten, Syphilis und Gonorrhoe (Geschlechtskrankheiten). Eine Infektion durch Chlamydien ist eine in der Jetztzeit verbreitete Geschlechtskrankheit mit kaum wahrnehmbaren Symptomen, sie ist bei Frauen zu 10 % für deren Unfruchtbarkeit verantwortlich. – Infektionen schlimmer Art sind die weitgehend ausgerotteten Erkrankungen an Lepra und Pest. Der Pestbazillus wurde 1894 entdeckt. Er lebt in Nagetieren, vornehmlich in Ratten. Durch Biss infiziert sich der Rattenfloh, dieser überträgt den Bazillus wiederum durch Biss auf Haustiere und Menschen, wodurch die Beulenpest ausgelöst wird, noch verheerender ist die Lungenpest.

Bei der Malaria wird der Erreger durch die Stechmücke Moskito übertragen. Der Erreger erweist sich vermöge Mutation als sehr wandlungsfähig und damit als immer wieder resistent gegen neue Mittel. Mit jährlich 220 Millionen Erkrankungen und ca. 600.000 Toten (2013) ist Malaria die nach wie vor (neben Tuberkulose) schlimmste Infektionskrankheit mit Todesfolge, insbesondere in Afrika. Der Erreger ist auf das Blut des Menschen spezialisiert. Den wirksamsten Schutz erreicht man mit Insektiziden gegen die Mücke und durch Abschirmung mit Schutznetzen. In den zurückliegenden Jahren konnten bedeutende Fortschritte im Kampf gegen die Krankheit erreicht werden.

Die beste Vorsorge gegen bakterielle Infektionen sind hohe hygienische Standards (sauberes Wasser, einwandfreie Lebensmittel, umfassende Abwasser- und Müllentsorgung). Weitere hygienische Maßnahmen sind regelmäßiges Händewaschen, Reinlichkeit in jeder Hinsicht, Desinfektion (regelmäßig im Krankenhaus), Sterilisation von Gerätschaften und Implantaten.

Die Einführung des Kühlschranks in den Haushalten Anfang bis Mitte des 20. Jh. führte in den entwickelten Ländern zu einer deutlichen Verbesserung der Allgemeingesundheit und zu einer sprunghaften Erhöhung der Lebenserwartung.

Nicht gegen alle aber gegen eine Reihe von bakteriellen Infektionskrankheiten sind Schutzimpfungen möglich und anzuraten, um die Immunkompetenz des Individuums zu stärken. Ihre Wirkung ist indes wegen der mutierenden Wandlung der Bakterien zeitlich begrenzt, was eine Wiederholungsimpfung in vielen Fällen erforderlich macht. Eine Impfung empfiehlt sich, insbesondere im höheren Alter gegen Lungenentzündung, bei Kindern gegen Diphtherie und Keuchhusten und bei spezieller Gefährdung gegen Hirnhautentzündung und Wundstarrkrampf. Möglich ist auch eine Impfung gegen Typhus und Cholera.

Es war R. KOCH (1843–1910), der im Jahre 1876 erstmals den Nachweis erbrachte, dass Krankheiten durch infizierte Mikroorganismus verursacht werden können, in dem Falle war es Milzbrand. In den Jahren 1882/83 entdeckte er jene Bakterien, die Tuberkulose und Cholera auslösen. Er gilt als Begründer der Bakteriologie. Im Jahre 1905 wurde er mit dem Medizinnobelpreis geehrt. Gleichwohl, noch über viel Jahre hinweg fehlte es an einem wirksamen Arzneimittel. Die Ärzte standen den Infektionserkrankungen hilflos gegenüber. Sie vollzogen beim siechenden Kranken einen Aderlass, was für ihn eine kurze Erleichterung bedeutete, den Tod des Erschöpften letztlich nur beschleunigte.

Das erste Mittel gegen eine bakterielle Infektion, und zwar gegen Syphilis, war ein Arsenpräparat. Es wurde ab dem Jahre 1909 unter dem Namen Salvarsan verschrieben, entwickelt worden war es von P. EHRLICH (1854–1915), der dafür im Jahre 1908 den Nobelpreis erhielt. – Als wirksamere Medizin standen ab Mitte des 20. Jh. Penicillin und zunehmend weitere verwandte Antibiotika zur Verfügung. –

Das Wirkprinzip der Antibiotika besteht darin, dass die Zellwandbildung der Bakterien während deren Wachstums unterbunden wird. An die Zellwand docken die Antibiotika an und zersetzen sie und damit das Bakterium. Da Körperzellen keine vergleichbare feste Zellwand besitzen, bleiben sie unversehrt. – Penicillin ist die vom Schimmelpilz Penicillium notatum abgesonderte Substanz, die den Pilz gegen bakteriellen Befall schützt. Die antibiotische Wirkung wurde im Jahre 1928 von A. FLEMMING (1881–1955) entdeckt (Nobelpreis 1945). Im Jahre 1941 gelang die Isolierung des Pilzes bzw. seiner Absonderung. Ab dem Jahre 1942 konnte Penicillin als Medikament eingesetzt werden, der vielleicht bedeutendste Erfolg in der Medizingeschichte überhaupt. Antibiotika werden auf Pilzkulturen gezogen, sie können inzwischen auch biochemisch synthetisiert werden.

Mittlerweile ist eine größere Anzahl von Bakterienstämmen resistent gegen Antibiotika (vermöge Resistenzmutation), das ist ein Rückschlag. Dieser Umstand macht es notwendig, ständig neue Stämme zu entwickeln. – Eine Folge der Resistenzen besteht auch darin, dass als bislang weitgehend beherrscht geltende Infektionskrankheiten wieder verstärkt auftreten. – Ein Beispiel hierfür ist die vermehrt auftretende Multi- und Totalresistenz der Tuberkuloseerreger gegenüber Antibiotika. Im Jahre 2012 wurden weltweit 8,6 Millionen Tb-Fälle registriert. In Südafrika, in den Ländern der ehem. SU, in Indien, China und Brasilien tritt die Krankheit wieder verbreitet auf. Es wird zunehmend schwieriger, wirksame Mittel herzustellen und sich gegen Tbc-Infektion zu schützen. – Ein weiteres Problem ist der verstärkte (prophylaktische) Einsatz von Antibiotika in der Nutztierhaltung, die durch Injektion oder im Tierfutter verabreicht werden. Auch hierdurch wird die Bildung von Resistenzen gefördert.

1.6.3   Pflanzen und Tiere

Wie in Abschn. 1.1 ausgeführt, wird die bislang gültige biologische Systematik aufgrund neuer evolutionsbiologischer Einsichten und molekular-genetischer Entdeckungen in Teilen überarbeitet. Viele Arten wurden ehemals doppelt benannt, unzählige konnten inzwischen hinzu entdeckt werden, z. B. viele Organismen in der Tiefsee.

Abb. 1.54a zeigt die Einteilung der Lebewesen in die drei Domänen Bacteria (Echte Bakterien) und Archaea (Urbakterien), beide gehören zu den Prokaryota (Einzellern), und in die Eukaryota (Vielzeller), die sich in die drei Reiche Fungi (Pilze), Plantae (Pflanzen) und Animalia (Tiere) gliedern. Ehemals traten noch die Protista als viertes Reich dazu. Davon sieht man inzwischen ab. Unter die Protista fallen unterschiedliche Mikroorganismen auf sehr niederer Stufe. – Teilabbildung b

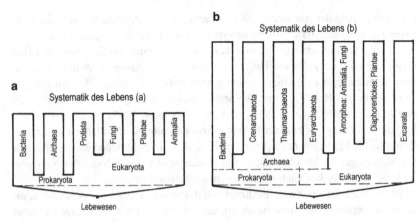

Abb. 1.54

gibt in Annäherung die heutige Systematik wieder. Es fällt auf, dass die Archaea weiter unterteilt werden. Die Klärung ihrer Abgrenzung zu den anderen Reichen ist Gegenstand der Forschung. Inzwischen wird eine weitere Systematik diskutiert [79]. – Die Ordnungsschemata sind eine Sache für Spezialisten. – Einige Forscher sind überzeugt, dass der erste Urmetazoen (Ur-Vielzeller) in einer Zeit vor 2,5 Milliarden Jahren entstanden ist und dass es sich um den ca. 2 mm großen Trichoplax handelt, einem heute noch im Wasser lebenden, höchst primitiven formlosen Plattwesen ohne Sinnesorgane. Es hat in seinem Erbgut erstaunlicher Weise 98 Millionen Basen und ca. 11.000 Gene. Vielleicht ist der Trichoplax das älteste heute noch lebende Urfossil aller später entstandenen Lebewesen.

Wie alles genau begann, liegt immer noch im Dunkeln.

Ehemals stand den Zeitgenossen das mehrbändige Werk ‚Tierleben' (1864–69) von A.E. BREHM (1829–1884) als Informationsquelle zur Verfügung. Hundert Jahre später vermochte das vielbändige Werk ‚Tierleben' (1967–74) von B. GRZIMEK (1909–1987) dazu dienen. Von letzterem und vielen weiteren Biologen wurden TV-Serien und Filme mit interessanten und aufregenden Berichten von den farbenprächtigen Lebensformen zu Lande, zu Wasser und in der Luft produziert. Auf den TV-Kanälen werden täglich hochinteressante Dokumentationen gesendet. Anhand preiswerter naturkundlicher Bücher und Zeitschriften mit brillanter Pflanzen- und Tierphotographie kann sich der Heutige ein umfassendes Bild vom Reichtum der Natur machen. Nicht zuletzt vermitteln Besuche in zoologischen und botanischen Gärten, in naturkundlichen Museen und Sammlungen, vielfältige Einblicke in das ‚Buch des Lebens'. Umfassend und schön sind die Darstellungen in [80, 81].

1.7 Evolution

1.7.1 Zur geschichtlichen Entwicklung der Evolutionstheorie

Bei der Thematik Evolution geht es um die schwierigste aller Fragen: Wann entstand das Leben, wodurch entwickelte es sich zu dem wie es heute ist? Wird es irgendwann wieder erlöschen? Für jeden Menschen sind es die bedeutendsten Fragen. Sie betreffen die Frage nach seiner eigenen Existenz, seiner Bestimmung, seinem Ziel. Sein Denkvermögen befähigt ihn, diese Fragen zu stellen, vollständig beantworten kann er sie nicht. In den Naturwissenschaften kann man sich der Wahrheit immer nur annähern, in Hypothesen.

Wie in Abschn. 1.1 ausgeführt, wirkten die Lehren des griechischen Philosophen ARISTOTELES (384–322 v. Chr.) über die Antike hinaus in der islamisch-arabischen Welt durch Übersetzung seiner Schriften vom Griechischen ins Arabische und in der christlich-abendländischen durch Übersetzung vom Arabischen ins Lateinische. Seine Gottes-, Seelen-, Erzeugungs- und Fortpflanzungslehre (letztere im Sinne einer gerichteten, stufenförmigen, zweckursächlichen Entwicklung alles Lebendigen) erfuhr durch ALBERTUS MAGNUS (1193–1280) und insbesondere durch dessen Schüler THOMAS v. AQUIN (1225–1272) eine drastische Umdeutung. Nach den Genannten und allen anderen Kirchenvätern der christlichen Religion (auch der beiden anderen monotheistischen) lässt sich die Natur nur aus der Schöpfungsgeschichte heraus verstehen, nur diese Deutung ist zulässig: Danach ist die Welt im Großen und Kleinen von Gott aus dem Nichts heraus erschaffen worden, auch alles Lebendige. Nur dem beseelten Menschen, von Gott nach seinem Ebenbilde geformt, ist die höchste Seinsstufe vorbehalten. Dem Gläubigen sind Unsterblichkeit und ewige Glückseligkeit beschieden. Der Mensch ist befugt, die anderen Geschöpfe, Tiere und Pflanzen, zu seinem Erhalt zu nutzen. Ihre Tötung (ohne Qual) ist darin notwendiger Weise eingeschlossen. So verkündet es das WORT. So ist die unveränderliche, ewige, göttliche Seinsordnung angelegt. So war es immer, so ist es, so wird es immer sein: Änderungen/Entwicklungen gab es keine (ausführlicher im folgenden Kapitel dieses Bandes). – Vor dem Hintergrund einer derart dogmatischen Festlegung ist verständlich, dass es einen wissenschaftlichen Freiraum für eigenständiges Denken, das von der kirchlichen Lehrmeinung abwich, nicht wirklich gab und das über Jahrhunderte hinweg, Abweichler wurden verbannt oder gar verbrannt!

So war es konsequent, dass C. von LINNÉ (1707–1832) bei seinem Vorschlag einer Artenklassifikation in seinem Werk ‚Systema Naturae' an der Konstanz der Arten festhielt. – Auch das Studium der Fossilienfunde änderte daran nichts. G. CUVIER (1769–1832), Begründer der Paläozoologie, deutete die Artefakte

als Relikte lebender Tiere und Pflanzen, die durch Naturkatastrophen, wie Überschwemmungen, Brände oder sonstige Ursachen, verendeten und nachfolgend von
Sand und Gestein überfrachtet wurden.

Der erste theoretische Evolutionsansatz, der vom religiösen Gebot der Unver-
änderlichkeit der Arten abwich, geht auf J.B. de LAMARCK (1744–1829) zurück.
In seinem im Jahre 1809 publizierten Werk ‚Philosophie Zoologique' vertrat er
die These, dass jedem Organismus ein Trieb zu höherer Perfektion innewohne.
Auf Änderungen im Lebensraum, gleich welcher Ursache, vermöge sich ein Lebewesen innerhalb seiner Lebenszeit anzupassen. Die auf diese Weise veränderten
Merkmale und Eigenschaften würden an die nachfolgende Generation vererbt.
Ein gebräuchliches Beispiel ist die Giraffe: Infolge übermäßiger Vermehrung der
Population und/oder Änderung des Klimas mit Nahrungsverknappung kann eine
zunächst eher klein gewachsene Giraffenart nur dadurch überleben, dass sie sich
ausdauernd nach Blättern und Früchten an Bäumen in größerer Höhe streckt und
dabei diese Nahrungsquelle nutzt; das lässt ihren Hals und ihre Vorderbeine wachsen. Diese Änderung wird vererbt, bei den Nachkommen setzt sich der Vorgang
fort. – So sehr der Ansatz einleuchtet, er ist falsch; so einfach geht es in der Natur nicht zu! Es ist zwar möglich, dass die Muskeln entsprechend der Anstrengung
wachsen oder schrumpfen, aber nicht der ganze Körper, z. B. das Skelett, innerhalb
der Lebenszeit, nur weil eine Giraffe sich ständig streckt. Solche sich in kurzer Zeit
einstellenden Änderungen von Organen und ihrer Funktion gibt es nicht, schon gar
nicht deren unmittelbar folgende Vererbung.

Während einer gemeinsamen Schiffsreise in das Amazonasgebiet in den Jahren
1848 bis 1852 mit dem Naturforscher H. BATES (1825–1892), später von 1854
bis 1862 zum Malaysischen Archipel, verstärkte sich bei A.R. WALLACE (1823–
1913) beim vergleichenden Studium ähnlicher Muster in der lebenden Natur und
deren fossiler Überreste in den Gesteinen die Vermutung, dass das Selektionsprinzip Ursache für den offensichtlichen Artenwandel sein müsse. H. BATES hatte als
Grund für den Wandel eine ‚Schutzanpassung' vermutet [82]. – Unabhängig von
H. BATES und A.R. WALLACE hatte C. DARWIN (1809–1882) schon eineinhalb
Jahrzehnte vor ihnen mit dem Vermessungsschiff ‚HMS Beagle' von 1831 bis 1836
die Küsten Südamerikas bereist und war dabei bis zu den Galapagosinseln gelangt,
später bis nach Neuseeland, Australien und wieder nach Brasilien und zurück nach
England. Neben vielen Beobachtungen vor Ort und überaus reichlich gesammelten
und mitgebrachten Funden, auch fossilen, wuchs bei ihm die Erkenntnis und Überzeugung, dass sich die Arten in der Vergangenheit stetig und langsam gewandelt
hätten. Als Grund sah auch er das Selektionsprinzip. Er arbeitete mehr als 25 Jahre
an dem von ihm entdeckten ‚Evolutionsmechanismus', bevor er seine Befunde im

Jahre 1859 (wohl ausgelöst durch einen Brief von A.R. WALLACE, s. o.) in seinem Buch ‚On the Origin of Species' veröffentlichte [83–86]. Beeinflusst wurde sein Denken durch die Theorie des Nationalökonomen T.R. MALTHUS (1766–1834), der postuliert hatte, dass die Menschheit irgendwann in eine krisenhafte Verelendung stürzen würde, weil sie stärker wachse als die verfügbaren Nahrungsmittel, nur die Stärksten würden überleben. Das Werk von T.R. MALTHUS (1798 erschienen) trug den Titel ‚Essay of the Principle of Population'. Auch die Aktualitätstheorie des Geologen C. LYELL (1797–1875) hatte C. DARWIN beeinflusst. C. LYELL interpretierte in seinem Werk ‚Principles of Geology' die Erdgeschichte als einen schon lange andauernden und sich fortsetzenden Prozess von Hebung und Senkung, von Abtragung und Ablagerung. Demgemäß müssten die Naturgesetze von heute schon in der Vergangenheit gegolten haben und seien bei den geologischen Veränderungen unverändert wirksam gewesen.

Eine Reihe von Ursachen, die den evolutionären Wandel auslösen, konnte C. DARWIN nicht kennen, z. B. die Existenz von Genen im Erbgut. Seine Ideen blieben länger umstritten (z. T. auch in der damaligen Wissenschaft), auch wurden sie verfälscht und vereinfacht wieder gegeben (‚Der Mensch stammt vom Affen ab') und waren dadurch lange Zeit Gegenstand heftiger Ablehnung. Dank zunehmender Kenntnisse in der Paläontologie, der Embryologie, der tierischen und menschlichen Verhaltensforschung und vorrangig der molekular-biologischen Genetik gilt die Evolutionsbiologie heute als zweifelsfrei wissenschaftlich belegt. Gleichwohl, groß ist die Zahl der wissenschaftshistorischen Abhandlungen, in denen die mit dem Darwinismus einhergegangenen und einhergehenden Konflikte dargestellt werden, insbesondere mit religiösen Autoritäten und solchen, die sich dazu berufen fühlten und fühlen (Abschn. 1.7.4).

Der Unterschied zum Lamarck'schen Ansatz lässt sich am Giraffenbeispiel verdeutlichen: In einer eher kleinwüchsigen Giraffenspezies tritt eine **zufällige Mutation im Erbgut** ein (im Regelfall nur bei einem Exemplar). Als Folge wachsen Hals und/oder Vorderbeine länger. Dadurch gelangt dieses Tier an höher gelegene Blätter und Früchte und gewinnt dadurch eine zusätzliche Nahrungsressource. Das Tier entwickelt sich stärker, lebt länger und vermag im Vergleich zu jenen, die zurückgeblieben sind oder gar (mutationsbedingte) kürzere Hälse haben, mehr Nachkommen zu zeugen. Die größere Länge des Halses und der Vorderbeine ist (im ‚Überlebenskampf', etwa bei verringertem Nahrungsangebot) ein Selektionsvorteil. Da es sich um eine Mutation im Erbgut handelt, wird das hierauf beruhende neue Merkmal auf die Nachkommenschaft vererbt, in ihr bleibt es erhalten, sie gibt es weiter. Auf diese Weise mag sich die Entwicklung fortsetzen. Über eine lange Zeit, über viele Generationen entsteht allmählich eine neue Art. Dieser Vorgang

wird als (biologische) Evolution bezeichnet. Ändern sich Klima und Nahrungsangebot oder wandern beispielsweise in den Lebensraum laufschnelle Raubtiere
ein, erweisen sich die großen und ungelenken Gliedmaßen der neuen Giraffenart möglicher Weise als Nachteil, entweder weicht die Spezies in passende neue
Vegetationsräume aus oder sie läuft Gefahr, ausgerottet zu werden. Eine muta-
tionsverursachte Rückentwicklung (etwa kürzere, laufschnellere Beine) tritt eher
selten ein).

1. Anmerkung

Bereits kurz nach seiner Rückkehr von seiner Forschungsreise berichtete C. DARWIN 1839
in seinem Buch ‚Voyage of The Beagle' von seinen Erlebnissen und ersten Einsichten. Vom
Autodidakten war er zum Naturforscher geworden. 1859 folgte ‚On the Origin of Species'.
Nochmals später, 1871, beschloss er seine wissenschaftliche Arbeit mit dem Werk ‚The
Descent of Man, on Selection in Relation of Sex' (‚Die Abstammung des Menschen'), in
welchem er die Spezies Mensch den Altaffen zuordnete. Das wurde von vielen Zeitgenossen
als Zumutung empfunden. Er selbst, ursprünglich studierter Theologe, war inzwischen zum
Zweifler an der Schöpfungsgeschichte seines Glaubens geworden.

2. Anmerkung

Zum Einlesen in die Evolutionsbiologie sei auf [87–92], auf [93–95] mit reicher Bebilderung
und auf [96–100] mit wissenschaftlicher Ausrichtung verwiesen.

1.7.2   Die ursprüngliche Darwin'sche Theorie und ihre Weiterentwicklung

Nicht nur aus der Beobachtung der Natur zog C. DARWIN seine Schüsse, sondern auch durch Studien zur Haustierzucht. Sein Denken (‚I think') fasste er in
folgenden Thesen zusammen:

- Überschuss ist ein Kennzeichen der Natur. Es werden mehr Nachkommen erzeugt, als zur Arterhaltung erforderlich: Reproduktion. Dadurch kommt es zwischen den in einem Lebensraum existierenden Individuen zu einem ‚Kampf
  ums Dasein' (struggle for life)
- Jener, der in einer Population am besten angepasst ist, überlebt in diesem Kampf
  (survival of the fittest). Die Fittesten vermehren sich mit einer höheren Rate
  als ihre unverändert gebliebenen Artgenossen: Variation. Ihre Verfassung und
  Verhaltensweise setzen sich durch. Diese Form der natürlichen Selektion (der
  natürlichen Auslese) bestimmt die Entwicklung und das nach dem Nutzprinzip.
- Im Gefolge dieses Kampfes verändert sich die biologische Art durch Vererbung,
  eine neue entsteht, die bestehende bleibt bestehen, meist stirbt sie aus.

- Die Evolution verläuft nicht sprunghaft sondern in kleinen Schritten.
- Die Evolutionslinien verzweigen sich. Die Vielfalt nimmt zu und wieder ab, wie dieses in Abb. 1.12 am Bespiel der Stammlinie der Homininen mit immer neuen Knospen und Zweigen veranschaulicht ist. Viele Zweige enden, sie sterben ab. Von dem Zweig ‚Homo' überlebte nur einer, der Homo sapiens, der Mensch.

Die Frage, wie das Leben entstanden ist, wurde von C. DARWIN nicht zu beantworten versucht, wohl aus religiöser Rücksicht gegenüber seinen Zeitgenossen.

Die Gefahr liegt nahe, dass aus der Theorie C. DARWINs falsche Schlüsse gezogen werden und auch gezogen wurden, unter anderem die Behauptung, die verschiedenen ‚menschlichen Rassen' seien von unterschiedlicher Wertigkeit, weil von unterschiedlicher ‚Volksgesundheit'. So lautete etwa die in Deutschland während des nationalsozialistischen Regimes propagierte These, die ‚germanische Oberklasse' sei der ‚slawischen Unterklasse' überlegen, ebenso die These vom vermeintlichen Vorrang eines Gesunden gegenüber einem Behinderten. Das ‚Höherwertige' habe das Recht, das ‚Minderwertige' auszumerzen. Die hieraus gezogenen Folgerungen und Folgen sind bekannt. In Deutschland, ehemals ein Land hoher kultureller und wissenschaftlicher Blüte, herrschte zur Zeit des ‚Dritten Reiches' eine unbegreifliche sittliche Verwahrlosung verheerenden Ausmaßes.

Änderungen auf der Erde infolge klimatischer oder/und geologischer Wandlungen führen zu Veränderungen der natürlichen Lebensbedingungen. Die lebende Natur vermag auf diese Änderungen nach dem Selektionsprinzip mit einer Variation lebenswichtiger Merkmale zu reagieren. – Die Evolution, zusammengefasst in den Prinzipien ‚Variation, Selektion und Reproduktion', galt durchgehend von Anfang an. Hieraus folgt konsequenter Weise, dass sich alle lebende Kreatur (die lebende Natur insgesamt) von einem einzigen gemeinsamen Ursprung her entwickelt haben muss, sie hat einen gemeinsamen Vorfahr. Im Zuge der Evolution über ‚unendlich' lange Zeiträume setzte sich der jeweils Tauglichste, der am besten Angepasste, durch, das war bei den Kreaturen der körperlich Stärkste, der Gesündeste, der ‚Intelligenteste'; er überlebte und vermehrte sich. Das bedeutet: Nur der Nutzen bestimmt die Auslese und entscheidet darüber, wer überlebt!

Dieses Prinzip gilt in der freien Natur ohne Ausnahme. Es ist weder gut noch böse, es ist immer richtig. Dieses Konzept mag verstören. Dabei wird übersehen, dass moralische Kategorien im humanen Sinne in der freien Natur nicht gelten. Für einen im Glauben an einen gütigen Gott als Schöpfer und Lenker der Welt und alles Lebendigen einschließlich des Menschen gefestigten Menschen ist diese Sichtweise unerträglich. Das gilt auch für den Fakt, dass die Natur auf Erden mindestens fünfmal durch äußere Eingriffe nahezu vollständig ausgelöscht worden ist, wohl jeweils als Folge eines schweren Asteroideneinschlags (Abschn. 1.2.2). Viele kleinere für die Natur katastrophale Einwirkungen traten hinzu, wohl auch als Folge des ehemals viel stärkeren Vulkanismus. Warum sollte Gott, wenn denn sein Werk bis dahin durch Evolution soweit fortgeschritten war, es wieder nahezu restlos tilgen? Dass Gott eine solche Vernichtung wiederholt absichtlich herbei geführt haben könnte, ist für einen Gläubigen ein ebenfalls absolut abwegiger Gedanke. – Dass es bei so gänzlich unterschiedlichen Betrachtungen/Deutungen der Lebensentwicklung auf Erden, der evolutionär-biologischen und der religiösen, zu einem Konflikt kommen musste, wundert nicht, ein Konflikt, der sich inzwischen in einer großen Anzahl philosophischer und theologischer Schriften nieder geschlagen hat. Hierzu sei eine kleine Auswahl (in einer eher allgemeinverständlichen Sprache) angegeben: [101–109]. In Abschn. 1.7.4 wird das Thema wieder aufgegriffen, nochmals ausführlicher in Kap. 2 dieses Bandes.

Dank der Fortschritte in der biologischen Forschung in der zweiten Hälfte des letzten Jahrhunderts konnten die Darwin'schen Ansätze in vielerlei Hinsicht erweitert werden, man spricht von der ‚Synthetischen Theorie der Evolution'. In ihr wurde die inzwischen erforschte Genetik und Molekularbiologie einbezogen. Sie geht zudem von der Population aus. Deren Individuen unterscheiden sich durch hohe genetische Variabilität in ihren phänotypischen Merkmalen. Wenn auch selten, treten gelegentlich aktive Mutationen in den Keimzellen auf und das zufällig, ungerichtet und überwiegend unabhängig von den Einflüssen der Umwelt. Wie in Abschn. 1.4 erläutert, stellen sich außerdem im Zuge der Meiose einschließlich Crossing-over und der zufälligen Spermien-Ei-Paarung viele neue Merkmalsausprägungen (Allele) ein. Man nennt diese Vermischungsmöglichkeit: Rekombination. Rekombination und Mutation (von denen C. DARWIN noch nichts wusste) führen bei den Nachkommen zu neuen Merkmalen, es entstehen Varianten im Überschuss. Jene Individuen, die in ihrem Lebensraum am besten angepasst sind und gedeihen, sind im Vorteil, sie können dadurch die meisten Nachkommen zeugen, ihre gewandelte Art vermehrt sich am stärksten. Der erste Schritt erfolgt zufällig, der zweite Schritt notwendiger Weise, soll sich der Vorteil relativ zu den geänderten Lebensbedingungen in einer Erhaltung, in einer Beförderung der Existenz, auswirken. Im Falle eines Nachteils kann sich das Merkmal nicht durchsetzten, im Grenzfall kommt die Entwicklung der Art zum Erliegen, weil sie wegen ihres unveränderten Status den Anforderungen des gewandelten Lebensumfeldes nicht mehr gewachsen ist, ihre Existenz endet, sie stirbt aus. Ein unerbittliches Prinzip! Dass innerhalb der evolutionären biologischen Entwicklung der Zufall (bei der Mutation in den Keimzellen) eine Rolle spielen soll, ist für gläubige Menschen ein weiterer nicht hinnehmbarer Gedanke. Dabei ist gerade das zwingend: Es müssen verschiedene Varianten (durch Zufall generiert) zur Verfügung stehen, damit sich im Zuge ihrer anschließenden Bewährung jene neue Merkmalsvariante als lebenserhaltend durchsetzen kann, die sich gegenüber den veränderten Umweltbedingungen als am tauglichsten erweist. Eine übermäßige Vermehrung der Art oder das Eindringen einer anderen Art, womit eine Verknappung der Ernährung verbunden ist, bedeutet für die Art immer einen erhöhten Evolutionsdruck.

Zu den Selektionsfaktoren gehören nicht nur Stärke, ‚Intelligenz‘, Gesundheit, sondern auch das Entwickeln von Strategien gegen Gefahren durch Tarnung und Warnung oder das Eingehen von symbiotischen Lebensgemeinschaften zum gegenseitigen Vorteil, z. B. mit Parasiten. Weitere Beispiele sind Blüten, die sich so ausformen, dass sie mit der Form des bestäubenden Insekts ‚passig‘ sind, vice versa, usw. usf. – Besonders bestechend empfand C. DARWIN die Anpassung der Schnabelform und Körpergröße von Finken in Abhängigkeit von den lokal anzutreffenden Samen und Insekten auf den verschiedenen Galapagosinseln. Dieser Befund wurde später mehrfach bestätigt. Dabei hat sich herausgestellt, dass die Anpassung viel schneller erfolgen kann, als ehemals angenommen. Das setzt indes Populationen mit einer großen Anzahl von Individuen und einer kurzen Generationenfolge voraus (man denke an Bakterien!).

Vererbt sich in einer Population eine Mutation uneingeschränkt, spricht man von Panmixie, es entsteht eine neue Art. – Bei Trennung oder Isolation von Populationsteilen ist sie eingeschränkt, es können sich aus ihr zwei oder mehrere Arten bilden. Beispiele sind gewisse Unterschiede bei Tieren und Pflanzen auf benachbarten Kontinenten, die auf der Trennung des ursprünglichen Kontinents (einschl. seiner Population) und der anschließenden Kontinentaldrift beruhen. Es genügt bereits ein klimabedingter veränderter Naturraum oder eine geologische Änderung, z. B. die Bildung eines neuen Flusslaufs oder das Auffalten eines Gebirges, die einzeln oder alle zusammen zur Ausbildung zwar verwandter aber unterschiedlicher Arten führen (können). Auf diesem Vorgang ist wohl der gewichtigste Grund für so viele verwandte Arten auf Erden zu sehen.

Für die Ausbildung der Tierarten, beginnend mit den Weich- und Schalentieren, den Krebsen, Insekten, Fischen, Lurchen, Amphibien, Vögeln und Säugern stand der Natur eine sehr sehr lange Zeit zur Verfügung. Man bedenke, wie unterschiedlich Partnersuche, Art der Paarung, Brutpflege und Aufzucht sowie das kooperative Verhalten bei den Tieren angelegt sind! Den Bedingungen des jahreszeitlichen Wechsels sich immer wieder neu anzupassen, setzt eine optimale Ausstattung voraus. Sie hat sich bei jeder Art nach den Grundsätzen der biologischen Evolution herausgebildet und ist damit genetisch festgelegt. Nur im Rahmen dieses Programms kann (und muss) das Tier agieren. Treten Änderungen im Umfeld auf, kann das Tier diese nicht rational analysieren und darauf vernunftgebunden reagieren. Plötzlich auftretenden Gefahren begegnet das Tier i. Allg. mit Flucht. Tiere sind instinkt- und nicht vernunftgeleitet, das ist allein dem Menschen möglich.

Hierin liegt der entscheidende Unterschied zum Tier, dadurch wird der Mensch dem Tier so überlegen (s. u.).

Zusammenfassend lässt sich sagen: Ohne Rekombinations- und Mutationsvermögen hätte sich das Leben mit der Tendenz zu immer vielfältigerer, komplexerer und damit höherer Ausdifferenzierung nicht entwickeln können. Nur auf diesem Vermögen beruht das Werden des Lebens auf Erden überhaupt.

Hierbei hat das Leben restlos alle vorhandenen Nischen entdeckt und mit angepasster Lebensform und Lebensweise besetzt. Basis ist die von der Sonne gespeiste Energiezufuhr. Auf dieser beruht das molekular-biologische Selbstorganisationsvermögen alles Lebendigen. Es war über alle Wandlungen des Planeten hinweg wirksam. Übernatürliche Eingriffe waren dazu nicht notwendig, es sei, man deutet dieses Vermögen als durch einen übernatürlichen Schöpfungsakt bewirkt.

Die vorangegangene Darstellung der biologischen Evolution wird ihrer Bedeutung nur bedingt gerecht. Sie wäre viel detaillierter zu behandeln. Es wäre auf die Individuum-, Gruppen-, Verwandten- und Genselektion einzugehen und auf die Frage, wie egoistisches und altruistisches Verhalten im Tierreich evolutionär zustande kommt und wie es sich auswirkt (Beispiel: Bienen). – Auch wäre auf den Unterschied zwischen Instinkt und Intelligenz einzugehen. Ehemals wurde Instinkt mit angeborenem Reiz- und Triebverhalten gleich gesetzt und Intelligenz mit erworbenem und erlerntem Denkverhalten, wobei letztgenanntes aus erstgenanntem evoluiert sei. Heute sieht man im Tiergehirn angelegte Module genetisch verankert, die das Verhalten des Tieres in kettenförmiger Abfolge bestimmen (Beispiel: Nestbau und Brutpflege bei Vögeln). Intelligenz kommt hingegen durch unterschiedlich hoch entwickelte kognitive Module im Gehirn zustande, die intelligentes Denken und Handeln ermöglichen. Sie sind letztlich nur beim Menschen genetisch voll ausgeformt und im Gehirn vernetzt, wobei die überkommenen Module instinktiven Verhaltens nicht gelöscht wurden.

An dieser Stelle ist es notwendig, auf ein neues Forschungsfeld hinzuweisen, die **Epigenetik**. Wie eingangs in Abschn. 1.7.1 ausgeführt, vertrat J.B. de LAMARCK die Hypothese, auf Veränderungen der Umwelt würden die Lebewesen unmittelbar mit einer angepassten Änderungen im Körperbau und im Instinktverhalten reagieren, diese würden sie an die Nachkommen vererben. Diese These wurde später, bei gleichzeitiger Ablehnung des Darwin'schen Ansatzes, von T.D. LYSSENKO (1898–1976) verallgemeinert. Nach ihm würden die Erbeigenschaften allein durch die äußeren Lebens- und Umweltbedingungen bestimmt bzw. erweitert und in dieser Form weiter gegeben. Diese Theorie fand über Jahrzehnte in der stalinistischen und maoistischen Kulturwelt großen Widerhall. Hierauf aufbauende Agrarversuche erwiesen sich als Fehlschlag (Missernten), mit der Folge: Der Lyssenkoismus gilt in der modernen Biologie als widerlegt. – Inzwischen hat sich heraus gestellt, dass sich geänderte Umweltbedingungen insofern genetisch auswirken (können), dass bestimmte Gene bzw. Genabschnitte im Zellkern aktiviert oder deaktiviert werden, ohne dass die genetische Information (als Ganzes) verändert wird. Man spricht von epigenetischer Regulation durch von außen eingeprägte biochemische Mechanismen. Das klingt kompliziert, ist es auch, und wirft ein neues Licht auf die Genetik. Es bleibt abzuwarten, wie sich das neue Forschungsfeld in Modifikationen auf die Evolutionstheorie auswirken wird. Dabei wird interessant sein, wie die im Gehirn der Lebewesen (einschließlich des Menschen) auf biochemischer Regulation beruhenden Wesenszüge und Verhaltensmuster bei Änderungen der äußeren Umwelteinflüsse und -belastungen epigenetisch (kurzfristiger als bisher gedacht) gesteuert werden. Ein interessantes Forschungsfeld. Wie allüberall: Die Naturwissenschaften kennen keinen Status quo. – Schlüsse aus dem epigenetischen Ansatz dahingehend zu ziehen, man könnte Erfahrung vererben oder das Erbgut steuern, sind voreilig und wenig bedacht; man hüte sich vor zu einfachen Vorstellungen [110, 111].

1.7.3 Unterlag die Entwicklung des Menschen dem evolutionären Prinzip?

Ob das Prinzip der evolutionären Entwicklung in vollem Umfang für den Menschen, den Homo sapiens, als ‚höchst entwickeltem Tier‘, seit seinem Auftreten galt und ob es sich heute noch auswirkt, wird kontrovers gesehen, nicht dagegen, dass das Verhalten des Menschen immer noch stark durch sein Erbgut aus der lange zurückliegenden Zeit seines Primatenstatus mit bestimmt wird. Die hier zu diskutierenden Fragen fallen in das Gebiet der Paläontologie, Archäologie, Anthropologie, Psychologie, Verhaltensforschung und letztlich der Biologie. Sie münden in die Biophilosophie. Vielfach wird Letzterer von den klassischen Theologen und Philosophen jede Erkenntnisfähigkeit abgesprochen. –

Das Max-Planck-Institut für evolutionäre Anthropologie (in Leipzig beheimatet) beschreibt seine Forschungsaufgaben wie folgt (2015):

Das Institut erforscht die Geschichte der Menschheit mittels vergleichender Analysen von Genen, Kulturen, kognitiven Fähigkeiten und sozialen Systemen vergangener und gegenwärtiger menschlicher Populationen sowie Gruppen von Menschen nahe verwandter Primaten. Die Zusammenführung dieser Forschungsgebiete soll zu neuen Einsichten in die Geschichte, die Vielfalt und die Fähigkeiten der menschlichen Spezies führen. Das Institut vereinigt Wissenschaftler verschiedener Disziplinen, die sich von einem interdisziplinierten Ansatz her mit der Evolution des Menschen beschäftigen.

Wie in Abschn. 1.2.6.2 ausgeführt, unterschied sich das Verhalten der Homininen frühzeitig und immer stärker von jenem der ehemals von der Primatenstammlinie abgespaltenen Menschenaffen, wie Gorilla, Schimpanse und Bonobo. Das beruhte auf ihren insgesamt gestiegenen Fähigkeiten, die wiederum auf dem weiter angewachsenen Gehirnvolumen beruhten.

Doch, wann und warum kam es zu diesem größeren Gehirnvolumen mit seinen differenzierten Regionen? Es muss, wie alles in der Natur, ein evolutionärer Prozess gewesen sein, vermutlich ging er mit einer fortgeschrittenen Sprachfähigkeit einher, wodurch sich gleichzeitig die Denkfähigkeit weiter entwickelte, sie setzten sich gegenseitig voraus und entwickelten sich parallel auf ein immer höheres Niveau, über Jahrtausende hinweg. Das Sprechen entstand aus Gebärden, aus Gesten, aus Zeigegesten heraus, Laute traten hinzu. Zu ihrer Bildung musste sich zunächst und gleichzeitig der Zungen-Kehlkopf-Rachenraum neu ausformen. Das vollzog sich fortschreitend durch Mutationen. Jene Menschen, bei welchen sich das Sprech- und Denkvermögen am besten entwickelte, waren die ‚Fittesten‘, die Gescheitesten. So wurden die phonetisch-mechanischen Eigenschaften und parallel die Anzahl der Laute → Wörter → Idiome → Sätze im Laufe der Zeit erweitert und das Vermögen genetisch verankert. Mit dem regelmäßigen Gebrauch der Sprache wuchs ihr Umfang. Bei den auseinander driftenden Sippen → Gesellschaften → Völkern entstanden in den Landschaften → Regionen → Ländern eigenständige Sprachen und Dialekte. Sie verbanden und beförderten bei den Menschen das Gefühl einer (Sprach-)Heimat. Dabei wandelte sich im Laufe der Zeit ihre Sprache unmerklich hinsichtlich Wortumfang und Grammatik. Aus dem Denken und Sprechen über die alltäglichen Verrichtungen entsprang das Nachdenken auch über ungegenständliche Dinge mit abstrakten Inhalten, auch über das soziale Miteinander, über Fürsorge und gegenseitige Stützung, über Arbeitsteilung. So wurde der Mensch zu einem gleichzeitig denkenden und sprechenden Wesen. Die Gehirnregionen prägten sich entsprechend: Denken → Sprechen → Hören → Denken im Wechsel. Die Konzipierung des Gedankens, die Satzbildung aus dem gespeicherten Wortschatz, die biophonetische Umsetzung, das gleichzeitige Hören des Gesprochenen, vielfach verbunden mit Gesten, das alles bestimmt das Denk- und Sprechvermögen. Nach G.W.F. HEGEL (1770–1831) ist ‚Sprache gleichsam der Leib des Denkens‘; man könnte es auch umgekehrt formulieren. Erkenntnisse entwickelt man in der gewohnten eigenen Sprache, im Selbstgespräch und beim Träumen ist man in ihr zuhause. Dank des im Gehirn innewohnenden Vermögens zum Sprechen und Denken vermag jedes neu geborene Individuum die Sprache der Mutter neu zu erlernen und dabei auch das Denken, gemäß dem Milieu und Kulturkreis in dem es aufwächst.

Mit all' seinen körperlichen und geistigen Fähigkeiten und Merkmalen entwickelte sich der Mensch aus der Natur heraus, auch Sprechenkönnen und Denkenkönnen. Hieraus erwuchs seine soziale Kompetenz, was ihn gegenüber der Natur rundum überlegen machte, erstmalig, einmalig (letztmalig?).

Nach vielen vielen zehntausenden Jahren der zunächst immer noch primitiven Entwicklungsepochen des Paläolithikums, spätestens ab dem Zeitpunkt der Neolithischen Revolution, als der Mensch sesshaft wurde und Gemeinschaften mit Arbeitsteilung bildete, entwickelte er ein höheres ‚zivilisatorisches' Verhalten. – Zu seinem inzwischen gesteigerten Denk- und Sprechvermögen (auch zum Singen, was im Verhältnis zum Sprechen unterschiedlich neuronal verankert ist), trat später sein Vermögen zur Zeichensprache hinzu, also zum Schreiben von Buchstaben und Zahlen, wobei Letzteres die Fähigkeit zum Rechnen und Abstrahieren voraus setzte. Gleichzeitig förderte das Erfinden und Entwickeln fortgeschrittener Techniken, wie ein breiteres Sortiment an Werkzeugen und Waffen, die Menschwerdung. Mit all' diesen Fähigkeiten waren große Vorteile für ein sicheres Überleben verbunden. Damit im Zusammenhang standen der geübtere Gebrauch des Feuers und die Nutzung neu erschlossener Nahrungsquellen. Man fraß nicht mehr, sondern aß zubereitete Nahrung mit Anteilen aus Fleisch und Knochenmark. – Die Fähigkeit zum Sprechen förderte Kommunikation und Kooperation. Erlerntes Wissen konnte an die Nachwachsenden weiter gegeben werden. Gegenseitige Stützung erwies sich als Vorteil für die Sippe und jeden Einzelnen.

Das Zusammenleben wurde zunehmend nach ethischen und sozialen Geboten ausgerichtet, nach Normen der Moral und des Rechts. Mitgefühl und Mitmenschlichkeit begannen das Tun und Denken der Menschen mit zu bestimmen. Hiervon profitierte jeder Einzelne. Dieses Verhalten untereinander erwies sich für alle in der Sippe als vorteilhaft, demgemäß als vernünftig und richtig, Verstöße erwiesen sich als nachteilig, wurden geahndet, hinterließen ein schlechtes Gewissen. Diese Form der Kooperation gab es bis dahin im Tierreich nicht, sie blieb einmalig. Das betraf alle Lebensbereiche, z. B. die Aufzucht der Kinder durch Familienmitglieder und solche der Sippe, was der Frau Kindsgeburten in jährlichem Rhythmus ermöglichte. Das wiederum führte zu einer kürzeren Generationenfolge und damit zu einer schnelleren Vermehrung mit der Aussicht, dass mehr Mitglieder überlebten. –

Die voran gegangene Darstellung klingt einleuchtend, man kann zusammenfassen: Dass die Entwicklung des Menschen hinsichtlich seiner körperlichen Beschaffenheit dem evolutionär nutzorientierten Prinzip unterlag, ist einsichtig, warum sollte das Prinzip beim Homo sapiens nicht geltem? Er gehört dazu. Dass sich auch seine geistige Beschaffenheit, im Gehirn angelegt, nach demselben Prinzip entwickelt haben soll, ist für viele ein eher abwegiger Gedanke, etwa Bewusstsein, Vernunft, Wille, Altruismus, gar Gewissen und Moral. Tatsächlich wird das in der Humanevolution inzwischen überwiegend so gesehen [112–120]. Einsichtiger Weise entwickelten sich beide Beschaffenheiten, die körperliche wie die geistige, nicht unabhängig voneinander. Das evolutionäre Ziel besteht immer darin, die Gesamtbeschaffenheit eines Lebewesens sich so entwickeln zu lassen, dass sich seine Lebensfähigkeit, an den Umfeldbedingungen orientiert, einem Optimum annähert. Dazu gehört beim Menschen in besonderem Maße sein geistiges und soziales Rüstzeug, nur wenn dieses intakt ist, kann er bestehen.

Die Überlegungen sind nicht neu: Schon bei C. DARWIN findet sich in seinem Werk ‚Die Abstammung des Menschen' der Rückschluss, dass sich kooperierendes Miteinander und Uneigennützigkeit bis zur Selbstlosigkeit als Selektionsvorteile für die soziale Gemeinschaft auswirken würden, sie würden das Wohl fördern und das Überleben sichern. Danach wäre Ethik als Handlungsanweisung für verträgliches und gerechtes Miteinander das Ergebnis der natürlichen Selektion!

Es würde bedeuten, dass Ethik nicht auf einer von außen aufgeprägten religiösen Moral beruht, sondern auf der vernünftigen Einsicht, dass ein kluges Miteinander dem Vorteil aller in der ganzen Population dient. Die Ethik hätte sich demnach aus der Erfahrung und dem reflektierten Nachdenken darüber auf natürliche Weise eingestellt. Ja, sie musste sich so einstellen, wurden die Gruppen doch immer größer, es wurde enger, die Gefahr von Konflikten wuchs. Über die Generationen hinweg sollte sich bestätigten, dass ein kommunizierendes und stützendes Miteinander für die Menschen in ihrer eher schwachen körperlichen Konstitution von großem, lebenserhaltenden Vorteil ist, so kam es zur genetischen Verankerung dieser Einsicht und Haltung.

In dem Zusammenhang wird auch erwogen, ob sich dank der gesteigerten Denkfähigkeit schon früh beim Menschen ein verstärktes Nachdenken über sich selbst, über die Seinen und die Welt entwickelt hat und das in Rück- und Vorschau. Daraus könnten Bewusstsein und Selbstbewusstsein erwachsen sein. So war es wohl, denn Gedanken über den Tod und über das Jenseits lassen sich aus den zunehmend aufwendigeren Begräbniskulten mit kostbaren Beigaben schließen und damit auf einen Glauben an überirdische Mächte, an Götter, deren Willen und Tun sich die Menschen ausgesetzt fühlten, wie dem Wetter in den wechselnden Jahreszeiten, wie den lauernden Gefahren aller Art. Es fällt einem Heutigen schwer, sich in das raue Leben jener Zeiten hinein zu versetzen. Die Menschen müssen als denkende Wesen von einem großen (Gott-) Vertrauen getragen worden sein. Entsprechend groß war die Hochachtung gegenüber den Schamanen, welche die Kulte pflegten und die Opferriten besorgten. Es entstanden die Mythen und Religionen und mit ihnen die Priester. Sie vereinigten in sich Weisheit und Macht, was sich indessen vielfach zu Selbstgerechtigkeit und Selbstüberhöhung steigerte. Man denke an die Tempelanlagen aller Art, ein kultureller Reichtum zwar, aber nie in selbstloser Absicht entstanden. Immer ging es auch und geht es nach wie vor darum, sich gegenseitig zu übertrumpfen. Doch das sind eher Entwicklungen des Neumenschen. Die Altmenschen waren in ihren Anlagen kooperationsfreudig und friedlich angelegt, sonst hätten sie nicht überlebt und gäbe es uns heute nicht. An den Grundanlagen hat sich wenig geändert, der Mensch, ein kommunikatives Wesen, das Seinesgleichen braucht und sucht (auch Geselligkeit, Frohsinn und den Schwatz untereinander).

Setzt man die Dauer einer Generationenfolge zu 30 Jahren an, so sind das in 100 Jahren ca. drei Generationen (ehemals eher vier), in 10.000 Jahren sind es 300 und in 30.000 Jahren sind es 1000 Generationen und das mit anwachsender Populationsgröße. Vor 36.000 Jahren entstanden die Felsmalereien in der Chauvet-Grotte (Abschn. 1.2.6.2). Die letzte Eiszeit lag da noch in weiter Ferne vor den Menschen. Der Homo neanderthalensis starb aus, der Homo sapiens entwickelte sich weiter, sein erstes kulturelles Schaffen ist durch die Epochen der Jungsteinzeit, Aurignacien, Gravettien, Solutréen und Magdalénien gekennzeichnet. Der Mensch vermochte sich den durchgreifenden Änderungen des Klimas vermöge evolutionärer Entwicklung und zunehmend kluger geistiger Planung anzupassen und dabei den wandelnden Nahrungsressourcen zu folgen. Das galt insbesondere während der Eiszeit zwischen 20.000 bis 11.000 Jahre vor heute. Es ist einsichtig, dass sich in diesen langen Zeiträumen über die vielen Generationen hinweg durch wiederholte Mutationen die Fähigkeit des Gehirns weiter entwickelte. Jene Vertreter aus der Population, in denen sich das vollzog, waren im Vorteil, sie beförderten den Fortschritt. Die Klügsten setzten sich durch, sie waren die ‚Fittesten‘, waren am attraktivsten, hatten die meisten Nachkommen (vielleicht mit mehreren Frauen). – Ja, so könnte es gewesen sein, der Mensch wuchs in seine Sonderstellung hinein und das alles ohne äußeren Eingriff (zu welchem Zeitpunkt hätte ein solcher auch erfolgen sollen?).

Es lässt sich nicht leugnen, ein hohes Maß an Aggression wohnt dem Homo sapiens aus seiner frühen Entwicklung als in freier Natur lebender Primat immer noch inne, insbesondere nach Außen gegenüber ihm Fremden, Unbekannten, Feindlichen, immer dann, wenn er sich bedroht fühlt, ggf. nur vermeintlich. Das kann durchaus mit gleichzeitiger Solidarität nach Innen einhergehen. Wo Not herrscht und das Überleben gefährdet ist, sind tolerantes und friedliches Verhalten nicht selbstverständlich, Eigennutz kann schnell gegenüber dem Einsatz für das Gemeinwesen dominieren. Und nicht zuletzt, wo in böser Absicht zum eigenen Vorteil List und Gewalt, Pression und Korruption nach Innen Anwendung finden

und die Gebote der Kooperation und Gesittung missachtet werden, kommt es zu
Streit, zu Unterdrückung und zum Krieg. Die Menschheitsgeschichte gibt dafür
unzählige Beweise bis in die Gegenwart. –

Der Mensch ist ein gespaltenes Wesen mit einer evolutionär angelegten biologischen Erbschaft, die archaische Attribute seines frühen Tierseins und die geistigen
Fähigkeiten seines Verstandes beinhaltet. Das macht seine Einmaligkeit aus.

1.7.4   Evolution und Theologie

Die im vorangegangenen Abschnitt skizzierte Sichtweise ist vielen zu naturalistisch, zu materialistisch, sie wird als befremdlich, abwegig, letztlich atheistisch
empfunden. Es sei unmöglich, dass sich Geist, Seele, Bewusstsein, Gewissen, Vernunft, moralisches Handeln, innerliches Erleben mit emotionalen Gefühlen und
ästhetischem Empfinden, allein auf natürlichem Wege, also evolutionär, entwickelt hätten. Vielmehr nähme der Mensch als beseeltes Geistwesen in der Natur
auf Erden eine Sonderstellung inne und diese sei nur durch einen göttlichen Schöpfungsakt zu erklären. Dadurch sei er seit dem Eingriff von außen ein duales Wesen,
das natürliche und geistige Eigenschaften in großem Reichtum in sich vereine.

Zwischen dem oben dargestellten evolutionären Verständnis des Menschen und
dem theologischen liegt ein tiefer Graben. Ein Brückenschlag ist eigentlich nicht
möglich. Der Konflikt ist dem Gegenüber von Geistes- und Naturwissenschaft zuzuordnen, allerdings in einer sehr fundamentalen Weise. Von der ‚anderen Seite‘
wird dem Naturwissenschaftler vielfach empfohlen, sich in seinen Aussagen so
weit zu beschränken, wie es seinen Methoden entspricht. Dabei ist gar nicht auszu-
machen, wo das eine Revier beginnt und das andere endet, man nehme als Beispiel
die ‚Vergleichende Psychologie‘ und die ‚Entwicklungspsychologie‘.

Bevor auf die theologische Sicht über die Natur und den Menschen eingegangen
wird, sei in Ergänzung zum voran gegangenen Abschnitt der naturwissenschaftliche Ansatz nochmals von einem anderen Standpunkt aus skizziert:

Im Zuge der Homininen-Evolution entwickelte sich beim Menschen ein großes
Gehirn. Diesem Organ verdankt er sein hohes Denkvermögen und dadurch jene
große Zahl von geistigen Fähigkeiten, die ihn zu einer umfassenden Bewältigung
seines Lebens befähigen, umfassender, als es im Tierreich der Fall ist. Man be-
nennt die Fähigkeiten mit dem Begriff kognitiv = intelligent und versteht darunter
all’ jene Merkmale, die in einem Intelligenztest abgefragt werden (Sprachvermögen, Auffassungsgabe, Konzentrationsvermögen, Gedächtnis, abstraktes Denk-
und räumliches Vorstellungsvermögen, usf.). Auch wenn ein Mensch über diese
Fähigkeiten in ausreichendem Umfang verfügt, er wäre wohl nicht so lebensfähig

wie er ist. Was er noch braucht, sind soziale, emotionale und praktische Kompetenzen. Was ihn weiter als Person auszeichnet, sind Haltung, Wille, Mut, Ausdauer,
Fleiß, man spricht von seinem Charakter. All das ist zwar genetisch angelegt, im
Einzelfall sehr unterschiedlich, bedarf im Leben einer weiteren Ausreifung. Und
hier nun zeichnet den Menschen etwas zusätzlich aus: Neugier. Sie gibt es auch bei
den Tieren als angeborenen Instinkt bei der Suche nach Nahrung und bei der Wacht
gegenüber Gefahren. Beim Menschen kommt indessen hinzu, dass er Funktion
und Zweckbestimmung des Entdeckten spontan zu begreifen versucht, es vielfach
sofort abstrahiert und mit der Überlegung verknüpft, wie das Gesehene, das Erfah-
rene, das Erforschte, verbessert werden könnte.

Beobachtet er Seinesgleichen, vermag er sich in ihn hinein zu versetzten und
entsprechend teilnehmend oder ablehnend zu reagieren und aus dem Analysier-
ten Schlüsse zu ziehen, zu lernen, Erfahrung zu sammeln, um hiervon künftig zu
profitieren und es weiter zu geben. Dieses Vermögen, auf Freude, Schmerz und
Trauer beim Mitmenschen mit entsprechenden Gefühlen zu reagieren, was man
gemeinhin mit Empathie umschreibt, kennt man bei den Tieren nicht, allenfalls
in rudimentärer Form. Es wird bereits im Kleinstkindalter geübt und später über
die ganze Lebenszeit hinweg. ‚Der Mensch lernt nie aus'. Eine dieser frühen Ent-
wicklungserfahrungen war die Einsicht, dass kooperatives Verhalten von Vorteil
ist. Dadurch haben sich schon beim frühen Menschen verständiges, hilfsbereites,
friedliches Verhalten als das vernünftigste in seine Gene ‚eingebrannt'. Das alles
war nur möglich, weil er sprechen lernte und damit kommunizieren und sein Wissen weiter geben konnte. Auch das Sprachvermögen ist genetisch verankert, wie
das Vermögen zu singen, zu lesen, zu rechnen. Hinzu treten all' jene ästhetischen
Kompetenzen, die den Menschen als kulturelles Wesen ausmachen. Die Neurowis-
senschaften wissen inzwischen, in welchen Arealen im Gehirn die Kompetenzen
verarbeitet, gespeichert und abgerufen werden. – Ja, der Mensch lässt sich allein
aus seiner natürlichen Entwicklung heraus begreifen, man könnte von einem in der
Natur vollbrachten Wunder sprechen – und genau das ist für einen Gläubigen ein
verfehlter, frevelhafter Ansatz.

Wenn im Folgenden von Theologie gesprochen wird, ist die Lehre von Gott im
christlichen Glauben gemeint, speziell in seiner weltumspannenden katholischen
Prägung. In diesem Falle ist der forschende Theologe bei der Auslegung der Zeugnisse nicht gänzlich frei, vielmehr nur innerhalb des durch die kirchliche Lehrmeinung Roms vorgegebenen Rahmens. – Es gibt eine kaum zu überblickende Anzahl
von Abhandlungen, die über den Konflikt zwischen der naturwissenschaftlichen
und geisteswissenschaftlichen Sichtweise zum Weltganzen und in Sonderheit zum
Wesen des Menschen und seiner Bestimmung geschrieben worden sind, auch solche in populärer Verständlichkeit [121–127]. Hierauf sei verwiesen. Eine ausführli-

che Würdigung ist hier in gebotener Gründlichkeit nicht möglich. Eine Ausnahme sei versucht: Es ist die Haltung der ('klassischen, wissenschaftlichen') Philosophie und Theologie gegenüber der Evolutionären Erkenntnistheorie. Letztere hat in den zurückliegenden Jahrzehnten viele Vertreter hinzu gewonnen. K. LORENZ (1903–1989) [128–130] gilt als prominenter spiritus rector. Genannt seien weiter E. MAYR (1904–2005) [131–133], R. RIEDL (1925–2005) [134–136], W. WICKLER (*1931) [118], G. VOLLMER (*1943) [137–139], wobei als denkerische Wegbereiter der Philosoph K.R. POPPER (1902–1994) [140] und der Theologe P. TEILHARD de CHARDIN (1881–1955) [141] gesehen werden können.

Um einen Eindruck von der philosophischen und theologischen Argumentation gegen die Evolutionäre Erkenntnistheorie zu gewinnen, wird ein Blick auf das Symposium 'Evolutionismus und Christentum' geworfen, das im Jahre 1985 in Rom abgehalten wurde [142]. Dieser Veranstaltung gingen im Jahre 1983 in München zwei weitere mit den Themen 'Evolution und Freiheit – zum Spannungsfeld von Naturgeschichte und Mensch' [143] und 'Evolutionstheorie und menschliches Selbstverständnis' [144] voraus. Der Veröffentlichung des Symposiums in Rom wurde ein Geleitwort des seinerzeitigen Kardinals J.C. RATZINGER (*1927) und späteren Papstes BENEDIKT XVI (2005–2013) voran gestellt. Die Schrift endet mit einer Ansprache des damaligen Papstes JOHANNES PAUL II (1920–2005) anlässlich der Privataudienz für die Teilnehmer der Veranstaltung. Die päpstliche Ansprache schließt mit den Worten:

> Nach einem tiefen Wort Romano Guardini versteht den Menschen nur, wer Gott kennt. In der Tat, erst in dieser geweiteten Perspektive kommt die wahre Größe des Menschen zum Vorschein, zeigt sich, wer er im tiefsten ist: ein von seinem Schöpfer gewolltes und geliebtes Wesen, dessen unveräußerliche Größe darin besteht, zu Gott 'Du' sagen zu dürfen. – In diesem Sinne erteile ich Ihnen für Ihre Arbeit von Herzen den Apostolischen Segen.

In seiner Einleitung zum römischen Symposium führt R. SPAEMANN (*1927) zur Evolutionstheorie gleich anfangs dem Sinne nach aus, dass sich innerhalb der Biologie die evolutionären Erklärungsversuche auch auf die Entstehung des Lebens aus Anorganischem heraus erstrecken würden. Das ist so nicht richtig. C. DARWIN und alle folgenden Evolutionstheoretiker versuchten nicht, die Entstehung des Lebens zu erklären, sondern allein, wie die Arten aus vorhandenen neu entstanden sind, somit die Vielfalt alles Lebendigen und schließlich der Mensch. Das Werden des Lebens am Anfang und seine weitere Entwicklung im Folgenden sind zwei verschiedene Dinge. Dass bei der Entstehung des Belebten auf Erden nur Unbelebtes (als 'Material') zur Verfügung stand, lässt sich nicht bestreiten. – Später vertritt R. SPAEMANN in seinem Beitrag die Ansicht, es gäbe bis heute keine ausgearbeitete philosophische Behandlung des Evolutionsthemas. ... Aufbauend auf K. LORENZ habe sich die einflussreiche Richtung der ‚evolutionären Erkenntnistheorie' entwickelt, die freilich, wie unlängst das Münchener Symposium ‚Evolutionstheorie und menschliches Selbstverständnis' gezeigt habe, von kaum einem ‚gelernten' Philosophen oder Wissenschaftstheoretiker für ernsthaft vertretbar gehalten werde. Auf der genannten Veranstaltung hatte R. SPAEMANN seine Kritik begründet. Hierbei verwendete er für das Bemühen der Evolutionstheoretiker Begriffe wie *Trivialisierung, Popularisierung, Slumbereich des Redens*. Die Alltagssprache sei für wissenschaftliches Sprechen nicht geeignet, sie müsse fallen gelassen werden, wenn es sich um Redeweisen um das Unabdingbare handele. Für den Evolutionismus gäbe es kein Aufhören des Seins von irgendetwas, sondern nur Veränderung. Dann freilich seien wir veränderte Affen, und dies bereitete unserem Selbstverständnis natürlich Schwierigkeiten. Im Übrigen seien Affen veränderte Vorläufer von Affen usw., man stoße nirgend auf so etwas wie Seiendes. (Weiteres möge der Interessierte im Original nachlesen, weiteres in [145].)

Im ersten Beitrag des römischen Symposiums erklärt R. LÖW (1949–1994) zunächst die Ursamen- und Samengedanken von AUGUSTINUS als Basis für die Entwicklung der lebenden Organismen und dann die auf ARISTOTELES zurück gehenden Gedanken über die Funktion der Seele als Werkform und als Beweger, der mit geeignetem Werkzeug den Körper bewegt, ernährt und vergrößert. Im Verlauf seiner weiteren Überlegungen folgert er:

> Die Artenkonstanz hingegen ist ihre präexistente und ewige Konstanz in Gott. Ohne diesen Bezug auf Gott ist allerdings die Erklärbarkeit des Neuen, des Lebens wie von Arten, ausgeschlossen, so dass ich glaube: gerade aus den Befunden der Evolution lässt sich ein verbesserter physiko-theologischer Gottesbeweis ziehen, verbessert, weil es nicht mehr die Zweckmäßigkeit in der Natur als Konstituens hat, sondern das Auftreten, das Hervorgebrachtwerden von wirklich Neuem in ihr. –

Ein weiteres Resümee von R. LÖW ist:

> Gesetzt die (rein naturalistische) Evolutionstheorie wäre wahr. Dann ist auch sie ein Vorkommnis im Laufe dieser Evolution, ein faktisches Produkt der Gehirne einiger Forscher. Diese suchen ihren speziellen Selektionsvorteil im Aufstellen und Publizieren dieser Theorie. Sie verbinden ihre Theorie mit dem Begriff ‚Wahrheit', obwohl sie anderwärts zeigen, dass das ein ganz sinnloser Begriff ist. Sie tun es, um den Durchsetzungserfolg ihrer Gedanken zu erhöhen, weil ‚Wahrheit' bei den Aufgeklärten, die ja die Bücher kaufen sollen, einen merkwürdig hohen Stellenwert besitzt. Man müsste aber, wenn die Evolutionstheorie wahr wäre, die Bücher ihrer Vertreter als Produkte der Selektionsstrategie gewisser Autoren lesen. Letztlich besteht die Wahrheit einer konsequent durchdachten Evolutionstheorie darin, dass es überhaupt keine Wahrheit geben kann, einschließlich dieser. Sie ist ein einziges, gigantisches Paradox, dessen Kern in dem Satz besteht: ‚Jetzt lüge ich'.

(Auf die weiteren Beiträge des Symposiums von P. KOSLOWSKI (1952–2012), L. SCHEFFCYK (1920–2005) und H.-E. HENGSTENBERG (1904–1998) sei im Original verwiesen.)

Wie ausgeführt, ist ein Ende der Auseinandersetzung zwischen dem im christlichen Glauben (und dem in den anderen abrahamitischen Glaubensformen) fundierten Welt- und Menschenbild auf der einen Seite und jenem aus dem Darwinismus naturwissenschaftlich entwickelten, nicht in Sicht [146, 147]. Die Kluft bleibt unüberbrückbar, weil fundamental. Es ist kein wissenschaftlich adäquates Verhalten, sich fundamentalistisch zu begegnen, wie zuvor dargestellt, indessen auch nicht, von Gotteswahn zu sprechen und dadurch einen Gläubigen in die Nähe eines Geisteskranken zu rücken. – Im folgenden Kap. 2 wird versucht, die angeschnittenen Fragen weiter zu diskutieren und zu vertiefen.

1.7.5 Zusammenfassung

Über die biologische Evolution hinaus, sei das Bild von der Welt, wie es heute naturalistisch gesehen wird, in Kurzform zusammengefasst:

- Vor 13,8 Milliarden Jahren ging das Weltganze, der Kosmos, aus einer Energiesingularität hervor. Die Ursache bzw. der Verursacher dieses Anfangs ist nicht bekannt. Für den Gläubigen waren es Götter oder ein Gott, eine ewig existierende transzendente Instanz.
- Das weitere Geschehen beruhte auf der dem materiellen System innewohnenden Energie bzw. Masse. Es entstanden Sterne nach den von Beginn an gültigen Naturgesetzen in einem die menschliche Vorstellung sprengenden Szenario bezüglich der riesigen Anzahl der Galaxien und der in ihnen vereinigten Sterne. Unermesslich für den menschlichen Verstand sind auch die zeitlichen und räumlichen Ausmaße dieses Geschehens. Im Zuge der Entwicklung des Universums entstanden in unserer Galaxis, der Milchstraße, vor 4,5 Milliarden Jahren ein mittelgroßer Stern, die Sonne, und das den Stern umgebende Planeten- und Kometensystem einschließlich dem Planeten Erde.
- Nach einer langen Phase des Erkaltens des zunächst heiß glühenden Körpers entstanden vor ca. 3,8 Milliarden Jahren die ersten Einzeller auf der Erde, Archaeen, bald darauf folgten die Bakterien. Nach einer weiteren sehr sehr langen Zeit, wohl nochmals 2 Milliarden Jahre während, entstanden vor 1,5 Milliarden Jahren, die Eukaryoten, einfachste Vielzeller. Vor 1 Milliarden Jahren kamen die Landpflanzen hinzu. Vor 600 Millionen Jahre hatte sich der Zustand auf der Erde soweit stabilisiert, dass sich in rascher Folge die ersten einfachen Tiere

und Pflanzen ausbreiten konnten, später folgten die höheren. Ihre Existenz bedingte und bedingt sich gegenseitig. Sie nutzen dabei alle Räume im Wasser, auf dem Boden und in der Luft.

- Atmosphäre und Morphologie der Erde unterlagen einer ständigen Veränderung. Durch das Einschlagen von Asteroiden kam es mehrmals zu einer nahezu vollständigen Vernichtung der bis dahin entstandenen Lebensformen. Nach der Saurierepoche entstanden die Säugetiere. Aus dieser Linie entwickelte sich nach einer wiederum langen Zeit die Linie der Primaten und mit ihr im Endpunkt der Homo sapiens vor ca. 200.000 Jahren. In seiner fortgeschrittenen Form als anatomisch moderner Mensch eroberte er die Erde und begann sie aktiv zu gestalten. Seine gegenüber den vorangegangenen Homininen gesteigerten Fähigkeiten beruhen auf seinem großen Gehirn. Inzwischen hat er ein großes Artensterben verursacht. Durch Züchtung schuf er spezielle Nutzarten von Tieren und Pflanzen aus ehemaligen Wildarten, Arten, die es vorher so nicht gab. Er selbst erlebt zurzeit eine rasante Vermehrung seiner Art, zulasten des bislang Gewordenen.

- Da es auf der Erde keine durchgängige Konstanz der Lebensbedingungen gab (Wandel in unterbrochener Folge), muss die von A.R. WALLACE und C. DARWIN erstmals erkannte biologische Evolution durchgängig wirksam gewesen sein, anderenfalls hätten die anfangs entstandenen Lebensformen sich nicht weiter entwickeln können: Das Leben musste sich an die Wandlungen anpassen können. Das ist durch die in der Erbsubstanz aller Tiere und Pflanzen angelegte Mutationsfähigkeit möglich. Als Folge der Mutation im Erbgut entstehen in einer Art viele zufällige Varianten. Die Richtung der äußeren Veränderung bestimmt, welche der Varianten die tauglichste ist, entsprechend entwickelt sich die Art. Dieses Reaktionsvermögen des Lebendigen lag und liegt als entscheidendes und zwingendes Prinzip allen biologischen Weiterentwicklungen zugrunde. **Das Evolutionsprinzip hat den Charakter eines Naturgesetzes.**

- Beim Homo sapiens, dem Menschen, hatte sich, wie mehrfach ausgeführt, im Vergleich zu den voran gegangenen Homininen ein sehr großes Gehirn gebildet. Es verlieh ihm (und verleiht ihm) eine hohe Denkfähigkeit. Zwar noch mit den archaischen Attributen seiner Entwicklung aus der Zeit der Primaten ausgestattet, die sein Tun nach wie vor instinktiv beeinflussen, vermochte er über sich selbst nachzudenken. Es entwickelte sich in ihm ein starkes Selbstverständnis gegenüber der übrigen Natur. Im Verständnis zu seines gleichen wuchs die Einsicht, dass ein gedeihliches kooperatives Miteinander grundsätzlich von Vorteil ist, sowohl für sein Wohlergehen wie den Bestand der Sippe. Diese Einsicht wurde praktisch gelebt: Mit dem Denken und der Vernunft kam die Ethik in das Handeln des Menschen und damit eine Hinwendung zu einer gereiften

Lebenseinstellung. Dieser friedliche Verhaltenskodex ist im Menschen seither genetisch angelegt. Die Anlagen zum Guten stehen häufig mit den archaischen im Widerstreit. Das muss der Mensch aushalten. Hierin liegt seine Bewährung.

• Das Denken ließ darüber hinaus religiöse Mythen in unterschiedlicher Ausprägung über das Unbegreifliche rundum entstehen. Früh nahmen sich die Priester der fragenden Menschen an und festigten dabei in dem jeweiligen Lebensraum den dort entstandenen oder geoffenbarten religiösen Glauben, auch in der Absicht, die Menschen zu einer gottgefälligen Haltung zu ermahnen.

Literatur

1. JUNKER, T.: Geschichte der Biologie. Die Wissenschaft vom Leben. München: Beck 2004

2. JAHN, I. u. SCHMITT, M. (Hrsg.): Darwin & Co. – Eine Geschichte der Biologie in Portraits. München: Beck 2001 (zwei Bände)

3. JAHN, I. (Hrsg.): Geschichte der Biologie, Theorien, Methoden, Institutionen, Kurzbiographien. 3. Aufl. Heidelberg: Spektrum Akad. Verlag 2002

4. BOENIGK, J. u. WODNIOK, S.: Biodiversität und Erdgeschichte. Berlin: Springer Spektrum 2014

5. WITTIG, R. u. NIEKISCH, M.: Biodiversität: Grundlagen, Gefährdung, Schutz. Berlin: Springer Spektrum 2014

6. REICHHOLF, J.H.: Ende der Artenvielfalt? Gefährdung und Vernichtung der Biodiversität. 2. Aufl. Frankfurt a. M.: Fischer 2008

7. BECK, E. (Hrsg.): Die Vielfalt des Lebens – Wie hoch, wie komplex, warum. Weinheim: Wiley-VCH 2012

8. NESSHÖVER, C.: Biodiversität: Unsere wertvollste Ressource. Freiburg: Herder 2013

9. PODPREGAR, N. u. LOHMANN, D.: Im Fokus: Paläontologie – Spurensuche in der Urzeit. Berlin: Springer Spektrum 2013

10. JACKSON, P.W.: Paläontologie für Neugierige. Darmstadt: Primus-Verlag 2012

11. TAYLOR, P.O. u. O'DEA, A.: Die Geschichte des Lebens in 100 Fossilien. Darmstadt: Theiss 2015

12. STANLEY, S.M.: Wendemarken des Lebens: Eine Zeitreise durch die Krisen der Evolution. Heidelberg: Spektrum Akad. Verlag 1998

13. WARD, P.D. u. BROWNLEE, D.: Unsere einsame Erde. Berlin: Springer 2001

14. MACLEOD, N.: Arten sterben – Wendepunkte der Evolution. Darmstadt: Theiss 2016

15. RAUCHFUSS, H.: Chemische Evolution und der Ursprung des Lebens. Berlin: Springer 2005

16. MUNK, K. (Hrsg.) Taschenbuch der Biologie: Ökologie – Evolution. Stuttgart: Thieme 2009

17. LESCH, H. u. MÜLLER, J.: Big Bang zweiter Akt – Auf den Spuren des·Lebens im All. München: Bertelsmann 2003

18. MEISSNER, R.: Geschichte der Erde. Von den Anfängen des Planeten bis zur Entstehung des Lebens. 3. Aufl. München: Beck 2010

19. MUNK, K. (Hrsg.): Taschenlehrbuch Biologie. Stuttgart: Thieme, insgesamt 6 Bücher

20. POTT, R.: Allgemeine Geobotanik. Berlin: Springer Spektrum 2014

21. SCHATZ, G.: Zaubergarten Biologie – Wie biologische Entdeckungen unser Menschenbild prägen. Weinheim: Wiley-VCH 2012

22. SAWYER, G.J. u. DEAK, V. (Hrsg.): Der lange Weg zum Menschen – Lebensbilder aus 7 Millionen Jahren Evolution. Heidelberg: Spektrum Akad. Verlag 2007

23. ROBERTS, A.: Die Anfänge der Menschheit. Vom aufrechten Gang zu den frühen Hochkulturen. München: Dorling Kindersley 2012

24. HAUSEN, H. v. (Hrsg.): Evolution und Menschwerdung. Stuttgart: Wiss. Verlagsgesellschaft 2007

25. AUFFERMANN, B. u. OBERSCHIEDT, J.: Die Neandertaler – Auf dem Weg zum modernen Menschen. Stuttgart: Theiss 2006

26. PÄÄBO, S. u. VOGEL, S.: Die Neandertaler und wir. Frankfurt a. M.: Fischer 2014

27. KLOSTERMANN, J.: Das Klima im Eiszeitalter. 2. Aufl. Stuttgart: Schweizerbart 2009

28. TOMASELLO, M.: Die Ursprünge der menschlichen Kommunikation. Berlin: Suhrkamp 2011

29. TOMASELLO, M.: Eine Naturgeschichte des menschlichen Denkens. Berlin: Suhrkamp 2014

30. WILSON, E.O.: Die soziale Eroberung der Erde – Eine biologische Geschichte des Menschen. München: Beck 2013

31. GAMBLE, C., GOWLETT, J. u. DUNBAR, R.: Evolution, Denken, Kultur – Das soziale Gehirn und die Entstehung des Menschlichen. Berlin: Springer Spektrum 2016

32. NN: GEO kompakt: Nr. 7: Der Mensch und seine Gene; Nr. 23: Evolution; Nr. 24: Wie der Mensch die Geschichte eroberte; Nr. 37 Die Geburt der Zivilisation (100.000 – 1500 v. Chr). Hamburg: Gruner + Jahr

33. N.N.: Die Evolution des Menschen. 6-teilige Serie. Spektrum der Wissenschaften Heft 1 (2015) bis Heft 6 (2015)

34. BERGER, R.: Warum der Mensch spricht – Eine Naturgeschichte der Sprache. Frankfurt a. M.: Eichhorn 2008

35. Eiszeit – Kunst u. Kultur. Begleitband zur Großen Landesausstellung Baden-Württemberg 2009. Ostfildern: J. Thorbecke Verlag 2009

36. CONRAD, N.J. u. WERTHEIMER, J.: Die Venus aus dem Eis – Wie vor 40.000 Jahren unsere Kultur entstand. München: A. Knaus Verlag 2010

37. KUCHENBURG, M.: Eine Welt aus Zeichen – Die Geschichte der Schrift. Darmstadt: Theiss 2015

38. EIBL-EIBESFELDT, I. u. SÜTTERLIN, C.: Weltsprache Kunst – Zur Natur- und Kunstgeschichte bildlicher Kommunikation. Wien: C. Brandstätter Verlag 2007

39. MELLER, H. (Hrsg.): Der geschmiedete Himmel. Die weite Welt im Herzen Europas vor 3600 Jahren. Stuttgart: Theiss 2004

40. VAAS, R.: Der Tod kam aus dem All. Meteoriteneinschläge, Erdbahnkreuzer und der Untergang der Dinosaurier. Stuttgart: Kosmos 1995

41. TRIELOFF, M., SCHMITZ, B. u. KOROCHANTSEVA, E.: Kosmische Katastrophe im Erdaltertum. Sterne und Weltraum Heft 6 (2007), S. 28–35

42. GRITZNER, C.: Achtung Einschlag – Wie lassen sich erdnahe Objekte abwehren. Sterne und Weltraum Heft 1 (2011), S. 32–40 und S. 41–42

43. HORNECK, C.: Leben auf dem Mars? Sterne und Weltraum Heft 10 (2008), S. 36–44

44. KALTENEGGER, L.: Sind wir allein im Universum? Wals/Salzburg: Ecowin-Verlag 2015

45. PIPER, S.: Exoplaneten – Die Suche nach der zweiten Erde. Berlin: Springer 2011

46. FREISTETTER, F.: Die Neuentdeckung des Himmels – Auf der Suche nach Leben im Universum. München: Hanser 2014

47. MACKOWIAK, B.: Die Erforschung der Exoplaneten – Auf der Suche nach den Schwesterwelten des Sonnensystems. Stuttgart: Kosmos 2015

48. Website Kepler-Mission. Vgl. auch Sterne und Weltraum Heft 5 (2012), S. 24–28

49. RASSOW, J. u. a.: Biochemie. 4. Aufl. Stuttgart: Thieme 2016

50. KARP, G.: Molekulare Zellbiologie. Berlin: Springer 2005

51. PLATTNER, H. u. HENTSCHEL, J.: Zellbiologie. 4. Aufl. Stuttgart: Thieme 2011

52. GRAW, J. (Hrsg.): Lehrbuch der Molekularen Zellbiologie. 4. Aufl. Weinheim: Wiley-VCH 2012

53. MUNK, K. (Hrsg.): Genetik – Taschenlehrbuch der Biologie. Stuttgart: Thieme 2010

54. JANNING, W. u. KNUST, E.: Genetik – Allgemeine Genetik – Molekulare Genetik – Entwicklungsgenetik. 2. Aufl. Stuttgart: Thieme 2008

55. RIEDE, A.: Mathematik für Biowissenschaftler. 2. Aufl. Berlin: Springer 2015

56. SELZER, P.M., MARHÖFER, R. u. ROHWER, A.: Angewandte Bioinformatik. Berlin: Springer 2004

57. HANSEN, A.: Bioinformatik – Ein Leitfaden für Naturwissenschaftler. 2. Aufl. Basel: Birkhäuser 2013

58. MERKL, P.: Bioinformatik – Grundlagen, Algorithmen, Anwendungen. 3. Aufl. Weinheim: Wiley VCH 2015

59. WINNACKER, E.-L.: Gene und Klone – Einführung in die Gentechnologie. Weinheim: VCH-Verlagsgesellschaft 1985

60. REGENASS-KLOTZ, M.: Grundzüge der Gentechnik. 3. Aufl. Basel: Birkhäuser 2005

61. BROWN, T.A.: Gentechnologie für Einsteiger. 6. Aufl. Heidelberg: Spektrum Akad. Verlag 2011

62. RENNEBERG, R. u. BERKLING, V.: Biotechnologie für Einsteiger. 4. Aufl. Berlin: Springer Spektrum 2012

63. JANSOHN, M. (Hrsg.): Gentechnische Methoden – Eine Sammlung von Arbeitsanleitungen. 5. Aufl. Heidelberg: Spektrum Akad. Verlag 2012

64. ARETZ, H.-J.: Kommunikation ohne Verständigung. Frankfurt a. M.: Peter Lang 1999

65. WALDKIRCH, B.: Der Gesetzgeber und die Gentechnik – Spannungsverhältnis, Interessen, Sach- und Zeitdruck. Wiesbaden: Verlag für Sozialwissenschaften (VS) 2004

66. MÜLLER-TERPITZ, R.: Der Schutz des pränatalen Lebens; eine verfassungs-, völker- und gemeinschaftsrechtliche Statusbetrachtung an der Schwelle zum biomedizinischen Zeitalter. Tübingen: Mohr Siebeck 2007

67. ODUNCU, F.S., SCHROTH, U. u. VOSSENKUHL, W. (Hrsg.): Stammzellenforschung und therapeutisches Klonen. Göttingen: Vandenhoeck & Ruprecht 2002

68. SCHRAUWERS, A. u. POOLMAN, B.: Synthetische Biologie – Der Mensch als Schöpfer. Berlin: Springer Spektrum 2013

69. MURKEN, J. u. a. (Hrsg.): Taschenbuch der Humangenetik. 8. Aufl. Stuttgart: Thieme 2011

70. ACH, J.S., BUDERMÜLLER, G. u. RUNTENBERG, C. (Hrsg.): Hello Dolly? Über das Klonen. Frankfurt a. M.: edition Suhrkamp 1998

71. VENTER, J.C.: Leben aus dem Labor – Die neue Welt der synthetischen Biologie. Frankfurt a. M.: Fischer 2014

72. KEMPERMANN, G.: Neue Zellen braucht der Mensch – Die Stammzellenforschung und die Revolution in der Medizin. München: Piper 2008

73. MODROW, .S., FALKE, D., TRUYEN, U. u. SCHÄTZL, H.: Molekulare Virologie. 3. Aufl. Berlin: Springer Spektrum 2010

74. MODROW, S.: Viren – Grundlagen, Krankheiten, Therapien. München: Beck 2001

75. DOERFLER, W.: Viren. Frankfurt a. M.: Fischer 2002

76. MÖLLING, K.: Supermacht des Lebens – Reisen in die erstaunliche Welt der Viren. München: Beck 2015

77. CHARISIUS, H. u. FRIEBE, P.: Bund fürs Leben – Warum Bakterien unsere Freunde sind. München: Hanser Verlag 2014

78. KEGEL, B.: Die Herrscher der Welt – Wie Mikroben unser Leben bestimmen. Köln: DuMont 2015

79. PASCHEK, N.: Entscheidendes Bindeglied in der Evolution des Lebens. Spektrum der Wissenschaft Heft 8 (2015), S. 10–11

80. MARKL, J. (Hrsg.): Purves Biologie. 9. Aufl. Heidelberg: Spektrum Akad. Verlag 2011

81. Naturkunden, naturkundliche Bücher (bisher 35) im Verlag Matthes & Seitz, Berlin

82. GLAUBRECHT, M.: Am Ende des Archipels – Alfred Russel Wallace. Berlin: Galiani-Verlag 2013

83. DARWIN, C.: Gesammelte Werke. Frankfurt a. M.: Zweitausendeins 2009 (Nach Übersetzung J.V. CARUS, Vier Teile, 1370 Seiten)

84. NEFFE, J.: Darwin – Das Abenteuer des Lebens. München: Bertelsmann 2008

85. BUSKES, C.: Evolutionär Denken – Darwins Einfluss auf unser Weltbild. Darmstadt: Primus 2008

86. GLAUBRECHT, M.: Es ist, als ob man einen Mord gesteht – Ein Tag im Leben des Charles Darwin. Freiburg: Herder 2009

87. WUKETITS, F.M.: Evolution. 3. Aufl. München: Beck 2009

88. JUNKER, T. u. PAUL, S.: Der Darwin Code – Die Evolution erklärt unser Leben. München: Beck 2010

89. JUNKER, T.: Evolution – Die 101 wichtigsten Fragen. München: Beck Verlag 2011

90. JUNKER, T.: Die Evolution des Menschen. 2. Aufl. München: Beck 2008

91. WUKETITS, F.M.: Darwin und der Darwinismus. München: Beck 2005

92. WEBER, T.P.: Fischer Kompakt: Darwinismus. Frankfurt a. M.: Fischer 2002

93. SENTKER, A. u. WIGGER, F. (Hrsg.): Triebkraft Evolution – Vielfalt, Wandel, Menschwerdung. Heidelberg: Spektrum Akad. Verlag 2008 (Zeit-Wissen Edition)

94. KLEESATTEL, W.: Abenteuer Evolution – Die Ursprünge des Lebens. Stuttgart: Theiss 2005

95. FISCHER, E.P.: Das große Buch der Evolution. Köln: Fackelträger 2008

96. FUTUYMA, D.J.: Evolution. Heidelberg: Spektrum Akad. Verlag 2007

97. KUTSCHERA, U.: Evolutionsbiologie. 4. Aufl. Stuttgart: Ulmer 2015

98. STORCH, V., WELSCH, U. u. WINK, M.: Evolutionsbiologie. 3. Aufl. Berlin: Springer Spektrum 2013

99. ZRZAVY, J. u. a.: Evolution – Ein Leselernbuch. 2. Aufl. Berlin: Springer Spektrum 2013

100. SARASIN, P. u. SOMMER, M. (Hrsg.): Evolution – Ein interdisziplinäres Handbuch. Stuttgart: Metzler 2010

101. KRAUS, G.: Blickpunkt Mensch – Menschenbilder der Gegenwart aus christlicher Sicht. München: Verlag J. Pfeiffer 1983

102. MASUCH, G. u. STAUDINGER, H.: Geschöpfe ohne Schöpfer? Der Darwinismus als biologisches und theologisches Problem. Wuppertal: Brockhaus Verlag 1987

103. POLKINGHORNE, J.: Theologie und Naturwissenschaft – Eine Einführung. Gütersloh: Kaiser Verlag 1998

104. Mc GRATH, A.E.: Naturwissenschaft und Religion – Eine Einführung. Freiburg: Herder 1999

105. BARBOUR, I.C.: Wissenschaft und Glaube – Historische und Zeitgenössische Aspekte. Göttingen: Vandenhoeck & Ruprecht 2003

106. NEININGER, R.: Welt verstehen – an die Schöpfung glauben – Zum Dialog zwischen physikalischer und theologischer Weltdeutung. Paderborn: F. Schöningh 2010

107. DABROCK, P., DENKHAUS, R. u. SCHAEDE, S. (Hrsg.): Gattung Mensch – Interdisziplinäre Perspektiven. Tübingen: Mohr Siebeck 2010

108. LENNOX, J.: Hat die Wissenschaft Gott begraben?. 4. Aufl. Witten: Brockhaus 2013

109. KÜMMEL, R.: Die Vierte Dimension der Schöpfung – Gott, Natur und Sehen in der Zeit. Berlin: Springer Spektrum 2015

110. N.N.: Spektrum Kompakt: Epigenetik. Wie die Umwelt unser Erbgut beeinflusst. Heidelberg: Verlag Spektrum der Wissenschaft 2014; vgl. auch Spektrum Highlights: Gene und Umwelt 2/2013

111. KRAUSZ, V.: Gene, Zufall, Selektion – Populäre Vorstellungen zur Evolution und der Stand des Wissens. Berlin: Springer Spektrum 2014

112. GRIBBIN, J. u. GRIBBIN, M.: Ein Prozent Vorteil – Wie wenig uns vom Affen trennt. Basel: Birkhäuser 1993

113. WEBER, P.F.: Der domestizierte Affe – Die Evolution des menschlichen Gehirns. Düsseldorf: Patmos Verlag 2005

114. WUKETITS, F.M.: Der freie Wille – Die Evolution einer Illusion. Stuttgart: Hirzel 2007

115. DONALD, M.: Triumpf des Bewusstseins – Die Evolution des menschlichen Geistes. Stuttgart: Klett-Cotta 2008

116. WILSON, E.O.: Die soziale Eroberung der Erde. Eine biologische Geschichte des Menschen. München: Beck 2013

117. VOLAND, E. u. VOLAND, R.: Evolution des Gewissens. Strategien zwischen Egoismus und Gehorsam. Stuttgart: Hirzel 2014

118. WICKLER, W.: Die Biologie der Zehn Gebote und die Natur des Menschen – Wissen und Glauben im Widerstreit: Berlin: Springer Spektrum 2014

119. WAAL, F. de: Der Mensch, der Bonobo und die Zehn Gebote – Moral ist älter als Religion. Stuttgart: Klett-Cotta 2015

120. GAMBLE, C., GOWLETT, J. u. DUNBAR, R.: Evolution, Denken, Kultur. Das soziale Gehirn und die Entstehung des Menschlichen. Berlin: Springer Spektrum 2016

121. KANITSCHEIDER, B.: Moderne Naturphilosophie. Würzburg: Königshausen und Neumann 1984

122. MEYER-ABICH, K.M.: Praktische Naturphilosophie. München: Beck 1997

123. DRIESCHNER, M.: Moderne Naturphilosophie – Eine Einführung. Paderborn: mentis-Verlag 2002

124. LÜKE, U.: Bio-Theologie: Zeit-Evolution-Hominisation. Paderborn: Verlag F. Schöningh 1997

125. MORRIS, R.: Gott würfelt nicht – Universum, Materie und Kreative Intelligenz. Hamburg: Europa-Verlag 2001

126. BAUMGARTNER, H.M. u. WADENFELS, H. (Hrsg.): Die philosophische Gottesfrage am Ende des 20. Jahrhunderts. 3. Aufl. Freiburg: Verlag Karl Alber 2001

127. DABROCK, P., DENKHAUS, R. u. SCHAEDE, S.: Gattung Mensch, Interdisziplinäre Perspektiven. Tübingen: Verlag Mohr Siebeck 2010

128. LORENZ, K.: Die Rückseite des Spiegels. Versuch einer Naturgeschichte des menschlichen Erkennens. München: Piper 1973

129. LORENZ, K. u. WUKETITS, F.M. (Hrsg): Die Evolution des Denkens. München: Piper 1983

130. LORENZ, K.: Das sogenannte Böse. Zur Naturgeschichte der Aggression. München: dtv 1992

131. MAYR, E.: Die Entwicklung der biologischen Gedankenwelt – Vielfalt, Evolution und Vererbung. Berlin: Springer-Verlag 1984

132. MAYR, E.: Eine neue Philosophie der Biologie. München: Piper-Verlag 1991

133. MAYR, E.: Konzepte der Biologie. Stuttgart: Hirzel 2005

134. RIEDL, R.: Die Strategie der Genesis – Naturgeschichte der realen Welt. München: Piper 1976

135. RIEDL, R. u. KREUZER, F.: Evolution und Menschenbild. Hamburg: Hoffmann und Campe 1983

136. RIEDL, R.: Zufall – Chaos – Sinn. Nachdenken über Gott und die Welt. Stuttgart: Kreuz 2000

137. VOLLMER, G.: Biophilosophie. Stuttgart: Reclam 1995

138. VOLLMER, G.: Evolutionäre Erkenntnistheorie. Stuttgart: Hirzel 2002

139. VOLLMER, G.: Was können wir wissen? Bd. 1 u. 2; Beiträge zur modernen Naturphilosophie. Stuttgart: Hirzel 2008

140. POPPER, K.: Wissen und das Leib-Seele-Problem. Tübingen: Mohr-Siebeck 2012 (1943)

141. P. TEILHARD de CHARDIN: Der Mensch im Kosmos. München: Beck 1959/2010; Die Entstehung des Menschen. München: Beck 1961/2006

142. SPAEMANN, R. (Hrsg.): Evolution und Christentum. Weinheim: acta humaniora VCH 1986

143. SPAEMANN, R. (Hrsg.): Evolution und Freiheit. Zum Spannungsfeld von Naturgeschichte und Mensch. Stuttgart: Hirzel 1984

144. SPAEMANN, R. (Hrsg.): Evolutionstheorie und menschliches Selbstverständnis. Weinheim: acta humaniora VCH 1984

145. SPAEMANN, R.: Das unsterbliche Gerücht – die Frage nach Gott und die Täuschung der Moderne. Stuttgart: Klett-Cotta 2007

146. JUNKER, T.: Der Darwinismus-Streit in der deutschen Botanik. Evolution, Wissenschaftstheorie und Weltanschauung im 19. Jahrhundert. 2. Aufl. Norderstedt: Books on Demand 2011

147. KOLMER, P. u. KOCHY, K. (Hrsg.): Gott und Natur – Philosophische Positionen zum aktuellen Streit um die Evolutionstheorie. Freiburg/München: Verlag Karl Alber 2011

Religion und Naturwissenschaft

2

2.1 Die urgründigen Fragen

Die Fülle der Fakten, die sich in der Natur findet, ist erstaunlich, überwältigend.

- Ist es möglich, dass sich alles, was sich dem Auge des Menschen bietet, im Kleinen wie im Großen, aus einer Energiesingularität dank der der Materie innewohnenden Beschaffenheit und Gesetze **selbsttätig** entwickelt hat?
- Ist es möglich, dass sich auf der Oberfläche eines winzigen Himmelskörpers im Umfeld eines heißen Sterns aus **toter Materie lebende Organismen gebildet** haben?
- Ist es möglich, dass aus solchen lebenden Organismen eine derart **komplexe geistige und seelische Wesenheit**, wie der Mensch, hervorgehen konnte? Den anderen Kreaturen sind Instinkt und Getriebenheit zum Arterhalt eigen. Beim Menschen sind es darüber hinaus sein Bewusstsein, seine Intelligenz, sein Vermögen zur Selbstreflektion, sein Wille, seine Fähigkeit zum Mitleiden bis zum Selbstopfer, seine Gefühle, sein Empfinden von Demut, Trauer und Freude. Alle diese Eigenschaften zeichnen ihn aus und stehen mit seinen archaischen Attributen im Widerstreit, wie Aggression und List, Habsucht und Eigennutz.

Konnte alles ohne äußeres Zutun so werden, wie es ist, ohne Plan? Bei derart viel Unbegreiflichkeit ist die Frage nach der Existenz einer außerweltlichen Instanz naheliegend, nach einem Gott, einem Weltenschöpfer und -lenker, der genau eine solche Welt, wie sie ist, wollte und ihr Werden planmäßig in Gang setzte.

Oder war es anders und entstand alles rundum aus einem physikalisch-chemisch-biologischen Prozess heraus, der in zwanghafter Selbstorganisation zum Menschen führte? Gibt es nur diese Gattung im gesamten Kosmos oder noch unzählige weitere, ggf. in anderer Ausformung und Ausstattung? Warum bedurfte es eines so riesigen Kosmos und einer so langen Zeitspanne, um ihn, den Menschen

© Springer Fachmedien Wiesbaden GmbH 2017
C. Petersen, *Naturwissenschaften im Fokus V*, DOI 10.1007/978-3-658-15304-5_2

zu erschaffen, letztlich mit der Gewissheit, dass er eines Tages wieder gehen muss? So wie die Existenz jedes einzelnen Menschen begrenzt ist, jeder ist sterblich, wird auch die Existenz des Menschengeschlechts eines fernen Tages im Rückblick nur eine kurze Episode innerhalb des kosmischen Geschehens gewesen sein. Zu wessen Nutz und Frommen?

Die oben gestellten drei Fragen sind von unterschiedlichem Rang. Sie treiben den Suchenden um. Philosophen und Theologen mühen sich seit alters her um ihre Klärung. Dem Menschen ist die genuine Fähigkeit zum Denken und Glauben gegeben, Geschwister im Geiste. Das ist erstaunlich genug, vielleicht erstmalig und einmalig im gesamten Kosmos. Was ist wahr? Quod est verum?

2.2   Welche Antworten geben die Mythen und Religionen?

2.2.1   Die fernöstlichen Mythen und Religionen

Im Hinduismus wird in BRAHMA der höchste und allmächtige Schöpfergott gesehen, ihm stehen zwei weitere hohe Gottheiten zur Seite, SHIVA und VISHNU. Hinzu treten niedere Götter. Ihre kultische Verehrung ist Vorrecht der höchsten Kaste, der Priester, der Brahmanen. Der Anfang der Welt vollzog sich nicht in real-naturalistischer, sondern in einer eher poetisch-fantastischen Weise, aus einem Weltenei heraus. – Der Buddhismus kennt keinen Schöpfergott, alles befindet sich in einem ewigen Kreislauf ohne Anfang und Ende. Sinn und Ziel des menschlichen Lebens ist es, durch redliches Tun im Diesseits und durch Opfergaben das Ende dieses Kreislaufs zu erreichen, um im Nirwana vom irdischen Leid erlöst zu werden. BUDDHA wird zwar als göttlich aber nicht als Gott gesehen und verehrt. – Auch für die anderen Religionen des asiatischen Raumes haben Fragen nach dem Anfang und Ende von allem, bei ihrer Ausrichtung auf das besonnene und gebotene Tun im Diesseits, keine wirklich tiefere Bedeutung, letztlich weil unbeantwortbar. – Auf die oben gestellten Fragen lässt sich aus den Mythen des fernen Osten allenfalls insofern eine Antwort ableiten, als es wenig sinnstiftend ist, überhaupt Fragen obigen Inhalts zu stellen. Eine solche Haltung ist bedenkenswert und vielleicht im Kern die einzig vernünftige. (Vgl. auch Abschn. 1.1.1 in Bd. I.)

2.2.2   Die alten Religionen polytheistischer Prägung

Die Götter- und Heroenmythen der **Griechen** sind wohlbekannt, bei HOMER (8. Jh. vor Chr.) und HESIOD (7. Jh. vor Chr.) fanden sie ihre dichterische Ausfor-

mung, beim erstgenannten mit den Epen ‚Ilias‘ und ‚Odyssee‘, beim Zweitgenannten mit ‚Werte und Tage‘ und ‚Theogonie‘ (Vielgötterlehre, das Chaos gebar Nacht
und Tag und die Götter auf Erden). Die Mythen haben ihren Ursprung überwiegend im mykenischen Kulturkreis auf dem Peloponnes (16. bis 12. Jh. v. Chr.). Sie
dienten den Dichtern und Künstlern des antiken Griechenlands als reicher Fundus
in ihrer Dicht- und Bildkunst mit Werken höchster Vollendung. – Die griechische
Mythologie beeinflusste bzw. bestimmte jene der Etrusker und **Römer** nachhaltig,
auch letztere ist wohlbekannt. – Schon früher und daneben gab es verschiedene
Mysterienkulte, insbesondere aus dem Orient überliefert, in denen Dionysos und
Orpheus als göttliche Wesen verehrt wurden. Eine höhere Weltdeutung ging mit
diesen Kulten eher nicht einher. – Die Verehrung des ursprünglich in Ostpersien
beheimateten Sonnengottes Mithras überdauerte Jahrhunderte, bis weit über die
Zeitenwende hinweg, ähnlich wie die Gnosis-Religion. Auch bei ihr handelt es
sich um einen nur schwer zu begreifender Kultus, der sich ebenfalls noch lange
neben dem aufkommenden Christentum halten konnte. – Später wurden alle als
heidnisch verworfen.

Auch die **Kelten, Germanen und Slawen** hatten ihre Mythen mit Göttern und
Helden. Inzwischen sind sie alle ‚ausgestorben‘.

Bei den indigenen **Völkern Afrikas, Nord-, Mittel- und Südamerikas und
jenen des pazifischen Raumes** leben deren vielgestaltige Mythen zum Teil noch
heute fort.

Der mythologische Kosmos früherer Zeiten ist wahrhaft gewaltig, aus heutiger
Sicht meist fremdartig, vielfach abstrus, für einen Jetztmenschen – vom naturalisti-
schen Standpunkt aus gesehen – nur bedingt sinnstiftend, gleichwohl voll Fantasie
und die schicksalhafte Verstrickung alles Menschlichen voraus ahnend [1–6]: Für
Literatur und Kunst bilden die Mythen eine reiche Quelle. Die Grenze zwischen
mythologischem und religiösem Kultus ist fließend, Gebet und Opfer, Priester und
Gesetze, Tempel und Orakel gibt es in beiden.

2.2.3 Die monotheistischen Religionen ABRAHAMS

2.2.3.1 Die Ablösung des Polytheismus durch den Monotheismus

In der Mythologie der Juden wurde erstmals mit **JAHWE ein einziger wahrer
Gott** verehrt, was die Ablösung des Polytheismus, also die Vielgöttermytholo-
gie, durch den Monotheismus bedeutete. In wie weit diese Entwicklung auf den
in Abschn. 1.1.2, Bd. I, erwähnten Echnaton zurückgeht, ist umstritten, auch was
andere Entlehnungen aus der assyrisch-babylonischen und ägyptischen Religion
betrifft, etwa die Dreieinigkeit Gottes (in Atum, Re und Ptach verwirklicht), die

unbefleckte Empfängnis des Pharao (Zeuger ist Gott Atum), den Gedanken an die
Wiederauferstehung und das ewige Leben nach Sündenfreiheit (wie bei Osiris),
den Brudermord (wie durch Seth) und andere. Die Verheißung auf die zeitlich
unbegrenzte Jenseitswelt war über Jahrtausende schon der Glaube im alten Ägypten gewesen, befördert durch Gebet und Opfer. Da die mosaische Religion im
assyrisch-babylonischen und ägyptischen Raum verkündet wurde und mit deren
Geschichte verwoben ist, sind Entlehnungen und Umdeutungen verständlich. Tiefe
und Reichtum der neuen Religion lassen sich dadurch indessen nicht allein erklären.

Das Alte Testament der Juden wurde später im Kern vom Christentum und Islam als Glaubenswirklichkeit übernommen. In der Schrift wird über die Geschichte
des jüdischen Volkes, seine Belehrung in Recht und Moral berichtet, so auch in den
mosaischen Büchern. Das 1. Buch Moses beginnt mit der Schöpfungsgeschichte
(Genesis). Ihr wird sich Abschn. 2.3.1 noch ausführlich widmen.

Für einen Heutigen, der in den modernen Geistes- und Naturwissenschaften
unterwiesen wurde und in einer säkularen Welt lebt, demgemäß historisch und
kulturell aufgeklärt ist, fällt es schwer, sich die in den Alten Schriften verkündeten
Glaubenswahrheiten zu eigen zu machen. Ein geistiger Konflikt ist unausweich-
lich. Hiervon ist nicht nur der Einzelne betroffen, er schwelt mancherorts auch
zwischen Teilen der Gesellschaft und ganzen Staaten. Von daher ist es angebracht,
sich im Folgenden der religiösen Verkündigungen in gebotener Kürze zu erinnern,
wobei fraglich ist, ob ein solches Unterfangen wegen der notwendigen Vereinfa-
chungen im vorliegenden Gesamtrahmen überhaupt zulässig und angebracht ist.
Auf [7–14] und viele weitere Monographien zum Thema wird verwiesen.

2.2.3.2 Glaube im Judentum

Der Vater von ABRAHAM, ein Hebräer, kommt von Ur im Zweistromland nach
Kanaan (Palästina). Sein erster Sohn ist ISAAK, sein Enkel JAKOB. JAKOB hat
12 Söhne. Über den Ältesten, JOSEF, gelangen sie alle nach Ägypten. Aus ihnen
entwickelt sich ein größerer Volksstamm, die Israeliten. Sie werden vom Pharao
als Sklaven gehalten. Um ihr weiteres Anwachsen zu verhindern, lässt der Pharao
alle Buben töten. Einer überlebt als Findelkind, er heißt MOSES. Als er als junger
Mann die Schafe hütet, erscheint ihm Gott im brennenden Dornbusch. Von der
Strahlkraft der Glut wendet sich MOSES ab. Gott kann man nicht anschauen, nur
erkennen. Gott offenbart sich Moses mit den Worten:

> Ich bin der Seiende. So sollst du den Israeliten sagen: Der Seiende hat mich zu euch
> gesandt! Der Herr, der Gott eurer Väter, Gott Abrahams und Gott Isaaks und Gott
> Jakobs hat mich zu Euch gesandt.

Gott verpflichtet MOSES die Israeliten aus der ägyptischen Gefangenschaft in die Heimat zurück zu führen, er werde sie schützen. Während sie fliehen und vom ägyptischen Heer eingeholt werden, kommt ihnen Gott zu Hilfe, spaltet das Meer, sodass sie hindurch ziehen können, die Fluten verschlingen die Verfolger. Die Wanderschaft durch die Wüste ist mühsam und dauert eine lange Zeit. Gegen Ende offenbart sich Gott den Israeliten am Berg Sinai und übergibt MOSES die Gesetzestafeln mit den zehn Geboten. Sie werden zur grundlegenden Norm in der Zeit danach, später in der Thora vereinigt. Viel später werden sie auch zur Grundlage der christlichen und islamischen Religion bis heute: Es gibt nur einen einzigen, allmächtigen Gott.

> Ich bin der Herr, dein Gott, der dich herausgeführt hat aus dem Land Ägypten, aus dem Haus der Sklaverei. Du sollst keine anderen Götter haben außer mir.

Als zentrales Gebot begründet es den Eingott-Glauben, den Monotheismus. MOSES Auftrag ist mit der Entgegennahme der Gesetze erfüllt, er stirbt. In der Zeit ab etwa 1000 v. Chr. führen seine Nachfolger die Israeliten in ihr Gelobtes Land zurück, nach Kanaan. Hier residieren sie in den folgenden etwa hundert Jahren. Es sind SAUL, dann DAVID, dann SALOMON, jeder als König des heimgekehrten Volkes. Deren 12 Stämme besiedeln das Land, mit Jerusalem als Hauptstadt. Hier bauen sie einen Tempel, um zu beten und Gott mit ihren Opfern zu danken. Aus dem 12ten Stamm Levi gehen die Priester (Leviten) hervor. – Auseinandersetzungen führen 920 v. Chr. zu einer Teilung in ein Nordreich (Israel) und in ein Südreich (Juda). Es regieren eigene Könige. Es gibt Streit, Verfall und auch Zweifel an Gott. Das Nordreich Israel fällt nach kriegerischer Unterwerfung an die Assyrer (722 v. Chr.) und das Südreich Juda viel später, nach langer schwieriger Zeit, der Zeit der Propheten, an die Babylonier (587 v. Chr.). Der Tempel in Jerusalem wird zerstört. Die meisten Judäer geraten in ‚Babylonische Gefangenschaft‘. Damit erfüllt sich die von Gott angekündigte Strafe wegen der voran gegangenen verfehlten und ungetreuen Lebensführung, so deuten die Verschleppten ihr Schicksal. Im Exil bleiben sie vereinigt, treffen sich in ihren Gemeinden mit den Priestern, ihren religiösen Führern, die ihnen die Thora mit ihren 613 Regeln (Gesetzen) in der Synagoge vermitteln. Gefangen in der Fremde befolgen sie strenge Speise- und Reinheitsgebote und führen die Beschneidung von Buben ein. Aus den mündlich überlieferten Texten entstehen die Bücher Tanach (das Alte Testament), bestehend aus den Büchern Thora (Weisung), Nebi'im (Propheten) und Ketubim (Schriften) sowie Talmud (Sammlung der Gesetze und religiösen Traditionen). – Die Gefangenen wissen sich Gott nahe, sie fühlen sich im Bund mit ihm und er mit ihnen. In diesem innigen Verhältnis mit JAHWE, dem Einen Bundesgott, sehen sich die Juden bis heute aufgehoben. Verlässliche Einhaltung der Regeln und Gebote verhelfen zu Identifikation und stärken die Gemeinschaft in Gott. Die Welt im Diesseits ist nur ein Durchgang zur Glückseligkeit im Paradies. – Im Jahre 559 v. Chr. werden die Babylonier vom persischen Großkönig KYROS II (585–530 v. Chr.) besiegt, er lässt die Israeliten heimkehren. Es bildet sich ein neues jüdisches Königreich heraus, der Tempel in Jerusalem wird wieder aufgebaut. Viel später geraten sie unter die Herrschaft ALEXANDER dem GROSSEN (332 v. Chr.). Innere Konflikte und solche mit benachbarten Völkern bestimmen die Zeit in den folgenden zwei Jahrhunderten mit erneuter Fremdherrschaft und Befreiung. Schließlich geraten sie unter römische Vorherrschaft (63 v. Chr.). Es sind unruhige Zeiten, in denen sich verschiedene religiöse und politische Strömungen und Sekten herausbilden (Essener, Sadduzäer, Philister, Zeloten). In der Zeit des Vasallenkönigs HERODES (73 bis 4 v. Chr.) fällt die Geburt JESUS von NAZARETH. Dem Aufbegehren gegen die Beschlagnahme des Tempelschatzes und gegen die politische Drangsalierung durch Rom folgt eine rigorose Strafverfolgung mit mehrjährigem Krieg, dabei wird im Jahre 70 n. Chr. Jerusalem und der Tempel ein zweites Mal zerstört. Später, nach einem nochmaligem vergeblichen Aufstand unter BAR KOCHBA, werden die Juden endgültig aus Jerusalem und Palästina vertrieben (135 n. Chr.), sie flüchten und zerstreuen sich über Afrika, Asien und Europa. – In den späteren nachbiblischen Zeiten sind die Juden als kleine versprengte Gruppen in jenen Ländern, in denen sie leben, den dortigen Wirren der Epochen ausgesetzt, vielfach eine Geschichte von unsäglichem Leid mit Nachstellung, Vertreibung und Vernichtung, wie am Ende während der schlimmsten Barbarei in Deutschland in der Zeit von 1933 bis 1945. Die von der zionistischen Bewegung unter T. HERZL (1860–1904) betriebene Bestrebung, den Juden wieder ein Lebensrecht in ihrer biblischen Heimat zu ermöglichen, führt im Jahre 1948 unter dem Eindruck des Holocaust, der Schoa, nach UNO-Beschluss mit der Gründung des Staates Israel zum Erfolg. Ein Leben in Ruhe und Frieden ist für die Juden immer noch nicht möglich, auch nicht innerhalb ihres eigenen Landes mit seinen unterschiedlichen Lebensformen, einer eher liberal-religiösen Haltung und einer orthodoxen, die sich Gott gemäß seiner Offenbarung am Berg Sinai in strenginnerlicher Tradition verbunden weiß und entsprechend lebt und betet. – Die Zahl der Menschen jüdischen Glaubens beträgt weltweit ca. 15 Millionen, davon leben 6,3 Millionen in Israel (2015, Einwohner: 8,4 Mill.).

2.2.3.3 Glaube im Christentum

Wie dargestellt, lag Palästina um die Zeitenwende im Herrschaftsbereich der römischen Kaiser, AUGUSTUS (31 v. bis 14 n. Chr.), TIBERIUS (14 bis 37 n. Chr.), CALIGULA (37 bis 41 n. Chr.), CLAUDIUS (41 bis 54 n. Chr.), NERO (54 bis

68 n. Chr.), VESPASIAN (69 bis 79 n. Chr.) und weiterer. Die Juden leiden unter dem Fremdregime, für sie sind es schwierige Zeiten. Prophetische Weissagungen verheißen ihnen die Ankunft eines Messias, eines Gesalbten, mit ihm werde Friede und Glück auf Erden einkehren und die Verheißung auf das Paradies am Ende aller Zeiten. – Mit der Geburt JESUS durch MARIA (wohl im Jahr 6 v. Chr.) scheint sich die Ankündigung zu erfüllen. Erzengel Gabriel sagt zu MARIAs Mann:

> Josef, Sohn Davids, fürchte dich nicht, Maria als deine Frau zu nehmen; denn das Kind, das sie erwartet, ist vom Heiligen Geist. Sie wird einen Sohn gebären; ihm sollst du den Namen Jesu geben; denn er wird sein Volk von seinen Sünden erlösen.

Das Paar zieht von Nazareth nach Bethlehem, wo Jesus geboren wird. Im Tempel wird der Junge als Kind jüdischer Eltern beschnitten. Um dem von König HERODES verfügten Kindermord zu entgehen, fliehen sie nach Ägypten. Von dort kehren sie nach Nazareth zurück.

> Jesus aber wuchs heran, und seine Weisheit nahm zu, und er fand Gefallen bei Gott und den Menschen.

Von seinem Vater erlernt JESUS das Bauhandwerk. – Als er 35 Jahre alt ist, lässt er sich von JOHANNES dem TÄUFER, einem von Gott berufenen Bußprediger, gemeinsam mit dem Volk taufen. Beim Taufritus werden dem Getauften nach vorangegangener Buße und Reue die Sünden vergeben, gleichzeitig wird zwischen ihm und Gott der Bund vollzogen, so der Glaube.

> Und während Jesus betete, öffnete sich der Himmel, und der Heilige Geist kam sichtbar in Gestalt einer Taube auf ihn herab, und eine Stimme aus dem Himmel sprach: Du bist mein geliebter Sohn, an dir habe ich Gefallen gefunden.

In dieser Offenbarung bekennt sich Gott zu JESUS als seinen Sohn. Als Gottessohn ist er dazu bestimmt, das Leiden der Menschen und ihre Sünden auf sich zu nehmen, Vorahnung seines Todes am Kreuz. Der Täufer spricht:

> Das habe ich gesehen, und ich bezeuge: Er ist Gottes Sohn. –

Jesu unterwirft sich in der Wüste einer vierzig Tage während Prüfung und Heimsuchung durch den Teufel. Er widersteht dessen Versprechungen, so auch jenen, dass ihm Macht und Wohlstand im irdischen Leben gesichert sein würden. JESUS sagt:

> Weg mit dir, Satan!

JESUS wählt ein Leben in Armut und Freiheit. – Heimgekehrt beginnt er zu predigen:

> Kehrt um! Denn das Himmelreich ist nah.

Immer mehr Menschen folgen ihm, es sind eher Leute, die in der Gesellschaft ausgegrenzt sind und in Armut leben, nicht solche der reichen Eliten.

> Was hülfe es dem Menschen, wenn er die ganze Welt gewönne und nähme doch Schaden an seiner Seele.

Ausgewählte Jünger scharen sich um JESUS. Von ihm erfahren sie seine Lehre und Gebote: Werde aus dem Glauben heraus gerecht, lass' kein Unrecht zu, liebe deinen Nächsten wie dich selbst. Immer mehr Menschen folgen ihm, er vollzieht Wunder. Von einem Berg aus hält er eine Predigt an das Volk und verkündet seine zentrale Botschaft, sein Evangelium:

> Selig, die arm sind vor Gott, denn ihnen gehört das Himmelreich ... Selig, die keine Gewalt anwenden, denn sie werden das Land erben ... Selig, die hungern und dürsten, denn sie werden satt werden ... Selig die Barmherzigen, denn sie werden Erbarmen finden ... Selig, die Frieden stiften, denn sie werden Söhne Gottes genannt werden ... Selig, die um der Gerechtigkeit willen verfolgt werden, denn ihnen gehört das Himmelreich ... Ich aber sage euch, liebt Eure Feinde und betet für sie, die Euch verfolgen, damit Ihr Söhne Eures Vaters im Himmel werdet.

Mit dieser Offenbarung wird der ‚Alte Bund' des Alten Testaments mit seinen zehn Geboten und den Weisheiten der Alten in den ‚Neuen Bund' überführt und hierbei um das Gebot der Nächstenliebe erweitert. Ewiges Leben wird dem Gerechten zugesichert, Auferstehung von den Toten durch die Gnade Gottes. – JESUS bricht mit seinen Jüngern nach Jerusalem auf, um auch dort seine Lehre zu vertreten. Er sucht die Auseinandersetzung mit den Tempelpriestern und Schriftgelehrten, wettert gegen die Tempelsteuer und die Opferriten. Die Zahl seiner Anhänger wächst, die Tempelaristokratie und die römischen Besatzer sind beunruhigt. JESUS wird verraten, verhaftet, von dem Hohepriester KAIPHAS der Juden wegen Gotteslästerung verklagt und zum Kreuzestod verurteilt. Der Präfekt PONTIUS PILATUS bestätigt das Urteil. JESUS hatte zuvor mit seinen Jüngern das Letzte Abendmahl gefeiert.

> Nehmt und esst, das ist mein Leib ... Trinkt alle daraus, das ist mein Blut, das Blut des Bundes, das für viele vergossen wird zur Vergebung der Sünden.

Nach voran gegangener Geißelung erleidet JESUS am Kreuz einen grausamen Tod. Er wird begraben. Am nächsten Tag ist sein Grab leer, er ist vom Tode auferstanden. Es kommt zu einer Begegnung zwischen ihm und seinen Jüngern.

Ich bin bei Euch alle Tage bis zum Ende der Welt.

Die Jünger bezeugen die Auferstehung von JESUS. Sie sehen in ihm den Christus, den im Alten Testament angekündigten Messias und mit ihm das Nahen des endzeitlichen Reiches der Gerechtigkeit Gottes. In Jerusalem vereinigt sich ein Teil von ihnen zur Urgemeinde. Hier leben sie nach jüdischen Regeln, gleichwohl als christliche Gemeinschaft in Jesu. Daneben entstehen christliche Gemeinden aus bekehrten Heiden.

Schaul (Saul, Saulus) wird durch persönliche Offenbarung zu PAULUS, er und weitere Apostel (Missionare) verkünden in Palästina und zunehmend weit darüber hinaus auf ihren Wegen und Reisen die neue Lehre. Viele, die sie erreichen, lassen sich bekehren und taufen. PAULUS bereist ab 49 n. Chr. die Küstenländer um das östliche Mittelmeer (Abb. 2.1). Er fordert das Abrücken von den Opferkulten, den Verzicht auf die Beschneidung und die Lockerung der jüdischen Speisevorschriften. Er lehrt die Gebote der Nächstenliebe und Fürsorge, was ihm großen Zulauf aus den armen Schichten des Volkes beschert. Der römische Staat ist ein Sklavenimperium, 90 % der Bevölkerung leben in Armut, Rom hat ca. eine Million Einwohner. – In großen Teilen der Tradierten unter den Juden, Hellenen und Römern regt sich Widerstand gegen die neue Lehre. In den bekehrten Gemeinden werden die Christen verfolgt. In ausgedehnten Katakomben beerdigen sie ihre Toten, so in Rom und in Syrakus. Im Jahre 64 wird PETRUS in Rom (wohl überkopf) gekreuzigt, PAULUS daselbst im Jahre 67 enthauptet. – In den beiden folgenden Jahrhunderten breitet sich die neue Religion dennoch im gesamten römischen Reich stetig aus, auch in den Städten. Es kommt immer wieder zu blutigen Verfolgungen unter den römischen Kaisern CALIGULA, NERO, TRAJAN, DECIUS, VALERIAN und später unter DIOKLETIAN, Kaiser von 284 bis 305, mit unzähligen Märtyrerhinrichtungen. – Die Wende kommt unter KONSTANTIN I (Kaiser von 306 bis 337). Nach dem von ihm im Jahre 311 erlassenen Toleranzedikt dürfen sich die Christen erstmals zu ihrer Religion offen bekennen. Das im Jahre 313 erlassene sogen. Mailänder Edikt erlaubt allen Bürgern ihre Religion frei zu wählen und zu leben. Damit ist es möglich, den christlichen Glauben öffentlich zu verkünden. – Im Jahre 380 wird das Christentum schließlich von THEODOSIUS I (Kaiser von 379–394) zur Staatsreligion erhoben, was nicht bedeutete, dass damit der römische Staatskult mit seinen Opferriten und andere polytheistische Religionen im Reich erlöschen, das war wohl erst ab dem 7. Jahrhundert endgültig der

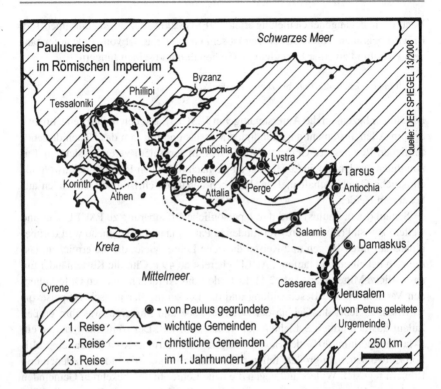

Abb. 2.1

Fall. Von da ab hatte die Christianisierung zunehmend ganz Europa erfasst, auch den slawischen Osten. –

Der Sitz des Bischofs von Rom war durch den einstigen Auftrag JESUS an seinen vertrauten PETRUS a priori ausgezeichnet:

> Du bist Petrus und auf diesen Felsen werde ich meine Kirche bauen und die Mächte der Unterwelt werden sie nicht vernichten. Ich werde dir die Schlüssel des Himmelreichs geben.

In diesen Worten sieht sich das Papsttum legitimiert, Rom als Sitz Petri in Jesu Nachfolge. Neben dem Papst wurde und wird der Glaube des Christentums von den Bischöfen über die Konzile und durch die Auslegung der Alten Kirchenväter weiterentwickelt. –

Heute gehören der christlichen Religion ca. 2,2 Milliarden Erdenbewohner an, in der Mehrzahl der römisch-katholischen Glaubensrichtung (ca. 54 %), gefolgt von Gläubigen evangelischer (ca. 20 %), orthodoxer (ca. 12 %) und anglikanischer (ca. 4 %) Konfession, der Rest verteilt sich auf unzählige weitere. – Erwähnung verdienen die Kopten, vorrangig in Ägypten (mit eigenem Papst) beheimatet. Als altorientalische Christen zählen sie zu den ältesten, wie andernorts die arabischen Christen, deren Reste im derzeitigen inner-muslimischen Bürgerkrieg wohl vollständig aufgerieben werden. – Zu erinnern ist in dem Zusammenhang an das Genozid an den Christen orthodoxer Prägung in Armenien, die im damaligen osmanischen Reich in den Jahren 1915 bis 1917 mit ca. 1 Million Toten nahezu ausgemerzt wurden. –

Bei aller Verschiedenheit sind die Texte des Alten und Neuen Testaments Grundlage der Christenheit, allerdings mit unterschiedlicher Auslegung und Gewichtung. – Zu den Schriften des Neuen Testament zählen die Evangelien nach Markus (ca. 70 n. Chr.), Matthäus (ca. 80) und Lukas (ca. 90) sowie die Offenbarung (Apokalypse) des Johannes (ca. 95), die Apostelgeschichte, die zwölf Paulusbriefe und die sieben sogenannten katholischen Briefe. Das ursprünglich in Althebräisch abgefasste Alte Testament wurde später ins Altgriechische übersetzt (Septuaginta), in dieser Sprache erschienen auch die Schriften des Neuen Testaments. Später wurden sie für den Gebrauch in der westlichen Kirche ins Lateinische übertragen. Daneben gibt es eine große Zahl sogen. Apokryphen, das sind nicht kanonisierte Texte, die theologisch/kirchlich nicht anerkannt wurden bzw. werden.

2.2.3.4 Glaube im Islam

Der Stifter des Islam, MOHAMMED Ibn Abdulla, wird im Jahre 570 n. Chr. in Arabien geboren. In dem schwach besiedelten Land gehört er zum Stamm der Kuraish. Man glaubt hier noch an Götter mit Allah als Hochgott. Den Göttern bringt man Schlachtopfer und Weihegeschenke und pilgert nach Mekka in die Kaaba als heilige Stätte. – MOHAMMEDs Eltern sterben früh, von einer Amme wird er groß gezogen. Später lebt er bei einem Onkel. Als Sechsjähriger wird er von zwei Engeln rein gewaschen. Damit ist MOHAMMED von allem Bösen frei gemacht. Mit 12 Jahren hat er seine erste Offenbarung. Als junger Mann kann er als Karawanenführer im Dienste einer Witwe, Chadisch, seiner späteren ersten Frau, Erfahrungen sammeln. Im Süden Arabiens lernt er Juden, im Norden Christen kennen und dadurch deren Eingott-Lehre. In ihr erkennt er den richtigen Weg im Gegensatz zum Vielgötter-Glauben seines Volkes. Mit 40 Jahren erlebt er durch Erzengel Gabriel eine zweite Offenbarung. Nach Zögern nimmt er die ihm aufgetragene Bestimmung als Gesandter Gottes an. Er beginnt als Gepriesener in Mekka gegen den Vielgötter-Glauben zu predigen. Die hierin noch befangenen Gläubigen und Priester leisten Widerstand. Im Jahre 622 flieht er nach Yatrib, dem heutigen Medina. Es ist dieses das Jahr ‚Eins' des islamischen Kalenders. Auch er sieht jetzt in ABRA-HAM den Stammvater aller Menschen, in dessen Sohn ISAAK den Stammvater der Juden und Christen und im Sohn ISMAEL den Stammvater der Araber. Die Religion, die er jetzt predigt, sieht er als die wahre. Die Juden und Christen, die ‚Buchbesitzer', haben nach seinem Urteil das Erbe Abrahams und die Offenbarung Gottes verfälscht. Die Kaaba sei schon seit der Zeit vor Abraham und seiner Söhne erbaut gewesen. Im Jahre 631 treten die Stämme Arabiens der von MOHAMMED verkündeten Religion bei, sie sind jetzt alle Mohammedaner (Muslime). Ein Jahr später stirbt MOHAMMED in Medina. – Seine ehemaligen Predigten, vereinzelt aufgezeichnet oder mündlich überliefert, werden in der Zeit von 640 bis 660 unter dem dritten Kalifen, Uthman (Osman), im Koran vereinigt. Im Koran wird seither die wahre und endgültige Offenbarung des alleinigen allmächtigen Gottes gesehen. Der Koran zeigt den allein ‚rechtgeleiteten' Weg. Beim Koran handelt es sich um kein geschaffenes, sondern um ein ewiges Werk, in ihm ist Gott verkörpert. Das Buch besteht aus 114 Suren. Sie zu befragen, gar in Zweifel zu ziehen, gilt als Ketzerei. Jede Zeile wird wortwörtlich geglaubt. Der Koran gilt als absolut heilig, als unantastbar. Das drückt sich auch im Glaubensbekenntnis des Islams aus:

Es gibt keinen Gott außer Gott, und MOHAMMED ist der Gesandte Gottes.

Bei strenger Auslegung lässt sich aus diesem Bekenntnis ein Absolut- und Ausschließlichkeitsanspruch ableiten.

Eine strenge Einhaltung der im Koran enthaltenen Glaubens- und Sittenregeln wird von den Gläubigen erwartet, z. B. die Auflage, im neunten Monat des Mondjahres, im Ramadan, zu fasten und das heilige Buch zu studieren. –

Das Alte Testament einschließlich des Buches Genesis sind weitgehend Bestandteil des Glaubens, auch Teile des Neuen Testaments. Jesus gilt als Prophet, im Koran als der MOHAMMED unmittelbar Vorangegangene. Seine Geburt durch Jungfrau Maria wird im Koran gelehrt, nicht dagegen sein Tod als Sohn Gottes am Kreuz (*es schien nur so*), damit auch nicht seine Auferstehung und die Trinität des Christenglaubens: Gott in drei Gestalten, als Gottvater, als Sohn Jesus und als Heiliger Geist.

Die Nachfolge MOHAMMEDs als Propheten übernehmen sogen. Kalifen. Mohameds Schwiegervater, ABU BAKR, Vater seiner letzten Frau, ist der erste Kalif in der Zeit von 632 bis 634. Unter ihm beginnt sich der Islam auszubreiten, auch durch Heiligen Krieg (Dschihad). Den Juden und Christen belässt man ihren Glauben. Sie müssen als ‚Schutzbefohlene' eine Kopfsteuer zahlen (Toleranzsteuer, Dschizja). – Unter den beiden folgenden Kalifen breitet sich der Glaube bis nach

Ägypten, Iran, Libyen und Zypern aus. ALI, Vetter MOHAMMEDs, übernimmt als Vierter in direkter Nachfolge von MOHAMMED das nächste Kalifat (656–661). Unter ihm kommt es verstärkt zu inneren Kämpfen. Er verlegt seinen Sitz von Medina nach Kufa. In Kerbela wird er 661 ermordet. In der Folgezeit kann sein Sohn HUSAIN Ibn ALIS (628–680), Enkel des Propheten, gemeinsam mit seinen Angehörigen und Anhängern, seinen Anspruch auf die Nachfolge des Kalifats nicht durchsetzen. Es kommt zu Aufständen. Im Jahre 680 fällt HUSAIN im Kampf in Kerbela, in den Augen seiner Anhänger als Märtyrer. Sie bilden die Partei Alis, die Schia Ali. Aus ihnen gehen die **Schiiten** hervor (heute 15 % der Muslime). Sie sehen sich als die wahren Nachfolger MOHAMMEDs. Jene, die in der Sunna, den überlieferten und von MOHAMMED verkündeten und vorgelebten Lebens- und Rechtsregeln, die Grundlage des islamischen Glaubens und der muslimischen Gemeinschaft sehen, sind die **Sunniten**, sie entwickeln die Regeln später weiter. Diese Haltung führt zur Spaltung des Islam in zwei Glaubensrichtungen. Seit dem Sieg in Kerbela werden die Sunniten zur größeren Gruppe. –

In den auf die Urzeit des Islam folgenden Jahrhunderten breitet sich der Glaube mit diversen unterschiedlichen Kalifaten aus. Die Muslime gelangen bis nach Spanien (Andalusien), eine Zeit hoher kultureller Blüte. Von hier werden sie im Jahre 1492 wieder verdrängt. – Die Osmanen erobern im Jahre 1453 Konstantinopel (Byzanz), später dringen sie auf dem Balkan nach Norden vor, wo sie 1683 vor Wien geschlagen werden. – Es gibt eine Reihe muslimischer Sekten, wie Ismailiten, Drusen und Alawiten sowie mystische Bruderschaften, wie die Sufi. – In der Predigt in der Moschee wird der im Koran und in überlieferten Reden des Propheten verankerte Gaube verkündet und die Scharia, die heilige Rechtsordnung und -ausübung des Islams, gelehrt. Der rechte Weg im Diesseits begründet die Aussicht auf das Paradies im Jenseits.

Den Sunniten sind die **Wahhabiten** als Vertreter einer letztlich abgespaltenen und nochmals strengeren Glaubens- und Bekenntnisauslegung des Korans durch MUHAMMAD Ibn abd al-WAHHABS (1702–1793) zuzuordnen. Sie sehen die Schiiten als unislamisch an und stehen ihnen militant-islamistisch gegenüber; alle anderen Religionen sind für sie gottlos, alle ehemaligen irrig. –

Vertreten ist der Islam im arabischen und nordafrikanischen Raum, auch im asiatischen, wie in Pakistan, Bangladesch, in Teilen Indiens und in Indonesien (Abb. 2.2). Insgesamt leben auf Erden ca. 1,8 Milliarden Menschen muslimischen Glaubens, in Europa sind es 15 Millionen. Die Sunniten sind mit 85 % in der Mehrzahl. Im Iran, Irak und Libanon dominieren die Schiiten. Ein beträchtlicher Anteil des Anstiegs der Weltbevölkerung geht auf Völker mit islamischer Religion zurück.

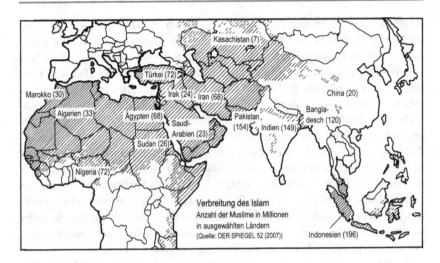

Abb. 2.2

2.2.3.5   Gemeinsamkeiten – Unterschiede

- Grundlage der drei abrahamitischen Religionen sind die jeweils göttlichen Offenbarungen, die MOSES, JESUS bzw. MOHAMMED erfahren haben: Es gibt nur einen Gott, JHWH, Schöpfer und Lenker von Allem von Ewigkeit zu Ewigkeit.
- MOSES, JESUS und MOHAMMED hinterlassen keine selbst verfassten Schriften als Zeugnis ihres Offenbarungserlebnisses durch Gott. Die Schriften entstehen später, es sind heilige Texte göttlicher Verkündigung, keine historischen. Von den Gläubigen werden sie als Gottes Wort gelesen, als heilig und endgültig. Seitens der Schriftforschung der Moderne (Exegese) wird die Zuordnung der Schriften zum Verfasser sowie Ablauf und Gehalt der Berichte differenziert entschlüsselt und bewertet. Danach handelt es sich bei den Schriften um die Auslegung der von den Stiftern verkündeten Botschaft und somit um eine schöpferische Weiterentwicklung durch die Verfasser, die Apostel, Evangelisten und Schreiber, im Geiste des Verkünders zu einer jeweils neuen Religion. Für die Gläubigen sind es die Worte ihres Gottes.
- Die Entstehung der Welt und das Werden des Menschen durch einen göttlichen Schöpfungsakt, wie im Alten Testament in den Büchern Moses beschrieben,

wird von Juden, Christen und Moslems gleichermaßen geglaubt, von den fundamentalistischen Frommen buchstabengetreu: Paradies, Sündenfall, Sintflut und Rettung durch Noah, Engel und Satan, Himmel und Hölle.

- Im Gegensatz zu den alten polytheistischen Religionen werden Gott keine Tempelopfer gebracht.

Anmerkung

In den ersten Jahrhunderten bis hinein in hellenistisch-römische Zeit waren im Judentum noch tägliche Brandopfer im Tempel von Jerusalem üblich. Sie wurden von Priestern vollzogen, begleitet von Gebeten um Beistand und Vergebung der Sünden. Auf dem Brandaltar wurde ein gespendetes einjähriges Lamm hingegeben, bei höheren Festen auch ein Schaf, eine Ziege oder ein Rind. Arme spendeten eine Taube. Vom Opfertier erhielt der Priester und der Spender und die Seinen bestimmte Teile zum Verzehr.

- Es gibt in den drei Religionen jeweils eigene Kalender, Festtage im Verlauf des Jahres, Andachts-, Predigt- und Gebetsriten, Schriften und Schriftgelehrte (Theologen), Priesterhierarchien, Sakramente, Gotteshäuser, Heilige Stätten. Für den Einzelnen gibt es traditionelle Gebote, die seine Kleidung und Haartracht, seine Speisen und Getränke und sein Tun in der Umarmung vorschreiben.
- Gott wird als höchste Instanz gesehen, an welche der Mensch im unmittelbaren persönlichen Gegenüber beten und bitten, danken und klagen und sich zu seinen Sünden in Reue bekennen kann. Auch stimmen die drei Religionen in den ethischen Regeln überein, wie sie in den Zehn Geboten des Alten Testamentes zum Ausdruck kommen. Sie sagen dem Menschen, welche Pflichten er im Umgang mit seinen Nächsten zu erfüllen hat, auch gegenüber Gott. – Die Geschichte zeigt leider, dass insbesondere im Verhalten der Christen und Muslime nach innen und außen vielfach eine andere als die gebotene Haltung überwog und bis heute überwiegt, häufig mit der weltlichen Macht im Bunde, bis hin zum Gottesstaat mit absolutem Wahrheitsanspruch [15].
- Dem Christentum und dem Islam ist ein starker missionarischer Antrieb eigen. Es geht darum Nicht- und Andersgläubige vom Glauben zu überzeugen und den rechten Glauben gegebenenfalls auch mit Gewalt durchzusetzen. Glaubenskriege waren und sind die grausamsten. Geübte Toleranz war und ist in Glaubensfragen eher selten anzutreffen. Abweichler im Glauben und Denken wurden und werden als Häretiker gesehen und verfolgt. Das galt in früheren Zeiten auch gegenüber Forschern und Gelehrten, die sich um die Aufdeckung der der Natur innewohnenden Gesetze mühten. Diesbezüglich besteht nach wie vor zwischen Theologie und Naturwissenschaft ein schwieriges Spannungs-

verhältnis. Das Beharren der Religionen auf den fernen Verkündigungen ist verständlich, eine zeitgemäße Einbindung neu hinzu gewonnener Einsichten und Erkenntnisse in die kanonische Überlieferung oder gar ihre Infragestellung, wenn auch nur in Teilen, ist nicht möglich und würde zu tiefgreifenden innerreligiösen Auseinandersetzungen und Spaltungen führen, wie die bisherigen Versuche gezeigt haben.

- Gegen die im 12. bis 14. Jh. von Südfrankreich ausgehende Bewegung der Katharer (Albigenser) ging die inzwischen gefestigte lateinische Papstkirche zur Reinhaltung ihrer Lehre inquisitorisch vor. Aufgabe der Inquisition war es, die Zweifler aufzuspüren, zum rechten Glauben zu bekehren und sie im Falle der Verweigerung abzuurteilen. Papst GREGOR IX (Papst von 1227–1241) beauftragte im Jahre 1231 den zuvor im Jahre 1214 gegründeten Dominikanerorden mit der Leitung der Inquisition, später wurde der 1209 gegründete Franziskaner-Orden in die Aufgabe eingebunden [16, 17]. – Die Katharer (Ketzer) lehnten das Alte Testament ab, in ihr würde das Böse gelehrt, allein das Neue Testament verkünde das Gute und Wahre. Sie wandten sich gegen die hierarchische Ordnung der Kirche und ihre Sakramente. Da nicht bekehrbar, führte die Inquisition zu ihrer vollständigen Ausrottung. – Nicht viel anders erging es den Waldensern, eine erste protestantische Sekte, die sich der apostolischen Armut verpflichtet fühlte (Reste von ihnen gibt es bis heute). Sie wurden im Jahre 1184 von Papst LUCIUS III (1181–1185) zu Ketzern erklärt und von der Inquisition ohne Erbarmen verfolgt.

- Im Jahre 1542 wurde in der römisch-katholischen Kirche von Papst PAUL III (im Amt von 1534–1549) die ,Heilige Kongregation für die allgemeine Inquisition' gegründet (1908 in ,Heiliges Offizium' umbenannt). Seit 1252 war die Folter bereits erlaubt gewesen, eingeführt mit der Bulle ,Ad extirpanda' durch Papst INNOZENZ IV (Papst von 1243–1254). Die Verfolgung ,irrgläubiger' Häretiker und ihre Bekehrung durch Geständnis und Buße besorgten klerikale Beamte. Die Folter, die Tortur, verfolgte (aus der Sicht der Kirche) die ,gute Absicht', den Hartnäckigen das Geständnis zu ermöglichen, auch, um weitere Ketzer aufzutun, letztlich mit dem Ziel, die irregeleiteten Seelenkranken vom Teufel zu befreien und ihnen damit zum rechten Glauben und zum ewigen Leben zu verhelfen. Das Tun in Gottes Namen wurde als rechtens angesehen. Die gute Absicht in bestem Glauben (optima fide) heiligte das Mittel. Es galt auch, Macht und Geltung zu erhalten. Beim Umgang mit Andersdenkenden wurde weltliches und kirchliches Recht kongruent angewandt. Nach dem Kirchenrecht ,Decretum Gratiani' durften Bluturteile von Geistlichen nicht vollstreckt werden. Folter und Verbrennung besorgten Henker. So nahm über einen langen Zeitraum eine der größten Verirrungen in der Menschheitsgeschichte ihren Lauf, und das im Abendland.

• Nicht minder rigoros ging die Kirche gegen vermeintliche Zauberei und Hexerei vor. Es waren Vorstellungen, die noch aus heidnischer Zeit stammten: Frauen, die mit der Göttin Diana nachts durch die Luft reiten, Weiber, die es mit dem Siebenschwänzigen, dem Teufel, treiben. – Schon im Frühmittelalter stand den Bischöfen mit dem ‚Canon episcopi‘ (Trier, 906) eine Handhabe zur Verfügung, um gegen Aberglauben und Unglauben unter Androhung schwerer Strafen vorzugehen. – Viel später setzte in ganz Europa eine weit verbreitete Hexenverfolgung ein, beginnend Anfang des 15. Jh., später mit Schwerpunkt im katholischen Südwesten Deutschlands. Die Prozessverläufe sind historisch gut dokumentiert [18–23]. Im Jahre 1484 erschien die päpstliche Bulle ‚Summis desiderantes affectibus‘ (Hexenbulle) von Papst INNOZENZ VIII (im Amt von 1484–1492) und sechs Jahre später die Schrift ‚Malleus maleficarum‘, (‚Hexenhammer‘), verfasst von dem Dominikanerpater H. KRAMER (1430–1505), in welchem die Praktiken festgelegt waren, auch wie das Eigentum der Delinquenten zu konfiszieren sei. In der Bulle von 1484 heißt es:

Zu diesem Zwecke müssen, in Wahrnehmung unseres Amtes, wie durch eine Hacke eines umsichtigen Landarbeiters, alle Irrtümer ausgerottet werden. Zu jenen gehören Personen, beiderlei Geschlechts, … die mit Zauberformeln, Gesängen und Beschwörungen, und anderen ruchlosen abergläubischen Praktiken, durch Verbrechen und Untaten die Säuglinge, den Nachwuchs der Tiere, die Feldfrüchte, Weintrauben und Feldfrüchte, Männer und Frauen, Zugtiere, Vieh und Kleintiere und andere Arten von Lebewesen, auch Weinberge … lassen zugrunde gehen, ersticken und verschwinden, … Dennoch sind einige Kleriker und Laien dieser Gebiete so unverschämt, den besagten Inquisitoren ihre Tätigkeit nicht zu gestatten und die Bestrafung der erwähnten Ausschreitungen und Verbrechen sowie die Verhaftung und Züchtigung der betroffenen Personen nicht zuzulassen. … Wir haben deshalb den festen Willen; alle Arten von Hindernissen, welche die Tätigkeit der Inquisitoren in irgendeiner Weise hemmen könnten, aus dem Wege zu räumen (Übersetzung R. Fröhlich [24]). –

Der Wahn währte mit unterschiedlicher Intensität fast drei Jahrhunderte. Wohl 60.000 Hexen (auch männliche) endeten lebendig auf dem Scheiterhaufen, so auch im Hochstift Würzburg die Ordensfrau Maria Renata von SINGER-MOSSAU (1679–1749) und das im Jahre 1749. Frauen wurden als eher schwach im Glauben angesehen. Vielfach galten sie als Verursacher von Krankheiten, Pestilenzen, schlechten Ernten etc. Ein schielendes Auge, eine Warze, genügte, um verdächtig zu sein. Ohnmächtig und verachtet wurden sie den Häretikern zugesellt und erlitten das gleiche Schicksal, nachdem ihnen zuvor ihre Haupt- und Schamhaare geschoren worden waren (es könnte sich dort ein Teufelchen eingenistet haben!). Brandgeruch allüberall. *Es stinkt zum Himmel*, ein geflügeltes Wort in damaliger Zeit, das heute noch gebräuchlich ist.

- Nimmt man die Verfolgung und Gettoisierung der Juden hinzu, kann die Christliche Kirche bei der Durchsetzung ihres Glaubens auf eine ‚erfolgreiche' und zugleich erschreckende Bilanz zurückblicken. Auch wenn von ihr viel Segen ausging, wahrlich, und ihr Tun aus der religiösen Inbrunst jener Zeiten verständlich ist, stellt sich die Frage, wie es der Gott der Christen zulassen konnte, dass so vielen unschuldigen Seelen so viel Leid angetan und sie dabei ohne Sakramente und Trost, sondern verdammt auf das ewige Feuer, in ihrer grauenvollen Pein allein gelassen und anheim gegeben wurden. Eine Erklärung und ein Schuldbekenntnis zu dieser Frage hat es seitens der Kirche nie gegeben, erstmals jüngst im Jahre 2016 durch Papst FRANZISKUS; Ketzerverbrennung und Hexenverfolgung prangerte er als Unrecht an.
- JESUS von NAZARETH war Jude gewesen. Der damalige Hohepriester der Juden, KAIPHAS, empfahl dem Hohen Rat das Todesurteil, der römische Statthalter PILATUS war unschlüssig gewesen, folgte letztlich dem Mob. Was wäre gewesen, er hätte JESUS frei gegeben? Sein Kreuzestod war im göttlichen Schöpfungsplan angelegt, argumentiert der Gläubige. Wo liegt da die Schuld der Juden, gar des ganzen Judentums und der Grund für die antijüdische Haltung in späterer Zeit?
- Die spezifischen Glaubensinhalte und -rituale sind für einen Gläubigen im Judentum und Islam vergleichsweise stringent und schlüssig entwickelt. Für das Christentum gilt das eher nicht, speziell für die Glaubensvielfalt im nach wie vor bestimmenden Katholizismus: Gott begibt sich aus Liebe zu den Menschen als Menschensohn in der Person Jesu auf die Erde, verkündet das Gebot der Menschenliebe, scheitert am religiösen und weltlichen Beharren seiner Umwelt und stirbt am Kreuz, als Sühne für die Schuld aller Menschen, die ihnen vom ersten Tage der Menschheitsgeschichte als Erbsünde anlastet. JESUS überwindet den Tod und wird in den Himmel erhoben.

Diese Botschaft ist schwierig zu verstehen, sie erscheint vielen als nicht schlüssig, das gilt auch für die daraus folgende Trinität Gottes als Vater, Sohn und Heiliger Geist. Schwierigkeit bereitet zudem, an Himmel-Fegefeuer-Hölle, an die Auferstehung des Fleisches, an das Jüngste Gericht und ein Ewiges Leben im Reich Gottes zu glauben. Alle Versuche, sich die religiöse Botschaft vernunftseitig ‚vorzustellen', sind vom Ansatz her verfehlt. Religiöse Aussagen sind denkerisch nicht verstehbar, sie sind nur im Glauben erlebbar. Für viele Suchende in heutiger Zeit, in einer Zeit der Fakten, ist die christliche Botschaft zudem mit viel ‚Glaubensbeiwerk' beladen: Neben dem Fest zur Geburt Christi und den Festen zum Oster- und Pfingstgeschehen einschließlich Christi Himmelfahrt, die inzwischen Bestandteile christlicher Tradition geworden sind, gibt es weitere, die im Laufe der Kirchengeschichte hinzu gekommen

sind, wie Allerheiligen, Fronleichnam, Maria Himmelfahrt, sowie ca. 200 in-
nerkirchliche Feste. Viele von ihnen sind den nach einem voran gegangenen
Selig- oder Heiligsprechungsprozess in den Stand der Seligen oder Heiligen
Erhobenen gewidmet. – Alle 25 Jahre wird das ‚Heilige Jahr' gefeiert (das
Jubeljahr = Jubiläum), im Jahre 1300 von BONIFATIUS VIII, Papst von 1294–
1303, als Jubelablass gestiftet. – Die Verehrung von Reliquien (Körperteile von
Heiligen, Grabtuch Christi) gehört auch zu den religiösen Bräuchen, sowie
Wallfahrten und der Glaube an Wunderheilungen. Zudem gibt es Verfügun-
gen wie Zölibat, Ablass, Ohrenbeichte, Exorzismus und weitere; die im Jahre
1968 von Papst PAUL VI (im Amt von 1963–1978) verkündete Enzyklika *Hu-
manae Vitae*, die den Liebesakt nur zur Zeugung neuen Lebens erlaubt, wird
von vielen Heutigen als Einengung empfunden. – Von der (vom 1. Vatikanischen Konzil im Jahre 1871 der Institution Papst attestierten) Unfehlbarkeit
in religiösen Fragen machte Papst PIUS XII im Jahre 1950 Gebrauch, indem
er die leibliche Aufnahme Mariens in den Himmel zum Dogma erhob. – Das
Papsttum mit seinem Unfehlbarkeitsanspruch, die Marienverehrung und die
Unterschiede bei der Feier der Eucharistie (wie die Unterschiede in der Deutung der Sakramente) sind letztlich unüberwindbare Hindernisse aller ökume-
nischen Bestrebungen. Das Ziel, die Einheit der christlichen Konfessionen im
Sinne Jesu wieder herzustellen, ist wohl unerreichbar. Die Hoffnungen, die vom
2. Vatikanischen Konzil (1962–1965) auf Erneuerung der katholischen Kirche ausgingen, haben sich für viele eher nicht erfüllt, dabei wäre sie doch als
Beitrag für die Lösung der Weltprobleme durch eine ‚Vereinigte Kirche' so
wichtig. In dem im Jahre 2000 veröffentlichten Dokument des Vatikans ‚Do-
minus Iesus' (*die evangelische ist keine Kirche im eigentlichen Sinne*) und in
dem unter dem Pontifikat BENEDIKTs XVI (von 2005–2013 im Amt) veröffentlichten und von ihm genehmigten Dokument der Glaubenskongregation von
Mai 2010 wird die Einzigartigkeit der katholischen Kirche bekräftigt und den
Protestanten das Recht abgesprochen, ihre Glaubensgemeinschaft als Kirche zu
bezeichnen [25].

- Alle drei abrahamitischen Religionen sind patriarchalisch ausgerichtet. ABRA-
  HAM, seine Söhne als Stammväter, die Propheten, die Apostel, Kirchenväter
  und Priester aller Ränge, sie alle sind männlich. Frauen sind in den Berichten
  der Heiligen Schriften im Hintergrund zwar erkennbar, ihr Einfluss ist gleichwohl nachrangig und ihre Funktion eher dienender Art. Auf dieser Haltung
  beruhte und beruht eine weitgehende Rechtlosigkeit der Frauen im gesellschaft-
  lichen Leben der Kulturen über die Jahrhunderte hinweg. – Das sich an das
  christliche Mönchskloster anlehnende christliche Nonnenkloster war und ist
  vorrangig mit caritativen und erzieherisch-schulischen Aufgaben unterstützend

und segensreich tätig. – In Teilen der evangelischen und anglikanischen Kirche und in den säkularen Gesellschaften der Moderne werden den Frauen inzwischen gleiche Rechte wie den Männern eingeräumt, auch in religiösen Fragen. Innerhalb der meisten abrahamitischen Religionen ist das immer noch nicht der Fall, nicht in den jüdischen Synagogen, nicht in den christlich-katholischen Kirchen, nicht in den muslimischen Moscheen, auch nicht in nichtabrahamitischen Religionen, wie dem Buddhismus und dem Hinduismus, auch hier besorgen die Mönche und Priester die Riten (vgl. hier auch Abschn. 2.8.5).

Die große und beispielhafte menschliche Leistung der Diener und Dienerinnen der Kirche vor Ort verdient höchste Bewunderung und Anerkennung, sie ist und bleibt ein großer Segen, wie der Dienst im seelsorgerischen und caritativen Tun, in den Gotteshäusern, in den Schulen und Altersheimen, in den Krankenhäusern und Hospizen. Das gilt auch für das selbstlose Tun vieler Laien im Namen ihres Gottes. – Jene, die in ihrem Glauben sicher und gefestigt sind, schöpfen in ihren Gebeten an Gott Kraft, Trost und Hoffnung. – Wer wollte es leugnen, dass die alten kirchlichen Traditionen, wie die Feste im Laufe des Kalenderjahres und viele weitere in der Abfolge des persönlichen Lebens, dem Zeitenlauf Struktur und Halt geben. Letztlich sind es die Gebote des Füreinander in Familie und Gesellschaft, die den Weg ethischen Tuns weisen und Gemeinschaft stiften. Das bezeugen die Gotteshäuser in den Dörfern und Städten, die Bildwerke und Choräle, die von begnadeten Menschen in gläubiger Ehrfurcht geschaffen wurden.

2.3   Die Frage nach der Entstehung der Welt

2.3.1   Die Antworten im Glaubensbekenntnis

Wie in Bd. I, Kap. 1, in gedrungener Form dargestellt, entstanden die ersten Mythen vom Anfang der Welt (kosmogonische Mythologie) und von der Geburt des Menschen (anthropologische Mythologie) bei den archaischen Völkern in deren noch engem Lebensraum, also bei den Jägern, Fischern, Bauern und Hirten. Für das jeweilige Volk ging von den Mythen eine starke bindende Wirkung aus. Mit der Vergrößerung des Lebensraumes durch Wanderbewegungen, durch Handel und der hiermit einhergehenden Mehrung des Wissens, verwoben sich die Mythen zu reiferen Deutungen und gefestigten Religionen mit Bet- und Opferriten polytheistischer Prägung. In ihnen tummeln sich Götter, Halbgötter, Fabelwesen und Halbwesen aller Art. Vielfach waren die Mythen die Grundlage erster epischer Werke, wie beim Atrahasis- und Gilgamesch-Epos im alten Orient. Das geschah in einer Zeit etwa achtzehn Jahrhunderte vor der Zeitenwende! Man denke auch an die Mythen im alten Ägypten, ebenso an die Epen im antiken Griechenland, ca. sechs hundert Jahre v. Chr. entstanden. Auch in den Mythen der Römer, Kelten, Germanen und Wikinger finden sich Deutungen über die Entstehung der Welt und das Werden des Menschen, sein Leben und Treiben. In der Literatur, in der Poesie, in den Künsten leben sie fort, die alten Mythen des Orients und Okzidents. Für eine Welterklärung im wissenschaftlichen Kontext haben sie keine Bedeutung mehr.

Für die Menschen im nahöstlichen und europäischen Raum und in jenen Regionen der Welt, die von hier aus besiedelt wurden, wie Nord- und Südamerika, Australien und Teile des pazifischen Raumes, also dort, wo die Menschen dem jüdischen, christlichen oder islamischen Glauben anhängen, ist die Schöpfungsgeschichte der altjüdischen Mythologie bzw. Religion im Kern nach wie vor Glaubensinhalt, sie ist am Anfang des Alten Testamentes, in der Genesis, ausgebreitet: Theologisch-historisch werden zwei Schöpfungsberichte unterschieden, ein sehr alter, der **Bericht des Jahwisten**, in der Zeit um 1000 v. Chr. verfasst, und ein jüngerer in der Zeit vor 600 v. Chr. entstanden. Dem letzteren, dem sogen. **Bericht der Priesterschaft**, ist die dichterische Kommentierung und Verklärung in Psalm 104 zuzuordnen. Aus der älteren Fassung seien folgende Passagen wieder gegeben [26]:

(7) Da bildete Jahwe den Menschen aus dem Staub der Ackererde und blies ihm den Lebensodem in die Nase; so wurde der Mensch zu einem lebenden Wesen. (8) Hierauf pflanzte Jahwe einen Garten in Eden nach Osten hin und versetzte dorthin den Menschen, den Er gebildet hatte. (9) Dann ließ Jahwe allerlei Bäume aus dem Erdboden hervorwachsen, die lieblich anzusehen waren und wohlschmeckende Früchte trugen, dann auch den Baum des Lebens mitten im Garten und den Baum der Erkenntnis des Guten und des Bösen. (15) Als nun Jahwe den Menschen genommen und in den Garten Eden versetzt hatte, damit er ihn bestelle und behüte, (16) gab Jahwe dem Menschen die Weisung: ‚Von allen Bäumen des Gartens darfst du nach Belieben essen; (17) aber vom Baum der Erkenntnis des Guten und des Bösen – von dem darfst du nicht essen; denn sobald du von diesem isst, muss du des Todes sterben‘. (21) Da ließ Jahwe einen tiefen Schlaf auf den Menschen fallen, so dass er einschlief; dann nahm er eine von seinen Rippen heraus und verschloss deren Stelle wieder mit Fleisch; (22) die Rippe aber, die Gott aus dem Menschen genommen hatte, gestaltete Jahwe zu einer Frau und führte diese dem Menschen zu. (23) Da rief der Mensch aus: ‚Diese endlich ist es; Gebein von meinem Gebein und Fleisch von meinem Fleisch! Diese soll ischscha (= Männin) heißen, weil diese vom isch (vom Manne) genommen ist‘.

(So blieb die Frau ‚Untertan des Mannes‘ bis zum heutigen Tage!)

Dem geschilderten Verlauf der Menschwerdung ging die Schaffung der Welt aus dem Chaos durch Gott unmittelbar voraus. Das bedeutet, die Schaffung der

Welt und die Schaffung alles Lebendigen und des Menschen fallen in der Genesis zeitlich zusammen.

In der jüdischen Religion, zumindest in der orthodoxen, wird an Jahwe als Schöpfer des Kosmos und des Menschen getreu dem Buchstaben geglaubt, so wie es das Buch Mose lehrt, auch an Gott als Lenker allen Geschehens. – Das gilt im Prinzip auch für den Islam, hier wird der Koran z. T. selbst als von Anfang an vorhanden geglaubt. – Im Christentum geben die Glaubensbekenntnisse Antwort, jenes Bekenntnis, das im Jahre 325 auf dem Konzil von Nicäa und jenes, das im Jahre 381 auf dem Konzil von Konstantinopel beschlossen wurde. In beiden heißt es am Anfang:

> Wir glauben an einen Gott, den allmächtigen Vater (der alles geschaffen hat), den Schöpfer alles Sichtbaren und Unsichtbaren

(der Inhalt in der Klammer findet sich nur im Konstantinopolitanum). In dem noch älteren, sogenannten Altrömischen Glaubensbekenntnis, um 130 n. Chr. entstanden, heißt es lediglich:

> Ich glaube an Gott, den Vater, den Allmächtigen.

Von einem Weltenschöpfer und -lenker ist nicht die Rede. – Sowohl im heute gültigen katholischen wie evangelischen Glaubensbekenntnis heißt es am Anfang:

> Ich glaube an Gott, den Vater, den Allmächtigen, den Schöpfer des Himmels und der Erde.

Für beide Konfessionen ist neben dem Neuen auch das Alte Testament Grundlage der Verkündigung. Das impliziert den Schöpfungsbericht.

2.3.2 Gottesbeweise, ein Irrweg?

Es war THOMAS v. AQUIN (1225–1272), der einen Gottesbeweis in seinem Werk ‚summa theologiae' vorschlug, ‚fünf Wege, das Dasein Gottes zu beweisen'. Er führte dabei die Postulate von ARISTOTELES (384–322 v. Chr.) weiter, vgl. Abschn. 1.2.2 in Bd. I:

> Ursache allen Seins ist das Göttliche, Gott, als unbewegter, einziger Erster Beweger. –

Viel später legitimierte das Erste Vatikanische Konzil im Jahre 1870 diesen Beweisweg als eine Möglichkeit der Gotteserkenntnis, unabhängig aller Offenbarung.

Das Bemühen, Gott aus dem von ihm faktisch Geschaffenen vernunftseitig zu beweisen, ist Gegenstand der ‚Natürlichen Theologie'. Bei diesem Beweis wird in neuerer Zeit von einer außerweltlichen Einzigkeit fehlender Anschaulichkeit ausgegangen sowie von der Gültigkeit der Logik. Aus dem gängigen kosmologischen Standardmodell wird auf die Existenz Gottes geschlossen, womit die Klammer zum Schöpfungsbericht gefunden ist.

Dieser Beweisführung ist kritisch entgegen zu halten, dass das Standardmodell der Kosmologie in beträchtlichen Dilemmata steckt (Abschn. 4.3.9 in Bd. III). Von daher ist es als Bezug für den Gottesbeweis eher ungeeignet. Vor allem dürfte die Forderung nach einem auf menschlicher Logik beruhenden Beweisschluss ein Fehlschluss sein und bei Grenzfragen dieser Art scheitern. So ist beispielsweise die duale Beschaffenheit des Lichts als Welle und Partikel absolut widersprüchlich, unbegreiflich und insofern unlogisch, insbesondere in dem Fakt, dass das Photon (als Partikel) eine Energie trägt, die proportional zur Frequenz der elektromagnetischen Welle ist: $E = h \cdot \nu$ (Abschn. 2.6.4 in Bd. III). Diese Dualität schließt sich eigentlich aus, ein Ding kann nach menschlicher Logik nicht gleichzeitig ein Zweiding sein. Das Beispiel steht stellvertretend für die der Quantenmechanik eigene duale Gleichzeitigkeit desselben Dings. Der Gottesbeweis wäre eher umgekehrt anzutreten: Die innerweltlich erfahrbare (für den Kundigen nur schwer erträgliche) Unlogik in der Quantenmechanik (Quantenfeldtheorie) hat ihre Ursache in einer höheren außerweltlichen Logik. Sie ist dem Menschen unbekannt und für ihn wohl nie erschließbar. Es gibt offensichtlich Dinge, die von einer ‚anderen Welt' sind.

Er stößt auf Dinge, die ihm unlogisch und paradox erscheinen. Vielleicht ist es so, dass er das von ihm Entdeckte gar nicht verstehen kann, weil der im Gehirn wegen seiner evolutionär auf den ‚täglichen Bedarf' angelegte Geist dazu denkerisch gar nicht in der Lage ist. – Basis der Religion ist das fromme Wunder, Basis der Naturwissenschaft ist der denkerische Beweis. Man sollte nicht zu beweisen versuchen, was nicht bewiesen werden braucht. Insofern ist jeder Gottesbeweis ein Trugschluss in sich.

2.3.3 Das Anthropische Prinzip

Nach dem Anthropischen Prinzip war und ist die Schöpfung, also die gesamte kosmische Entwicklung mit ihren Anfangs- und all' ihren Randbedingungen durchgängig so zielgerichtet angelegt (gewesen), dass sie auf den Menschen führen musste, auf den Menschen als Mittelpunkt der Welt. Das Prinzip wird u. a. mit der ‚Kosmologischen Feinabstimmung' begründet: Nur wenn eine Reihe von

Naturkonstanten (im weitesten Sinne) jene Größe aufweisen, die sie real besitzen, konnten sich Materie und Kosmos so ausformen, wie sie existieren, anderenfalls würde es sie gar nicht geben oder sie wären gänzlich anders [27]. Die von A. EIN-STEIN in seine Allgemeine Relativitätstheorie eingeführte Kosmologische Konstante gehört dazu. Nur mit ihrem Ansatz führt die Theorie auf ein expandierendes Universum, wie es beobachtet wird. – Das Prinzip betrifft auch die Ausformung des Lebens. Alle lebende Kreatur auf Erden (alle organische Substanz) basiert auf einem hohen Anteil an bindungsfreudigem Kohlenstoff. Dieser wird in Roten Riesen im sogen. Tripel-Alpha-Prozess erbrütet. Geringe Abweichungen im Prozessablauf hätten einen viel zu geringen C-Gehalt ergeben, um Leben entstehen zu lassen. Warum verlief der Prozess genau so ab, dass ausreichend Kohlenstoff entstand? – Will man eine außerweltliche Instanz für diese besondere Parameter-Abstimmung ausschließen, werden zwei Erklärungsversuche bemüht:

• Es fehlen schlichtweg noch jene letzten Erkenntnisse in der Physik, um alles erschöpfend deuten zu können, die sogen. ‚Theorie von Allem‘. Man denke an die Rätsel Gravitation, Dunkle Energie und Dunkle Materie. Das Bild vom Mikro- und Makrokosmos ist keinesfalls vollständig. Das naturwissenschaftliche Weltbild wird voraussichtlich in hundert Jahren viele Ergänzungen (und vielleicht grundlegende Änderungen) erfahren haben.
• Es existieren (unendlich viele) Universen (Multiversen) mit jeweils eigenen Naturgesetzen und -konstanten. Eines davon ist genau so konfiguriert (oder genau so konfiguriert worden), dass es dank dieser seiner Spezifika im Ergebnis auf die Ausbildung von Leben auf dem Planeten Erde und auf den Menschen führen musste. Die Erde und mit ihr der Mensch als Mittelpunkt aller Multiversen! – Bei aller Ernsthaftigkeit, mit welcher die Debatte geführt wird, handelt es sich bei dieser Überlegung doch wohl eher um nicht-wissenschaftliche Spekulation und einen voreiligen Schluss, denn Multiversen wird man nie beobachten können. Auf so etwas zu setzen, ist eher dem Glauben zuzuordnen.

Das Anthropische Prinzip ist extremer Anthropozentrismus. Aus naturwissenschaftlicher Sicht kann das Prinzip nicht überzeugen. Gleichwohl, Glaubens- und Denkverbote bedeuten Einschränkung der Freiheit des mündigen Menschen. Die Einschränkung lauteren Glaubens und Denkens ist in einem aufgeklärten Zeitalter im Geiste I. KANTs schlechterdings unzulässig. Das gilt immer, auch wenn Glauben und Denken in einem noch so engen Rahmen befangen sind. Gehen sie hingegen mit einem abgehobenen Anspruch auf alleinige Wahrheit und Rechtmäßigkeit einher, gar mit Pression, verdienen sie keinen Respekt, sondern sind abzulehnen.

2.3.4 Die Naturwissenschaft kann und will keine Antwort geben

In der wissenschaftlichen Kosmologie wird die Entstehung der Welt aus einem Urknall, einer singulären Energiequelle, heraus, mit anschließender Bildung der Materie innerhalb einer extrem kurzen Inflationsphase als Hypothese erklärt (Abschn. 4.3 in Bd. III). Von da ab ist der Kosmos als vierdimensionales Raum-Zeit-Kontinuum existent. Vorher war nichts. Die Fragen nach dem Anlass, nach dem Grund und nach dem Verursacher lassen sich naturwissenschaftlich nicht beantworten. Auch die Naturgesetze und Naturkonstanten lassen sich nicht hinterfragen, sie sind so wie sie sind. Die naturgesetzlichen Wirkungen werden inzwischen zwar auf vielen Ebenen gut verstanden, die ihnen zugrunde liegenden Ursachen und Absichten dagegen nicht. In wie weit die künftige Forschung tiefere Erkenntnisse wird befördern können, bleibt abzuwarten, wohl eher nicht: Die der Natur zugrundeliegende Wahrheit wird dem Naturforscher nach den von ihm anzulegenden Kriterien unbekannt bleiben, bleiben müssen. – Nimmt man den Schöpfungsbericht der monotheistischen Religionen wörtlich, korrespondiert er in gar keiner Weise mit dem vorstehend skizzierten kosmologischen Weltbild. In dieser Unvereinbarkeit fühlen sich viele Menschen bei ihrer Sinnsuche allein gelassen, auch von der Theologie mit ihrem abgehobenen Sprachkanon. Für viele ist er verdaulich wie ‚trocken Stroh‘. Dabei wird der einschlägig Kundige auf die vielen auch für ihn geheimnisvollen kosmologischen Fakten nur mit Demut und Gottgläubigkeit reagieren können, indessen nicht im Geiste der priesterlichen Predigten in den Synagogen, Kirchen und Moscheen. Zweifel sind in deren Verkündigungen eher nicht vorgesehen, sondern nur die einzig seligmachende Wahrheit als absolutes selbstgerechtes Diktum. Viele Gläubige in heutiger Zeit zweifeln, verzweifeln, wenden sich ab, sprechen vielleicht noch das Glaubensbekenntnis, weil sie damit groß geworden sind, glauben es aber nicht und leben einen, wie auch immer gearteten, (gläubigen) Atheismus, und das in menschlicher Verantwortung für sich und die anderen [28].

2.4 Die Frage nach der Entstehung des Lebens und des Menschen

2.4.1 Religionen sind geschlossene, Naturwissenschaften offene Systeme

Bei der Frage nach der Entstehung des Lebens verhält es sich ähnlich, wie zuvor erörtert: Wann und wie genau dem ersten organischen Molekül ‚Leben eingehaucht‘

Abb. 2.3

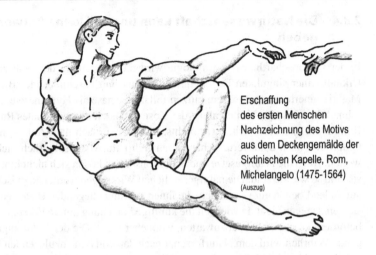

Erschaffung
des ersten Menschen
Nachzeichnung des Motivs
aus dem Deckengemälde der
Sixtinischen Kapelle, Rom,
Michelangelo (1475-1564)
(Auszug)

wurde, liegt im Dunkeln. Es hat lange gedauert, bis es nach der Bildung des Erd-körpers zu ersten Lebensformen kam. Die molekular-genetischen Lebensabläufe zu höheren Formen in den späteren Zeiten und Lebensräumen einschließlich der Bedeutung des Genetischen Code werden inzwischen weitgehend begriffen.

Die Entwicklung nach dem Darwin'schen Evolutionsprinzip gilt als gesichertes Wissen, es führte über die Tiere als letztem Schritt zum Menschen (Abschn. 1.7). Nach welchem anderen Prinzip hätte die Entwicklung verlaufen sollen?

Auch dieses Weltbild korrespondiert nicht mit den religiösen Bildern (Abb. 2.3). In den abrahamitischen Religionen orthodoxer Prägung wurde und wird der Schöpfungsbericht des Alten Testaments wörtlich und als einzig wahr geglaubt. Wo ‚Auslegungen in übertragenem Sinne‘ als Brückenschlag zur heutigen Wis-senswelt gesucht werden, verbleiben dennoch schwierige Glaubensinhalte. Alle Versuche, die biblischen Zeugnisse zwecks Vereinfachung und Veranschaulichung, etwa in Metaphern, zu relativieren, beinhalten die Gefahr der Verflachung und Ver-fälschung des Glaubenskerns. Andererseits ist es für viele Suchende heutzutage schwierig, an die zeitfernen biblischen Verkündigungen zu glauben, ist doch der moderne Mensch in seinem zivilisatorischen und technischen Umfeld gehalten, ra-tional zu denken. Wunder, und hierzu gehören auch die göttlichen Offenbarungen, sind nach seiner persönlichen Lebenserfahrung seinem Verstand nicht zugänglich. Und doch wird von ihm der Glaube an sie in allen abrahamitischen Religionen erwartet. Die Konsequenzen sind für viele analog den oben beschriebenen: Beten fällt ihnen schwer, sie wenden sich ab.

In einer Welt, in der die Naturwissenschaft unbezweifelbare Kenntnisse und Erkenntnisse, auch in vielen Grenzbereichen, hat erforschen können, von deren technischen und medizinischen Errungenschaften jeder Einzelne in seiner zivilisatorischen Existenz seinen Nutzen ziehen kann und zieht, wundert es schon, wie viele immer noch am Tradierten festhalten. Verständlich ist es allenfalls insofern, als für viele Mitmenschen die Fakten der modernen Wissenschaft fremdartig und unverständlich sind, wohl gar als gefährlich empfunden werden. Sie sind für sie nicht glaubwürdiger wie jene, die die Religionen verkünden. Hinzu kommt, dass die religiöse Verkündigung mit einem spirituellen Erlebnis einhergeht, mit Zeremonien und Litaneien, mit Musik und Gesang, mit Rauch und Kerzenlicht. Die Seele wird dadurch tiefer berührt, Erbauung und Trost werden stärker erlebt. Die auf dem Logos beruhenden Berichte können keine vergleichbare Wirkung erzielen, handelt es sich doch bei ihnen für viele um ‚diesseitiges Menschenwerk‘, bei den religiösen Berichten hingegen um ‚jenseitige Gottesbotschaften‘. Auch wenn die Wissenschaft noch so redlich und ernsthaft betrieben wird, verharren viele in ihrer Skepsis. Zudem: Die Religionen sind in sich geschlossene Systeme, es kommt inhaltlich nichts Neues hinzu. Sie bieten in ihrer Vertrautheit Geborgenheit und Sicherheit (*Ein feste Burg ist unser Gott*, M. LUTHER). Die Naturwissenschaften sind dagegen offene Systeme. Es kommt immer etwas Neues hinzu, was sofort wieder infrage gestellt wird, bzw. gestellt werden muss. Alles, was neu hinzu kommt, muss überprüft und beglaubigt werden, immerzu. Der im Tun in den Naturwissenschaften angelegte Zweifel kann daher keine vergleichbare Geborgenheit und Sicherheit wie der religiöse Glaube bieten, gefordert sind vielmehr ständiges Hinterfragen und intellektuelle Auseinandersetzung, das ist anstrengend und langwierig. Der Atheismus ist in seiner radikalen Form auch ein geschlossenes System, von Zweifeln frei existiert für den Atheisten keine göttliche Instanz irgendwelcher Art. In seiner radikalsten Ausrichtung ist der Atheismus Nihilismus ohne jede Bodenhaftung. – Viele leben ihren Atheismus in einer offenen frohgemuten Form, zwar gegen jeden religiösen Glauben skeptisch bis ablehnend eingestellt, dennoch wertgebunden und gesetzesfest, mitfühlend und fürsorglich, sogar vielfach gottgläubig, indessen nicht im Verein mit irgendeiner Religion.

2.4.2 Kreationismus – Intelligent Design

Vom **Kreationismus** wird die Evolutionstheorie strikt abgelehnt, zumindest die Entstehung bzw. allmähliche Entwicklung neuer Arten aus bereits Bestehendem heraus, bewirkt durch zufällige genetische Mutation in den Geschlechtszellen. Wie in Abschn. 1.7 dargestellt, wirkt sich die Mutation nur dann für das betroffene Indi-

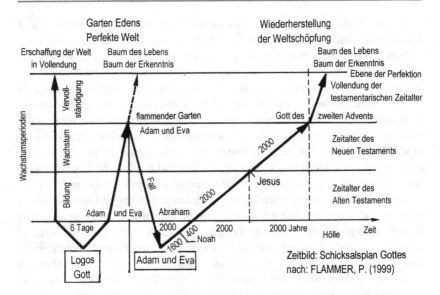

Abb. 2.4

viduum als Vorteil aus, wenn sich hierdurch in dem (sich fallweise verändernden) Lebensraum die Überlebensaussicht vermöge einer gesünderen und ‚intelligenteren' Kondition, verbessert. In Verbindung mit dieser natürlichen Selektion steigen die Chancen der Fortpflanzung und der Weitergabe des Vorteils. Von den Kreationisten wird dieser Ansatz als naturalistisch und gottlos verworfen. Nach ihnen existieren alle Arten von Anfang an. Die Natur mit all ihren Pflanzen und Tieren wurde vor ca. 6000 Jahren von Gott erschaffen, so wie sie heute ist, so auch der Mensch. Abb. 2.4 zeigt das Denkschema [29], des Weiteren wird die Thematik in [30–33] behandelt.

Die Entwicklung des Menschen aus dem Tierreich heraus sei abwegig, meinen sie, der Mensch stehe vielmehr in seiner Einmaligkeit in einer höheren transzendenten Beziehung zu Gott. In der fundamentalistischen christlichen Bevölkerung einiger Staaten des Mittleren Westens und Südens der USA führte dieses bibeltreue Verharren in der Vergangenheit zu Auseinandersetzungen über den Inhalt naturkundlicher Lehrpläne. Sie wurden sogar vor Gericht ausgetragen. Das ‚Creation Museum' in Kentucky bemüht sich mit großem Aufwand, die kreationistische Glaubensform in realistischen Exponaten zu veranschaulichen. – Dass es im Zuge der Entwicklung zum Menschen einen Zeitpunkt gegeben haben könnte, an dem sich eine spontane Transparenz zu Gott eingestellt hat (was auch schon theologisch angedacht worden ist), kann nur als Versuch gesehen werden, Gott als Lückenbüßer zu (miss-)brauchen, das ist kein irgendwie angemessener Gedanke.

Solche Sichtweisen sind nur schwer, eigentlich nicht, nachvollziehbar, eher die Position, die mit dem Begriff **Intelligent Design** umschrieben wird. In diesem Falle wird zwar eine evolutionäre Entwicklung in der Natur nicht völlig geleugnet, die Vielfalt und Komplexität sei aber nach der Darwin'schen Theorie allein nicht erklärbar, insbesondere nicht die ‚irredurable' Komplexität vieler biologischer Strukturen, etwa der Organe. Ihre evolutionäre Entwicklung, quasi ‚step by step', sei auszuschließen, sie sei nur durch fortwährenden göttlichen Eingriff in den natürlichen Ablauf der Entwicklung erklärbar und das in jedem Einzelfall.

Dass sich die große Anzahl der inneren und äußeren, molekular-genetisch festgelegten Eigenschaften und Verhaltensweisen allein aus dem evolutionären Selektionsprinzip heraus entwickelt haben soll, bereitet tatsächlich zunächst Schwierigkeiten. Das ist nachvollziehbar. Dennoch, die Evolution verlief in der freien Natur genau so, wie dargestellt. Man nehme das Auge: Es ist bei allen Wirbeltieren ähnlich aufgebaut und eigentlich auch nicht anders vorstellbar. Bei einem Falken, einem Affen, einem Maulwurf, einem Hai ist das Auge an die Umwelt angepasst, optimiert. Würde durch eine Mutation die Funktion des Auges verschlechtert, etwa die Abbildungsschärfe, hätte das Tier kaum eine Überlebenschance, es stirbt aus, spätestens seine Nachkommenschaft. Verändert sich die Funktion des Auges dagegen in der Weise (wenn auch noch so geringfügig), dass das Tier mehr Nahrung erkennen und gewinnen kann, etwa bei einem Falken, der mehr Mäuse greifen und dadurch seinen gesamten Nachwuchs im Nest kräftiger füttern kann, bedeutet das für das Tier und seine Nachkommen einen Vorteil. Das veränderte Merkmal wird sich nach den Regeln die Vererbung durchsetzen. Die Art lebt von dem Zeitpunkt ab mit dem veränderten spezifischen Merkmal, auch wenn das an der ‚neuen' Art nicht oder nur kaum äußerlich erkennbar ist. (Züchtung vollzieht sich nach dem gleichen Prinzip, ggfs. gentechnisch befördert.)

Allein der moderne Mensch vermag die Funktionsverschlechterung eines Organs mit Hilfe technischer und medizinischer Maßnahmen zu lindern, vielleicht zu beheben, ohne dass seine Art durch die Verschlechterung ausstirbt. Mit zunehmendem Alter ist das immer schwieriger möglich. – Dass auch beim heutigen Menschen regelmäßig und schleichend Merkmalsänderungen durch Mutationen ausgelöst werden, (man bedenke die vielen Umwelteinflüsse, auch toxische), wird man bei seiner inzwischen riesigen Population annehmen dürfen, das Prinzip der natürlichen Selektion dürfte indessen stark eingeschränkt, gleichwohl nicht ausgeschaltet, sein. Insofern dürfte sich der Mensch in 100 Jahren zu einem (etwas) anderen entwickelt haben, in welche Richtung auch immer; da mag man mutmaßen.

2.4.3 Leben auf fernen Erden?

Zur Frage, ob es weiteres Leben außerhalb der Erde gibt, lässt sich folgendes sagen: Leben in Form einfacher bis hin zu komplexen Organismen kann sich nur auf einem Planeten, ggf. auf einem Mond, entwickeln. Es müssen vergleichbare Bedingungen wie auf der Erde herrschen: Es muss flüssiges Wasser geben. Die Temperaturspanne muss jener auf Erden ähnlich sein. Für höhere Lebensformen sollte festes Land/Gestein und eine Atmosphäre vorhanden sein, letzteres als Schutz vor der energiereichen kosmischen Strahlung. Für die Ausprägung höheren Lebens müssten die passenden Bedingungen über einen langen Zeitraum herrschen bzw. geherrscht haben. Wären sie anders, würde die Entwicklung im Einzelnen anders verlaufen. Die sich dabei bildenden Formen würden von den irdischen verschieden sein. Leben wäre es gleichwohl! Man bedenke, auch auf Erden gibt es die unterschiedlichsten Lebewesen. Sie entwickelten sich so, wie es die lokalen Umstände zuließen bzw. erzwangen: Schwarze Molche in lichtlosen Grotten, farbenfrohe Kolibris in tropischen Wäldern, tief im Boden verzweigte Pilzgeflechte, blühendes Edelweiß in felsigen Spalten. All' das ist Leben, auch dann, wenn es in dieser oder ähnlicher Weise auf fernen Planeten oder Monden vorhanden wäre.

Wie im folgenden Abschnitt behandelt, gibt es im Universum tatsächlich Planeten, die erdähnliche Lebensbedingungen bieten. Das weiß man noch nicht so lange.

Im Sonnensystem kommt als Planet nur der Mars für die Ansiedlung von Leben infrage. Wasser hat es hier gegeben, im Boden ist es auch heute noch vorhanden. Auch hatte bzw. hat der Planet eine (dünne) Atmosphäre. Bei den bisherigen Erkundungen konnten keine Anzeichen von Leben gefunden werden, auch keine älteren Spuren (vgl. Abschn. 2.8.10.7 in Bd. II).

2.4.4 Extrasolare Planeten

Wie in Abschn. 1.2.9.2 ausgeführt, wurde vor 25 Jahren der erste **extrasolare Planet** um einen fernen Stern entdeckt. Die Anzahl der inzwischen aufgefundenen Exoplaneten liegt bei ca. 4000 (2015), davon sind 1900 offiziell anerkannt. Indem man die Anzahl der bisher entdeckten Exoplaneten auf den Bereich der Galaxis und auf den ganzen kosmischen Raum extrapoliert, lässt sich die insgesamt vorhandene Anzahl solcher Objekte, auch die Beschaffenheit ihrer Oberfläche hinsichtlich erdähnlicher physikalischer (Lebens-)Bedingungen, abschätzen. Man kommt auf sehr große Zahlen, vgl. den oben genannten Abschnitt in Kap. 1.

In der Zeit zwischen der kambrischen Revolution bis heute hat sich das Leben auf der Erde aus einfachsten Formen entwickelt (Abschn. 1.2.5). Das sind etwa 500 Millionen Jahre. Setzt man für die Entstehung der Gattung homo sapiens, also des Jetztmenschen, eine Dauer von hunderttausend Jahre an, ist dies im Vergleich zu den fünfhundertmillionen Jahren seit dem Kambrium eine vergleichsweise kurze Zeitspanne, es ist der

$$100.000/500.000.000 = 1 \cdot 10^5/5 \cdot 10^8 = 2,0 \cdot 10^{-4} = 0,0002\text{te Teil.}$$

Setzt man für die Ausprägung des modernen Menschen (homo sapiens sapiens) die letzten zehntausend Jahre an, wäre die relative Spanne nochmals um den Faktor 10 kürzer, es wäre der 0,00002te Teil, bezogen auf das Alter der Erde wäre es schließlich der 0,000002te Teil; das bedeutet, innerhalb des bisherigen kosmischen Geschehens existiert der Mensch erst seit einer Zeitspanne nahe Null!
Die vorstehenden Zahlen lassen folgende Schlüsse zu:

1. Dass es extrasolare Planeten gibt, auf denen sich organische Lebensformen gebildet haben, ist höchstwahrscheinlich, eigentlich sicher (≈ 1), ist doch die Materie im gesamten Kosmos von einheitlicher Beschaffenheit, das gilt auch für die Strahlung. Im gesamten Raum gelten dieselben Naturgesetze, es gilt überall dieselbe Physik und dieselbe Chemie. Alle Sterne entstehen mit ihren Planeten nach dem gleichen Muster, so wie die Sonne mit ihren Begleitern entstanden ist.
2. Dass es in solchen Fällen Lebensformen gab oder gibt, die mit jenen auf Erden (gleich welcher Entwicklungsstufe) **identisch** waren oder sind, ist höchst unwahrscheinlich (≈ 0), eigentlich auszuschließen, hat sich das Leben auf dem Erdplaneten doch unter ganz spezifischen und sich fortlaufend wandelnden Bedingungen entwickelt und das bezüglich Zusammensetzung und Dichte der Atmosphäre, Zustand und Wandel des Klimas in Verbindung mit der jeweiligen Lage der Rotationsachse, Abstand zum Mond, Tages- und Jahresdauer, geologischer Aufbau, Erdschollendrift, Erdmagnetfeld, wiederholte Asteroiden-Einschläge mit einhergehendem Massenaussterben usf. Selbst bei Würdigung dieser vielen Spezifika ist nicht auszuschließen, dass sich irgendwo im All auf einem Schwesterplaneten eine Natur entwickelt hat, die jener auf Erden **ähnlich** ist.

Abb. 2.5 zeigt Elysia chlorotica, ein in küstennahem Meer lebendes Wesen. Es zählt zu den Schlundsackschnecken. Es ernährt sich einerseits von Algen und bezieht andererseits seine Energie über ein geädertes chlorophyll-grünes blattähnliches Gewebe vermittelst Photosynthese aus der Sonnenstrahlung, wie es von

Abb. 2.5

Schlucksackschnecke
Quelle: wikipedia

vielen Bakterien und den Pflanzen bekannt ist. Es gibt immer wieder lange Zeiten, in denen das Tier keine feste Nahrung aufnimmt, quasi wie eine Pflanze lebt. Diese Lebensform ist ein schönes Beispiel dafür, wie sich auf ‚fernen Erden' Lebensformen mit einem gänzlich anderen Stoffwechsel entwickelt haben könnten. Weitere Beispiele sind hier auf Erden die aeroben und anaeroben Lebensformen und die vielen unterschiedlichen Arten der Befruchtung und Vermehrung, geschlechtliche und ungeschlechtliche, Teilung und Knospung usf. – Es ist davon auszugehen, dass die Moleküle des Lebens auf den fernen Planeten (und Monden) einen anderen Aufbau haben. Kohlenstoff und Wasserstoff werden vermutlich immer beteiligt sein, anstelle Sauerstoff haben vielleicht Stickstoff, Phosphor und/oder Schwefel eine größere Bedeutung. Die Astrobiologie versucht die Fragen wissenschaftlich zu ergründen [34, 35].

Zusammenfassung: Es ist höchstwahrscheinlich, eigentlich sicher ($\approx$ 1), dass es auf den vielen vielen fernen Planeten Leben gibt, nicht in den Formen wie hier auf der Erde, gleichwohl ähnliche, vielleicht in verwandten Ausprägungen. Dass dabei ein vergleichbares Wesen, wie der Mensch, entstanden ist oder gar derartiges sich zeitgleich in diesem Moment vollzieht, ist auszuschließen. Insofern dürfte der Mensch, so wie er hier und heute lebt und seit 10.000 Jahren die Erde in Besitz genommen und dabei eine hohe kulturelle Stufe erklommen hat, **in diesem Augenblick im gesamten Kosmos einmalig sein**. Gleichwohl, wenn es ein dem Erdenmenschen ähnliches Wesen jemals gab, gibt oder nochmals geben sollte, müssten ihm vergleichbare Attribute eigen sein, denn auch ein solches Wesen müsste sich auf der fremden Erde fortbewegen und orientieren können. Interessanter und entscheidender ist die Frage, ob dieses Wesen ein vergleichbares geistiges Denkvermögen und ein vergleichbares Bewusstsein seiner Selbst und seiner Begrenztheit und dabei eine vergleichbare autonome intelligente Gestaltungsfähigkeit seiner Lebenswelt entwickeln konnte, entwickelt hat oder wird entwickeln können. Eine Antwort hierauf kann es wegen der riesigen Abstände zu den möglichen fernen Schwesterplaneten nicht geben, **man wird die Wahrheit nie erfahren**, spekulieren ist erlaubt.

Eine von F. DRAKE (*1930) entwickelte Formel (Drake-Gleichung), die auf ‚wohlbegründeter Spekulation' beruht, versucht die mögliche Anzahl kommunikationsfähiger, technisch-intelligenter Zivilisationen in unserer Milchstraße abzuschätzen. Anhand der Daten des Kepler-Satelliten (Abschn. 1.2.9.2) kommt man für die Galaxis auf 951 und für das ganze Universum auf

$$1,9 \cdot 10^{14} = 190.000.000.000.000 \text{ Planeten.}$$

Aus vielerlei Gründen liegen die Zahlen zu hoch, wohl viel zu hoch. Gleichwohl, der Kosmos ist riesig. Sofern die Erörterungen keine Spekulation sind (und dafür spricht vieles), **zählen alle diese vielen belebten Planeten auch zur Schöpfung. Für einen Gläubigen wären sie ebenfalls das Werk eines allmächtigen Gottes.** Der Erdenmensch wäre dann nicht einzig, er wäre einer von vielen. Seine Stellung und Bedeutung im gesamtheitlichen Kosmos bedürfte einer neuen philosophischen und theologischen Einordnung. – Der Philosoph kann es wagen, über solche Fragen und Konsequenzen, die die moderne Naturwissenschaft aufwirft, nachzudenken, der Theologe wohl eher nicht. So wie er einst, versperrt durch das Glaubensdogma, die kopernikanische Wende und auch die darwinistische zunächst verdrängen musste, verdrängt und negiert er heute das neuere Wissen der Astronomen und Biologen, anderenfalls läuft er Gefahr, die Legitimation der Heiligen Schrift als alleinige Wahrheit auf das Heil in Gott in Frage zu stellen.

2.4.5 Die Erde ohne den Menschen

Ein weiterer Aspekt sei hier erwähnt: Wie in Abschn. 1.2.6.1 dargestellt, ging der heutige Mensch, Homo sapiens, neben dem Neandertaler und dem Denisova-Menschen, über den Homo heidelbergensis aus dem Homo erectus hervor. Letzterer hatte schon zuvor für ca. 2 Millionen Jahre Afrika und große Teile Asiens und Europas besiedelt. Von allen genannten Homininen überlebte der Homo sapiens als einziger. Wie aus Genbefunden geschlossen werden kann, war er, kaum erschaffen, vermutlich aus klimatischen Gründen zeitweise so ausgedünnt, dass er vom Aussterben bedroht war. Dann hätte es aus der Gattung homo keinen mehr gegeben. Der heutige Mensch würde nicht existieren. Aus den Parallelpopulationen der

Schimpansen, Gorillas und Orang-Utans, es sind gänzlich andere Entwicklungslinien, hätte er sich nicht entwickeln können, auch nicht nach längerer Zeit, also
in ferner Zukunft. – Nahezu 97 % der einstmaligen Tierwelt ist wieder ausgestorben, die heute vorhandene ist nachgewachsen. Die Erde ohne den Menschen! Was
für eine grandiose Schöpfung wäre die Natur auf Erden auch ohne die Spezies
Mensch gewesen! Gleichwohl, ein verstörender Gedanke, Laokoon im Kampf mit
der Schlange wäre nie in Stein gemeißelt worden, Bach-Trompeten hätten nie in
hohen Tönen himmelwärts gejubelt. Andererseits hätte es die sechs Kreuzzüge der
Christen gegen die ‚Ungläubigen' nicht gegeben, auch nicht die Missionierung der
indigenen Völker Mittel- und Südamerikas mit deren weitgehender Ausrottung, indessen auch keine Klöster und Hospitäler mit ihrem caritativen und aufopfernden
Bemühen. Genau besehen hätte die Natur auf Erden auf den Menschen verzichten
können, auf das Gute wie auf das Böse, das er über sie brachte. Ohne menschliche
Eingriffe hätte sich die Natur ‚unbeschwert' auf das Prächtigste weiter entwickelt,
wie in den langen Zeiten zuvor.

2.5   Die Frage nach dem Ende der Welt

2.5.1   Die Antwort der Astrophysik

Seit etwa zehntausend Jahren erlebt die Erde eine relativ konstante Warmzeit.
Dieser Umstand war sicher mit verantwortlich, dass der Mensch in dieser relativ kurzer Zeit eine so hohe Kulturstufe, in der er heute lebt, erreichen konnte.
Irgendwann wird diese Zeit in eine neue Kaltzeit (Eiszeit) übergehen. Das beruht auf den sich zyklisch einstellenden Änderungen der Erdbahnparameter (Abschn. 1.3.7). Sie sind naturgegeben und lassen sich nicht beeinflussen, gar verhindern. Die hiermit verbundenen Lebensbedingungen werden im Vergleich zu heute
extrem schwierig und wohl nicht mehr beherrschbar sein. Das Klima wird sich
nicht sprunghaft wandeln, sondern schleichend. Die angedeutete Zeit liegt noch
in weiter Ferne. Die Aussicht hierauf braucht uns Heutige nicht zu beunruhigen.
Ob, wenn es denn so kommt, die menschliche Zivilisation wird weiter existieren
können, voraussichtlich auf einem deutlich eingeschränkten Lebensraum, bleibt
abzuwarten. Die übrige Natur wird sich an eine neue Eiszeit einfacher anpassen
können, sie hat schon unzählige ‚überlebt'.

Bevor der Erdkörper mit der auf ihm existierenden Natur in fernster Zukunft
sein endgültiges Ende erreicht, wird er noch viele Wandlungen durchlaufen, alles
von heute wird am Ende in große Tiefen verfrachtet sein. Von der Existenz eines
Homo sapiens und von all' seinen Mühen wird keine Krume ein Zeugnis ablegen.

Nochmals viel später wird die Fusion auf der Sonne zu versiegen beginnen, sie wird sich zu einem Roten Riesen aufblähen. Der gasförmige Koloss wird bis zur Erdbahn reichen. Als Folge des Temperaturanstiegs wird das Wasser aller Meere verdunsten. Das ist dann wohl auch das Ende aller weiteren Lebensformen. Schließlich wird die Erde verglühen, wie Merkur und Venus zuvor. Zum Schluss wird der Rote Riese kollabieren und zu einem kalten Zwergstern schrumpfen. Dasselbe Schicksal werden alle anderen Sterne und mit ihnen alle Galaxien erfahren, das gesamte All wird in einen Zustand des Wärmegleichgewichts nahe dem absoluten Nullpunkt übergehen: Ewige Ruhe in einem nahezu unendlichen Raum nach einer nahezu unendlichen Zeit des Werdens und Vergehens. Ewiger Friede.

Drängender ist die Frage, wie es mit dem Homo sapiens in der vor ihm liegenden geschichtlich überschaubaren Zeit weiter gehen wird, etwa in den nächsten hundert oder tausend Jahren. Die Möglichkeit einer Kollision der Erde mit einem massereichen Asteroiden soll dabei außer Betracht bleiben. In einem solchen Falle würde sich die Erde über Jahre staubverhüllt verdunkeln, die Temperatur würde weit unter den Nullpunkt sinken, alles würde zu Eis erstarren. Es gibt gute Gründe, sich über ein derartiges Ende in geschichtlicher Zeit keine übermäßigen Sorgen zu machen (Abschn. 1.2.8). – Ein gigantischer Vulkanausbruch könnte sich ähnlich verheerend auswirken, (wenn auch in globalem Rahmen nicht vergleichbar katastrophal). Ein solches Ereignis ist eher wahrscheinlich. Auf der Erde sind ca. 1500 Vulkane aktiv, nur ca. 10 % stehen unter regelmäßiger Beobachtung. Bei einem riesenhaften Ausbruch werden große Mengen Schwefeldioxid frei, die sich in hohen Schichten der Atmosphäre ansammeln, hier lange verbleiben und den Himmel verdunkeln. Als im Jahre 1815 der Tombora in Indonesien ausbrach, starben bzw. verhungerten wohl 80.000 Menschen. Im Folgejahr 1816 war der Himmel staubig-düster, es war sonnenarm und kalt, auch in Amerika und Europa, verbunden mit ausgedehnten Missernten, Hungersnöten und Erkrankungen. Zweihundert Jahre später, also in heutiger Zeit, beispielsweise morgen, würde sich ein vergleichbares Ereignis (etwa das Aufbrechen des Yellowstone-Vulkans) wegen der deutlich gestiegenen Weltbevölkerung und ihrer Ballung in Städten ungleich gravierender auswirken, ist doch ihre Verletzlichkeit insgesamt viel höher geworden, einschließlich ihrer Versorgungsinfrastruktur. Schon relativ kleine Ausbrüche können den Flugverkehr wochenlang beeinflussen, wie die Erfahrung zeigt.

Schwere Erdbeben und Tsunamis sind lokale Ereignisse. Sie werden sich wie bisher auch künftig regelmäßig einstellen und immer wieder mit großen Schäden und Verlusten an Menschenleben einher gehen. In Grenzen sind bauliche Schutzmaßnahmen möglich. – Und dann sind da noch die vielen anderen Naturkatastrophen, Starkwinde, Überschwemmungen, Brände usf. Sie werden durch die sich abzeichnende und wohl unvermeidbare Klimaänderung häufiger und verstärkter auftreten. Ihre Folgen sind für die davon betroffenen Regionen schlimm genug, mit technischen Schutzmaßnahmen lassen sie sich abfedern. Ja, der Mensch ist in der ihn umgebenden Natur ein gefährdetes Wesen (leider auch durch seinesgleichen).

2.5.2 Gilt die Entropie auch für die menschliche Gesellschaft?

Das gesamte kosmische Geschehen wandelt sich ununterbrochen, manches in geringem anderes in hohem Tempo. Alle materielle Entwicklung ist der Entropie unterworfen, dem Übergang vom Geordneteren zum Ungeordneteren. Die Entropie bestimmt den Zeitpfeil (Abschn. 3.4.5/6 in Bd. II). – Jede Veränderung ist unumkehrbar: Wenn die in einem Flöz in Form geschichteter schwarzer Kohle konzentrierte Energie abgebaut und anschließend verbrannt wird, verflüchtigt sie sich als Wärme(-energie) unwiederbringlich ‚im Nichts', einschließlich Staub und CO_2. ‚Sie ist weg, absolut, und das für alle Zeit'.

Betrachtet man die menschliche Gesellschaft naturalistisch, quasi als materielles Gemenge (was sich verbietet, wo blieben Moralität und Ethik), könnte man meinen, sie unterliege auch dem Entropiesatz: Denn es ist nicht vorstellbar, dass sich die zu beobachtenden Zerfallserscheinungen in weiten Teilen der menschlichen Gesellschaft und Staaten, vorrangig durch die Überbevölkerung und die hiermit einhergehenden sozialen Spannungen und Verwerfungen ausgelöst, je wieder in jene geordneten und tauglichen Zustände rückentwickeln, in denen sie sich einstmals befunden haben, so unsozial und ungerecht sie auch seinerzeit waren. Trotz aller nationalen und internationalen politischen Bemühungen scheint sich die menschliche Gemeinschaft unaufhaltsam in ungeordnetere Verhältnisse aufzulösen und dabei beharrlich zu zerbröseln.

2.5.3 Die Apokalypse – Die Antwort der Religion

Die Frage nach einem möglichen Weltuntergang spielte in den Religionen von Anfang an eine gewisse Rolle. – Den Verheißungen der fernöstlichen Religionen liegt der Gedanke an das letztzeitliche Ende ohnehin zugrunde: Gelassenheit und endgültige Erlösung vom Leben und Leiden auf Erden am Ende aller Tage. – In den abrahamitischen Religionen wurde und wird das zu erwartende Ende ebenfalls als göttliche Absicht prophezeit, ähnlich wie die erklärte Absicht zunächst eine Welt mit einem Menschen nach Gottes Ebenbild zu erschaffen, wie geschehen.

In der Offenbarung (Apokalypse), dem letzten Buch des Neuen Testamentes, verfasst wohl um 95 n. Chr. (evtl. erst später, um 120 bis 150 n. Chr.), stellt der Seher JOHANNES auf PATMOS das Endgericht Gottes mit dem

Sieg über den großen Drachen, die alte Schlange, die der Teufel heißt und Satan, der die ganze Welt verführt,

also das Ausmerzen alles Bösen und damit die Naherwartung des Paradieses als messianische Hoffnung in Aussicht. Doch vorher ist

über die Verderber der Erde Verderben zu bringen,

über jene,

die die Götzenbilder anbeten aus Gold und Silber, ... die sich nicht bekehrten von ihren Mordtaten noch von ihren Zaubereien noch von ihrer Unzucht noch von ihren Diebereien ... Geht hin und gießt die sieben Schalen des Zorns Gottes auf die Erde. Und es ging der erste (Engel) weg und goss seine Schale auf das Land aus: da entstand ein böses und schmerzhaftes Geschwür an den Menschen, die das Malzeichen des Tieres hatten und sein Bild anbeteten. Und der zweite goss seine Schale auf das Meer aus, da wurde es zu Blut wie von einem Toten, und alle Lebewesen im Meer starben. Und der dritte goss seine Schale aus über die Flüsse und die Wasserquellen, da wurde Blut daraus ...

usw. usf. Im Zorn wird Gott, der Allherrscher, im furchterregenden Endgeschehen und in seinem Urteil kein Erbarmen kennen. Solche Abläufe, solches Verhalten, lassen sich mit den Geboten der Vergebung, der Versöhnung und Menschenliebe, ja Feindesliebe, welche im Christentum im Kern gelehrt werden, nur schwerlich in Einklang bringen. Der erkennbare Wille auf Vergeltung ist allenfalls insofern erklärbar, als sich das Sendschreiben des Johannes an die von Rom verfolgten ersten Christen richtete. Nur so ist eigentlich verständlich, dass die Schrift in den Kanon der christlichen Bücher aufgenommen worden ist. – Mit dem Endgericht und der Königsherrschaft Gottes auf dem höchsten Throne und Jesu dem Gesalbten zu Füßen folgt für jeden Einzelnen je nach Urteil ewiger Friede oder ewige Verdammnis (beides bekannte Motive in den Künsten, Abb. 2.6). Mit ihrem göttlichen Heilsversprechen wird die Johannesapokalypse von den Theologen als Trostbuch der Frommen für die herrschenden Ungerechtigkeiten auf Erden gelesen [36, 37]. – Auch im Alten Testament gibt es Apokalypsen, so jene des Propheten Daniel. Sie haben für die jüdische Religion Bedeutung. – Im Islam ist das sich in Gott

Abb. 2.6

Nachzeichnung aus
'Die Verdammten' von
L.SIGNORELLI (1453-1523),
hier geflügelter Teufel

erfüllende Weltenende in diversen Suren des Korans Teil der Verkündigung. – Fundamentalistische Sekten prophezeien ihren Mitgliedern anhand textgenauer Zitate aus der Apokalypse furchtmachende Untergangsszenarien und das periodisch wiederholend, absurd, offenbar in der Absicht, ängstliche Seelen zu verunsichern, um sie auf den ‚rechten Weg zu führen' [29, 38, 39].

2.5.4   Der Anspruch und das Erlaubte

Ein nahender Weltuntergang wird in heutiger Zeit, zweitausend Jahre nach Christus, in zwei Gefahren gesehen,

- in der Gefahr, die mit dem Einsatz atomarer Waffen im Falle eines weiteren Weltkrieges einherginge, und
- in der Gefahr, dass mit der weiteren Zunahme der Weltbevölkerung und dem allmählichen Ende aller Ressourcen, insbesondere der energetischen, ein wirtschaftlicher Kollaps und ein Zusammenbruch aller zivilisatorischen Gesellschaften und staatlichen Ordnungen verbunden sein könnte, mit der Folge einer weltweiten Anarchie.

Beide Gefahren sind real. Es handelt sich nicht um fiktive Gespenster. In der geschichtlichen Abfolge könnte die zweitgenannte Gefahr eher Wirklichkeit werden, Ihr könnte die erstgenannte Gefahr in Verbindung mit den sich schon heute abzeichnenden Verteilungskämpfen als Resultat und Realität folgen – und das wäre dann tatsächlich das Ende, der Exitus.

Dank seines Verstandes und der hierauf beruhenden händischen Fähigkeiten vermag der Mensch Werkzeuge, Behausungen, Brücken, Städte, Maschinen, Fabriken, Fahrzeuge, Schiffe, Fluggeräte und Waffen aller Art, vom Pfeil bis zur Drohne, zu fertigen und dabei den Ressourcenschatz des Planeten zu nutzen. Von Anfang an fühlte er sich gegenüber aller anderen Natur überlegen. Das Urbuch des abrahamitischen Religionskreises bestärkte ihn in seiner Haltung, bis heute:

> Da schuf Gott den Menschen nach seinem Bild, nach dem Bild Gottes schuf er ihn, männlich und weiblich schuf er sie. Dann segnete Gott sie und sprach zu ihnen: Seid fruchtbar und mehret euch, füllt die Erde und nehmt sie in Besitz. Herrscht über die Fische im Meer, die Vögel im Himmel und alles Lebendige, das auf der Erde herumwimmelt. –

Mit dieser Verkündigung fühlte sich der Mensch in der Folgezeit zu unbeschränkter Herrschaft über alle Natur legitimiert, insbesondere auch über die Tiere, über alles Wild und Vieh, wie Rind und Schaf, nicht nur zu seinem Nutzen und Verzehr, auch als Opfergabe auf dem Feueraltar. – Als Folge des von Gott Erlaubten ist jenes Selbstverständnis des Menschen erwachsen, das ihm vermeintlich unbeschränktes Tun ermöglicht, Fortschrittsglaube ohne Ende, alles ist recht getan. So sehr das Gebot aus der Zeit seiner Verkündigung verständlich ist, so katastrophal wirkt es sich inzwischen aus. Die unbeschränkte Verfügbarkeit hat inzwischen zum Verschwinden ungezählter Tierarten geführt und zur Züchtung neuer ‚nach seinem Bilde'. Das Oben und Unten des Planeten wurde und wird geplündert. Das Schlimme: Es wird so weiter gehen müssen, es gibt erkennbar keine Alternative. Wie anders soll die Menschheit existieren können? Wie anders lässt sich der Anspruch eines jeden auf eine auskömmliche Arbeit erfüllen, um seine Ernährung und die seiner Kinder und Alten, in ausreichendem Umfang sicherzustellen und das in Würde als gleichberechtigtes Mitglied der menschlichen Gemeinschaft?

Eine Sackgasse des totalen Dilemmas tut sich auf.

In Deutschland sind zurzeit (2016) 56 Mill. Fahrzeuge mit Benzin- und Dieselantrieb zugelassen. Einschließlich der Fahrzeuge aus dem Ausland (LKW!) kommt der Verkehr inzwischen in Teilen zum Erliegen, insbesondere in den größeren Städten und deren Vororten. Weltweit verkehren ca. 1200 Mill. Fahrzeuge! Die Tourismusbranche boomt ungebrochen. Allein die europäischen Werften haben den Auftrag, 45 neue Kreuzfahrtschiffe mit 180.000

Betten zu bauen. Die Flugzeugbauer Airbus und Boeing sind mit jeweils 10.000 neuen Jetbestellungen versorgt. Taumel von Rekord zu Rekord allüberall, bei gleichzeitiger Verelendung in vielen Teilen der Erde.

2.5.5 Individuelles Glück – Einschränkung als Selbstverpflichtung

Seit alters her wird als eines der Grundanliegen der Philosophie das ‚Konzept des gelungenen Lebens' gelehrt: Der Einzelne soll sein Tun so einrichten (dürfen), dass er den Zustand des höchstmöglichen individuellen Glücks erreicht. Im Weg zu diesem Ziel unterscheiden sich die Denker, nicht im Ziel als solchem. Das persönliche Glück steht jedem Menschen auf Erden zu, so lehren es alle. – Abgesehen von EPIKUROS (341–270 v. Chr.), der den ‚Weg des kleinen Glücks' durch Beschränkung auf das Notwendige und die Erdenfreuden (nicht Völlerei und Wollust) empfahl, lehrten die anderen antiken Denker höhere Ziele für irdisches Glückempfinden. PLATON (428–348 v. Chr.), Schüler von SOKRATES, sah das Glück und das Gute als erreichbar, wenn Vernunft, Wille und Begehren im Einklang stehen. ARISTOTELES (384–322 v. Chr.) sah es ähnlich, vorausgesetzt das Empfinden beruhe auf tugendhafter Vernunfttätigkeit für die menschliche Gesellschaft und es gehe mit persönlichem Erfolg und Wohlstand einher. Nach der Lehre der Stoa ist persönliches Glück ebenfalls nur erreichbar, wenn dem Tun und Handeln das Tugendprinzip als Motiv zugrund liegt. – Im Denken des Mittelalters ist glückliche Erfüllung nur in der wechselseitigen Liebe zu Gott möglich [40–42]. –

I. KANT (1724–1804), noch im Glauben fundiert, zeigte einen anderen Weg. Seine Ethik kulminierte im ‚Kategorischen Imperativ', jenem Wollen und Handeln, das dem Prinzip nach gut und demgemäß im Einzelnen und Allgemeinen geboten, weil notwendig, ist: Das Glück liegt im Pflichtgemäßen. – Anders sah es J.S. MILL (1806–1873): Ethisch geboten im Wollen und Handeln sei das, was nützlich ist, um im Leben des Einzelnen ein Höchstmaß des Glücks im Guten zu erreichen, so seien die Dinge einzurichten. – Alle genannten Denker konnten während ihrer Lebenszeit von der naheliegenden Annahme ausgehen, dass die Menschheit unbegrenzt existieren würde und ihr Lebensraum auf Erden grenzenlos sei. In T.R. MALTHUS (1766–1842) gab es zwar einen frühen und gewichtigen Mahner. Von seinen prognostizierten Szenarien sah man indessen rundum nichts. Schwarzmaler werden gerne als lästige Pessimisten abgetan, für Optimisten schlug immer schon die Stunde. – Die einstigen Denker konnten von der Dynamik der Moderne und ihrem Raubbau durch eine schier unbegrenzt anwachsende Bevölkerung und das innerhalb eines begrenzten irdischen Territoriums unmöglich etwas ahnen

oder gar wissen. Das gilt noch mehr für jene frühen Propheten, auf welche die religiösen Offenbarungen zurückgehen. Für sie alle stand der Mensch als Spitze der
Schöpfung im Zentrum ihrer Verkündigung und ihres Denkens. Nach ihnen würde die Geschichte des Menschengeschlechts ewig dauern. Diese eingeengte Sicht
ist aus heutiger Warte fraglich geworden, fraglich, weil zwar Freiheit und Würde
des Menschen unabhängig von Herkunft, Rasse, Geschlecht und Religion sakro-
sankt sind, seine überhöhte Stellung gegenüber der Natur und dem übrigen Sein
im Kosmos und sein hieraus gefolgertes Anspruchsdenken sind im Hinblick auf
die sich abzeichnenden und jetzt schon erkennbaren Grenzen nur mehr bedingt
vertretbar, sie sind eigentlich nicht mehr zeitgemäß. Es bedarf einer neuen Norm
der Verantwortung des Einzelnen für das globale Geschick. Eine solche Forderung
ist riskant. Eine aus der gesamtgesellschaftlichen Notlage der Menschheit geborene Norm würde womöglich eine Einschränkung persönlicher Freiheiten erfordern,
eine überstaatliche Regulierung und zudem eine durchgreifende Infragestellung
wirtschaftlichen Fortschritts. Von Bevormundung, von Verboten, von Einschrän-
kungen will niemand etwas wissen. Daher sind Überlegungen in der angedeuteten
Richtung schon im Ansatz unmöglich. Sie liefen dem Streben nach hoher persönlicher Zufriedenheit, nach individuellem Wohlstand, schlicht, nach Glückhaftigkeit
in allen Lebensstadien, zuwider. Glück auf Erden anzustreben, zu erreichen und
auszuleben, wurden schließlich theologisch und philosophisch beflügelt. Taten-
drang ist der dem Menschen innewohnende Antrieb nach Wohlstand, begleitet
von Besitzstandsdenken, immer in der Gefahr, in ungebremste Eigensucht um-
zuschlagen. Auf diese fatale Entwicklung und die sich inzwischen abzeichnende
Bedrohung müsste jeder Einzelne mit einem **völlig neuen Bewusstsein und einem
entsprechenden Handeln** reagieren. Das müsste kollektiv/global geschehen, insbesondere seitens der Eliten. Leider zeigt die Erfahrung, dass sich der Mensch in
der Durchsetzung seiner Ansprüche immer im Recht sah und sieht, daran wird sich
wohl nichts ändern. Diese Haltung beruht vielleicht auch auf dem in der Natur des
Menschen angelegten Antrieb auf Arterhalt, sie ist quasi genetisch verankert. Wenn
er dieser Haltung wegen fehlender Einsicht weiter uneinsichtig folgt und eine Umkehr gegen alle Vernunft versäumt, wird es letztlich auf sein unausweichliches
Ende hinauslaufen. Die ‚überlebende‘ Natur wird nach dem Untergang des Menschen ‚aufatmen‘, sie wird sich von dem kurzzeitigen Eingriff bald erholen. Auf
dem geschundenen Planeten wird alles neu und schöner erblühen. – Die aufgezeig-
te Perspektive ist in hohem Maße pessimistisch. Auf einer solchen Grundlage kann
kein Vertrauen gedeihen, sich keine Zukunft entwickeln. Vielleicht und hoffentlich
kommt es ja auch ganz anders: Dank einer globalen friedlichen Verständigung und
Selbstverpflichtung (und ihrer Umsetzung) gelingt eine mittelfristig behutsame Re-
duzierung der Erdbevölkerung, etwa auf ein Niveau wie vor ein- oder zweihundert

Jahren, zudem gelingt eine durchgreifende Renaturierung der Erde. Es gäbe viel zu tun, alle wären in Arbeit. Dank ausreichender Kohle (einschließlich Verflüssigung) ließe sich das Energieproblem auf Jahrhunderte lösen; infolge des verringerten Verbrauchs würde sich das Klimaproblem entspannen. Sonne und Wind könnten wegen des absolut gesehen deutlich geringeren Energiebedarfs einen relativ hohen Anteil zur Energiegewinnung beitragen, vielleicht könnten sie den Bedarf später einmal ganz decken. –

Eine törichte Illusion ist es, auf Lösungen von außerhalb des terrestrischen Horizonts zu hoffen, etwa Auswanderung auf ferne Gestirne oder Rohstoffgewinn auf diesen. Solche Überlegungen sind purer Unsinn und gefährlich zugleich, weil derart naives Denken nur die Hoffnung und Erwartung vermittelt, ‚es wird schon irgendwie klappen und weitergehen‘.

2.6 Der abrahamitische Gott

2.6.1 Von Anfang an der schuldbeladene Mensch

Wo findet der Mensch Halt; wo Heil? Sind Halt und Heil von jenem Gott zu erwarten, der in den Synagogen, den Kirchen, den Moscheen verehrt wird? Kann man ihm vertrauen, kann man sich ihm anvertrauen? Viele zweifeln, viele verzweifeln. Wie lässt sich das von jeher erkennbar Böse, Ungerechte, Leidvolle mit einem liebenden, befreienden Gott vereinbaren? Auf diesen Widerspruch reagieren nicht wenige mit Skepsis bis zur Verweigerung im Glauben. Die Wurzel des Zweifels reicht immer dann besonders tief, wenn der Eindruck besteht, das Unrecht würde mit religiösem Rigorismus im Namen Gottes einhergehen.

In dem Bericht des Jahwisten über die Entstehung der Welt und des Menschen (Abschn. 2.3.1) hatte Gott dem von ihm erschaffenen und noch unschuldigen Menschenpaar erlaubt, von allen Früchten im paradiesischen Garten zu essen, nur nicht die Früchte von einem, dem ‚Baum der Erkenntnis‘. Sollten sie das Gebot missachten, drohe ihnen der Tod. Es war die Schlange, die Listige, die Eva verführte. Eva aß eine verbotene Frucht aus Begierde. Adam tat das gleiche aus Lust auf die Frucht. Der Teufel hatte obsiegt! Sie schämten sich sodann ihrer Blöße. Mit dieser Gebotsüberschreitung würden für alle Zeiten Tod, Leid und Krankheit das unabwendbare Los des Menschen sein, ebenso das Walten des Bösen in der Abfolge seines Lebens. Über die menschliche Gesellschaft würde Ungerechtigkeit und Gewalt kommen. Diese schicksalhaft vorbestimmte Bestrafung, ob ihrer Untreue gegenüber Gott, ihrem Schöpfer, besiegelte die Erbsünde aller künftigen Menschen bis ins letzte Glied. Jeder Mensch ist damit von Geburt an mit Sünde beladen, er gibt sie an seine Nachkommen weiter. – Der Zorn Gottes über den Ungehorsam des ersten Menschenpaares war deshalb so groß, weil hierin das anheischige Streben des Menschen nach göttlichem Verstand erkennbar wurde, eine unerhörte Hybris! Somit kam, unmittelbar nachdem Gott den Menschen erschaffen hatte, als Folge der von ihm begangenen schuldhaften Sünde, das Böse in die Welt. Ja, so ist es geschehen. Erst durch den Tod Jesu am Kreuz, wurde der Mensch durch Gottes Gnade von der Sünde erlöst. Seither erlöst ihn die Gnade der Taufe, er wird zum Christenmenschen. Ein Ungetaufter endet in jedem Falle in der Hölle. – Trost findet der Gläubige in der Verkündigung des Apostel Paulus (Brief an die Römer 5,18): *Wie nun durch* eines (Adam) *Sünde die Verdammnis über alle Menschen gekommen ist,* so *ist auch durch* eines (Christus) *Gerechtigkeit die Rechtfertigung zum Leben für alle Menschen gekommen.*

In der jüdischen und islamischen Religion wird der Sündenfall auch gelehrt, hat aber keine so existenziellen Folgen wie in der christlichen.

Recht besehen bedeutet der Sündenfall, dass jeder Wissenschaftler, der ein Mehr an Erkenntnis anstrebt, ein Mehr an Sünde auf sich lädt, weil er glaubt, in seiner autonomen Wesenheit hierzu berechtigt zu sein. Der geschilderte Glaubensinhalt ist schwierig zu verstehen, es verbleiben Zweifel, wer wollte das leugnen?

Im Alten Testament findet der Zweifel im Buch Hiob Ausdruck, auf den Zweifel Hiobs antwortet Gott unmittelbar. Entstanden ist das Buch wohl im 5. Jh. vor der Zeitenwende. Im Buch wird erzählt, wie der Teufel dem reichen Manne Hiob alles nimmt, sein Hab und Gut, seine Kinder. Als Geschwüre ihn zu einem Aussätzigen machen, verlässt ihn seine Frau. Hiob, zunächst noch gottgläubig, beklagt sein Schicksal gegenüber Freunden. Da meldet sich Jahwe inmitten eines Gewitters zu Wort und verdeutlicht Hiob in einer langen Rede, wie groß, allumfassend, erhaben die von ihm erschaffene Welt ist, wie groß und gewaltig, wie sie über allem menschlichen Begreifen steht, auch über seinen Sorgen:

> Wo warst du, als ich die Erde baute? … Und wer hat das Meer mit Toren verschlossen? … Hast du jemals das Morgenlicht bestellt? … Bist du zu dem Vorratshaus des Schnees gekommen? … Vermagst du die Bande des Siebengestirns zu knüpfen? … Jagst du für den Löwen das Futter? … Gibst du dem Ross die gewaltige Kraft?

usw. usf. Hiob antwortet:

> Ach ich bin zu gering; was soll ich dir entgegnen? … Niemals tue ich es wieder.

Später:

> So habe ich denn im Unverstand geurteilt über Dinge, die ich nicht verstand.

Nach Reue und Demut wendet sich sein Schicksal, Hiob wird wieder zu einem reichen und glücklichen Manne mit einer neuen Frau, Vater von vielen Kindern und Kindeskindern, er stirbt friedlich im 140sten Lebensjahr. –

Indem sich der Mensch Gott anvertraut, wird alles Geschehen, auch wenn es noch so ungerecht daher kommt, im Verhältnis zu der alles überragenden Größe des von Gott Erschaffenem geringgewichtig. Das dem Einzelnen und der Gemeinschaft vom Teufel, von der Inkarnation des Bösen, auferlegte Leiden ist als Prüfung und Bewährung zu sehen, die es gottergeben zu bestehen gilt. –

In der dem allmächtigen Gott eigenen Weisheit und Liebe fühlt sich der Gläubige aufgehoben, mag das Böse noch so grausam walten.

2.6.2 Das Konzept der Theodizee

Gleichwohl, dass Gott bei all seiner Güte und Allmacht dem Teufel so viel Freiraum lässt, Übel und Unrecht zu verbreiten, ist auch theologisch schwierig zu verstehen.

Es war G.W. LEIBNIZ (1646–1716), Philosoph, Theologe, Naturforscher und Mathematiker, der im Jahre 1710 in seinem Buch über die Gottes-Lehre den Begriff Theodizee prägte. Er entwickelte hierin die Lehre von der Selbstlegitimation Gottes [43–47]: Nicht Gott muss sich dem Vernunfturteil des Menschen unterwerfen, sondern er hat wegen seines Wesens Anspruch auf Verehrung. Aus den göttlichen Hauptprädikaten Größe und Güte folgen die Aufgaben der Theodizee: Rechtfertigung Gottes hinsichtlich des von ihm in der Welt zugelassenen Übels und Bösen und der Versuch es mit dem Glauben an seine Allmacht, Weisheit und Güte in Einklang zu bringen. Bei der theologischen Begründung und Verbreitung wird G.W. LEIBNIZ von C. WOLFF (1670–1754) unterstützt: Was wahr ist, ist gut. Gottes Schöpfung ist wahr und somit gut. Die erschaffene Welt ist von allen möglichen die beste aller Welten, sonst wäre Gott nicht der Allmächtigste. Der Welt ist eine große Harmonie eigen. In dieser Welt, dem Grunde nach gut, schuf er den Menschen, ebenfalls dem Grunde nach gut. Er entlässt ihn in Freiheit, doch ungetreu versündigt er sich. Der Mensch ist im Gegensatz zu Gott unvollkommen, er kann fehlen, er kann sündigen und weil er am allerersten Anfang fehlte, gehen künftig alle Übel zu seinen Lasten, er ist selbst der Schuldige, er trägt hierfür die Verantwortung. Durch diese Umdeutung der Schöpfungsgeschichte durch G.W. LEIBNIZ ist Gott vom Geschehen auf Erden entkoppelt, entlastet, wohl kann er im Einzelfall segensreich eingreifen. Diese Rechtfertigungstheorie hat Zustimmung und Ablehnung erfahren. Hat Gott als allwissender und allmächtiger Lenker damit nicht viel zu viel, wenn nicht alles, aus der Hand gegeben? Der Mensch wird seinem Geschick überlassen. Für einen Gläubigen ist diese Sicht nur schwer zu ertragen, er fühlt sich nicht mehr in Gott geborgen [48–50]. Jenem, der im biblischen Glauben nicht verankert ist, erscheint die mit der Freiheit des Menschen einher gehende Verantwortung für das Geschehen auf Erden, im Kleinen wie im Großen, eher konsequent und vernünftig gedacht. Hier verkehrt sich die Sichtweise. Nicht umsonst wurde die Theodizee in seiner radikalen Form von der Kirche abgelehnt.

Man könnte an dieser Stelle auch die Lehre der Gnostiker und Manichäer, die Privationslehre von AUGUSTINUS (354-430) und die Individuationslehre von G.C. JUNG (1875-1961) bemühen, interessant alle, aber letztlich theologische und philosophische Spekulationen ohne wirkliche Fundierung.

2.7 Der andere Gott

2.7.1 Das Ordnungsprinzip in Allem

Sofern nicht alle Sinne täuschen, ist etwas da und nicht nichts. Aus nichts kommt nichts, also muss es etwas gegeben haben, welches das Vorhandene bewirkt hat, sonst wäre es nicht da. Waren es außerweltliche Götter, die alles schufen oder war es ein einzelner Gott, ein Prinzip, eine Idee? Ist die Welt schon unendlich alt oder lässt sich für den Anfang ein definiertes Datum angeben? Letzteres wird inzwischen unter Berufung auf die Urknallhypothese angenommen (geglaubt). Vieles spricht dafür (Abschn. 4.3 in Bd. III). Was war vorher? Wer oder was bewirkte die anfängliche Energiesingularität? Durch wen oder was kam sie in die Welt? Durch wen oder was wurden die Naturgesetze und ihre Parameter eingeführt und so austariert, dass die materiellen Teilchen und die sie bindenden Kräfte entstehen konnten, einschließlich des Gesetzes für die Wandlung Energie in Masse $m = E/c^2$?

Von allem Anfang an war eine strenge Ordnung in allem angelegt.

Anderenfalls wäre nur Chaos entstanden, richtiger, es wäre gar nichts entstanden.

Die Materie besteht im Kosmos aus 92 Elementen. Die Elemente unterscheiden sich in der Anzahl der in ihren Atomkernen vorhandenen Nukleonen (Protonen und Neutronen), die wechselwirkenden Kernkräfte halten sie zusammen. Die Nukleonen werden von zwei unterschiedlichen Quarks aufgebaut und die Kräfte von dem zwischen ihnen wirkenden urgründigen Higgs-Feld. Auf der Anzahl und der Anordnung der Elektronen im Umfeld des Nuklids (Kerns), also auf der allen 92 Elementen jeweils eigenen Ordnung, beruht wiederum die chemische Verbindung der Atome zu Molekülen. Aus ihnen besteht die Materie in all ihrer Vielheit, auch die organische, alle lebende Substanz.

Als Beispiel zeigt Abb. 2.7 den atomaren Aufbau des Elementes Uran in Form eines stark vereinfachten, in die Ebene geklappten Nuklid- und Schalenmodells.

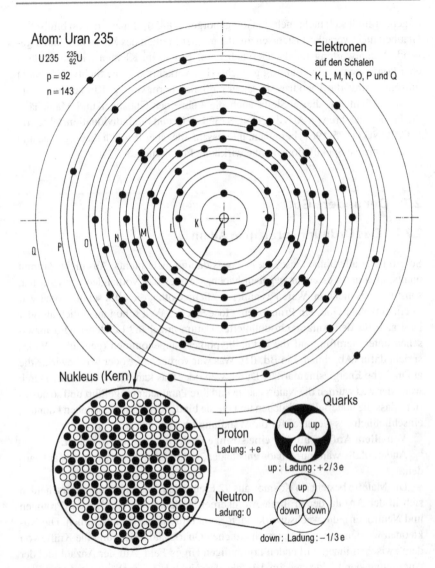

Atom: Uran 235

U235　$^{235}_{92}$U

p = 92
n = 143

Elektronen
auf den Schalen
K, L, M, N, O, P und Q

Nukleus (Kern)

Quarks

Proton
Ladung: +e

up　up
down

up : Ladung : +2/3 e

Neutron
Ladung: 0

up
down　down

down : Ladung : −1/3 e

Abb. 2.7

Real ist der Aufbau hochgradig komplexer, die Orbitale im Umfeld des Nuklids durchdringen sich gegenseitig und kennzeichnen den wahrscheinlichen Auftretensraum der Elektronen. Die große Zahl von Teilchen im Uranatom wird aus der Abbildung erkennbar. Um die Ordnung dieser vielen Teilchen aufrecht zu erhalten, ‚kommt die Natur hier an ihre Grenzen': Dass die Uranatome regelmäßig radioaktiv zerfallen, ‚wundert nicht'.

Die Umwandlungen, die mit der Verschmelzung der Atome zu höheren Elementen in massereichen Sternen oder bei Super Novae einhergehen, beruhen auch auf der atomaren Ordnung, ohne sie wären keine höheren Elemente entstanden. Masse und Energie bleiben bei allen Umwandlungen erhalten.

2.7.2 Das Ordnungsprinzip führte zum Leben

Nachdem die Materie mit ihren Ordnungs- und Erhaltungsgesetzen so gedacht und entstanden war, wie sie heute erkennbar ist und verstanden wird, vollzog sich alles weitere im Rahmen der Ordnungsprinzipe von selbst, wobei das Prinzip der Entropie hinzu trat, bzw. hinzu treten musste. Durch diese Prinzipe und Naturgesetze ist eine Selbstregulierung in der Natur angelegt, man mag sie ‚göttlich' nennen.

Das wird bei allen Zuständen und Umwandlungen deutlich, seien es die Umwandlungen, Veränderungen, Bewegungen in physikalischen, chemischen oder biologischen Prozessen. Das gilt letztlich auch für den Lebensprozess, so wie er begann und bisher verlief: Zunächst war nach Ausformung und Abkühlung des Erdkörpers (in dessen Kern immer noch viel anfängliche Wärme gefangen ist), in der Kruste nur anorganische, quasi tote, Materie aus den 92 Elementen in großer Vielfalt vorhanden, fest, flüssig oder gasförmig, in Abhängigkeit vom lokalen Umfeld bezüglich Temperatur und Druck. Auch Wasser gehörte dazu. Es weist chemisch eine ganz spezifische molekulare Struktur und Anomalie auf. Auch sie gehören zu dem einzigartigen kosmischen Ordnungssystem. Es bedurfte nur noch einer langen, langen Zeit, bis sich aus den vorhandenen Elementen, insbesondere aus C sowie H, O, N, P und S, organische Moleküle formten, Kohlenstoffverbindungen in großem Variantenreichtum. Das organische Werden wurde von der vorhandenen Wärme und der eindringenden Strahlung von außen energetisch und katalytisch angetrieben. Die vielen molekularen Varianten, an die sich immer wieder weitere Atome anlegten, vergrößerten sich zu komplizierteren Formen; meist zerfielen sie wieder. In den Millionen von Jahren gab es vielleicht nur ein, vielleicht auch viele (verschiedene) Moleküle, die von organisch-materieller Beschaffenheit waren. Kohlenstoff war immer beteiligt, auch Wasser, es bildeten sich H-Gerüste. Sie begannen sich selbst durch Spaltung zu reproduzieren, schließlich entstanden zelluläre Strukturen, Einzeller, Teilung um Teilung, Mehrung um Mehrung, Neuerung um Neuerung, massenhafte Ausbreitung.

Entscheidend war die voran gegangene Ausbildung einer Hülle um die Zelle. Das ermöglichte die Ausbildung und Aufnahme eines Zellkerns und innerer Zell-organe. Die Zellen vermochten sich nach dem Ordnungsprinzip des Genetischen Codes auszudifferenzieren und vermochten sich identisch zu vermehren. Damit hatte sich Leben auf unterster Stufe entwickelt, nur mit einem aller schwächst ausgebildeten Wahrnehmungsvermögen ausgestattet. Körperhaft gesehen waren die Lebensformen zwar noch auf einer sehr primitiven Stufe, die Prinzipe ihres genetisch gesteuerten Werdens und ihrer Vererbung waren dagegen schon fast ausgereift, so wie sie heute noch gelten (gelten müssen)! Ob es eines ‚Lebenshau-ches‘ bedurfte, ist naturwissenschaftlich nicht nachweisbar, es ist möglich, letztlich Glaubenssache. Was erforderlich war, war Zeit, reichlich Zeit und das stand zur Verfügung. Irgendwann war es soweit. Aus Einzellern wurden Mehrzeller, Vielzel-ler, im Wasser, im Flachwasser, am flachen Ufer, von der Energie der Sonnenstrah-lung ‚beflügelt‘. Es entstand erstes einfaches landgängiges Getier, mit elementaren Sinneszellen ausgestattet, sie vermochten zwischen hell und dunkel zu unterschei-den. Endlich kam es nach langer Zeit, im Kambrium, zu einer sprunghaften Meh-rung der Lebensformen. Der Planet war inzwischen 4 Milliarden Jahre alt, 4000 Millionen Jahre! Man bedenke, was sich allein in einer Million Jahren alles entwi-ckeln kann! ‚Die Saat ging auf‘. Tiere und Pflanzen breiteten sich aus, überzogen die Erde. In den frühen Zeiten der Bakterien hatte sich schon freier Sauerstoff gebildet. Mit den Pflanzen reicherte er sich weiter an, es entstand eine Sauer-stoffatmosphäre und eine Ozon-Schicht als Schutz für die höheren Lebensformen gegenüber der kosmischen Strahlung. – Immer wieder wurde die Entwicklung zu-rück geworfen, ganze Tiergattungen starben aus, neue folgten, Die Tiere erreichten erstaunliche Fähigkeiten, es waren kleinste und riesige Lebewesen. Sie bewegten sich auf dem Lande, vermochten in der Luft zu fliegen und im Wasser zu schwim-men und zu atmen. Alles stand untereinander im Gleichgewicht. Alles war aus den der Natur eigenen Ordnungs- und Erhaltungsgesetzten selbsttätig geworden. Dann, ganz spät, folgten die Homininen. Mit ihren händischen Fähigkeiten waren sie der übrigen Tierwelt überlegen, in ihrer eher schwachen Konstitution waren sie an-dererseits gefährdet. Diese Schwäche vermochten sie durch gesteigertes geistiges Können auszugleichen. Der Homo erectus verfügte nur über $500\,cm^3$ Hirnvolumen (wie heute der Schimpanse). Der Homo sapiens bringt es inzwischen auf $1400\,cm^3$, der Homo neanderthalensis brachte es auf denselben Wert. Der Mensch, von leibli-cher und geistiger Wesenheit, erschloss sich die Welt zivilisatorisch und kulturell. Entscheidend war sein sich frühzeitig einstellendes Sprechvermögen, das sich mit seinem Denkvermögen wechselseitig steigerte.

Der Entwicklung zum Leben lag ein weiteres Prinzip zugrunde, es war das entscheidende: Das Mutationsvermögen der Erbträger. Letztlich war es diese Fehlerhaftigkeit in den Geschlechtszellen beim Vererbungsprozess, die eine Entwicklung zu höheren Lebensformen nach dem Selektionsprinzip ermöglichte, höher bezüglich Variabilität und Konstitution, Instinkt und Intelligenz. Dank dieses in allen Lebensformen vorhandenen Vermögens zur Mutation und Selektion, und das vom allerersten Anfang an, konnte sich alles Lebendige der sich immer wieder aufs Neue veränderten Umwelt anpassen. Erst wenn in fernster Zukunft die Energieeinstrahlung der sich zu einem Roten Riesen aufblähenden Sonne so stark ansteigt, dass es auf der Erde glühend heiß wird, kommen alle Lebensprozesse zum Erliegen.

2.7.3 Glaubenswege

Die Natur beruht, wie dargestellt, in all ihrer Vielheit auf den ihr innewohnenden Ordnungs- und Erhaltungsgesetzen, hierzu gehören auch die Naturgesetzte einschließlich ihrer Parameter. Sie sorgen für Struktur und Ablauf in Allem und die Einheit im Ganzen, im Kleinen und Großen, für alles im Kosmos, letztlich für alle kosmische Existenz. Damit ist nicht erklärt, auf was, auf wen diese umfassende Ordnung zurückgeht. Ist sie etwa aus dem Nichts entstanden? Sofern das Ursache-Wirk-Prinzip in Allem gilt, kann aus Nichts nur Nichts entstehen. Es muss also eine Ursache, einen Verursacher gegeben haben. Wer war es, was war es? Man weiß es nicht. Es bleibt ein großes Mysterium. Rational lässt sich das Geheimnis nie und nimmer ergründen. Für einen Erdenmenschen gibt es an dieser Stelle nur zwei Möglichkeiten: Entweder er lässt das Geheimnis als rational nicht erschließbar auf sich beruhen, diese Erkenntnis genügt ihm, oder er wird gläubig.

Der Gläubige kann zwei Wege einschlagen: Auf dem **ersten Weg** glaubt er entweder an Götter, wie sie in den fernöstlichen Religionen immer noch verehrt werden, oder er glaubt an JAHWE, wie ihn die abrahamitischen Religionen verkünden: Gott allein ist der Schöpfer und Lenker von allem. In demütigem und gläubigem Vertrauen auf ihn hat alles seine Richtigkeit, ist das Heil gesichert.

Der **zweite Weg** besteht darin, an eine ordnende Idee zu glauben, an ein übergeordnetes Naturprinzip. Aus diesem ist Alles und Jedes von Anfang an im Kleinen und Großen entstanden, musste entstehen, auch der Mensch. In diesem Prinzip des geordneten Werdens und Vergehens ist die alleinige innere Sinnhaftigkeit von Allem angelegt, in ihr ist demnach auch Ziel und Sinn der menschlichen Existenz zu sehen. Dabei ist und bleibt unbekannt, ob es sich beim Erdenmenschen um eine Einmaligkeit im gesamten Kosmos handelt oder er ein Wesen unter vielen vergleichbaren Varianten ist. – Hier auf Erden ist ihm dank seines hohen geistigen

Entwicklungsstandes dem Grunde nach alle Freiheit im Denken und Tun gegeben: Er kann in die Ordnungsabläufe eingreifen, er kann sie im Positiven und Negativen beeinflussen, er kann seine Existenzgrundlage erhalten oder zerstören und damit sich selbst. Keine andere Kreatur ist dazu fähig. Damit ist eine schwerwiegende Konsequenz verbunden: Hilfe von außerhalb ist nicht zu erwarten: **Für das Heute und Morgen ist der Mensch allein verantwortlich. Es gibt nichts im Kosmos, auf das oder auf den er seine Verantwortung hier und heute abladen kann, er allein bestimmt, was ist und werden wird.**

2.8   Abwege

2.8.1   Abstruse Denkwege

Auf die Frage, ‚Existiert Gott?‘, gibt es definitiv keine Antwort. Sie liegt außerhalb menschlicher denkerischer Erkenntnisfähigkeit. Sie kann nur vom Einzelnen in seinem Glauben beantwortet werden. Dabei wird seine Antwort von Herkunft, Bildung und momentanem Standpunkt und von seiner Lebenserfahrung abhängig sein, vielleicht wird sich seine Gläubigkeit im Laufe seines Lebens ändern. Dabei kann er zwei Richtungen einschlagen, Weg eins, er negiert als Atheist jede außerweltliche Instanz, Weg zwei, er glaubt entweder an einen Gott oder an ein ordnendes Naturprinzip. Indessen: Keine dieser Orientierungen lässt sich beweisen.

Intellektuell schlagen sich die Meinungen im (vermeintlichen) Gegensatz ‚Religion versus Naturwissenschaft‘ nieder. Diesbezüglich gibt es unzählige Überlegungen; auf [51–73] wird als kleine Auswahl verwiesen, eine Kommentierung kann hier nicht geleistet werden. –

Es ist müßig, die eine wie die andere Meinung als zutreffend beweisen zu wollen, es ist vergeblich. Theologische Versuche eines Gottesbeweises sind denkerisch ein Widerspruch in sich, meist sind sie zirkulär angelegt. Etwa so: G. GALILEI (1564–1642) wird mit dem Ausspruch (verkürzt) zitiert:

Mathematik ist das Alphabeth mit dessen Hilfe Gott das Universum beschrieben hat,

dann wird auf K. GÖDEL (1906–1978) und dessen Unvollständigkeitssatz (1930) sowie auf K.R. POPPER (1902–1994) und dessen Falsifizierungssatz (1935) verwiesen und geschlussfolgert: Die Mathematik sei von ihren Axiomen abhängig und nicht immer in sich widerspruchsfrei. Demnach sei die Naturwissenschaft, die auf Mathematik beruht, in ihren Aussagen uneindeutig. Sie sei daher für einen

Beweis, dass es Gott nicht geben kann, ungeeignet. So etwas zu unterstellen, ist nicht redlich: In der Naturwissenschaft will keiner einen solchen Beweis führen. In der Mathematik ist kein eigenständiger Erkenntniswert angelegt, sie ist in den Naturwissenschaften lediglich eine unverzichtbare und verlässliche Methode zur beschreibenden Bündelung der Befunde aus Experiment und Beobachtung und eröffnet dadurch die Möglichkeit zu verallgemeinernden Hypothesen. Naturwissenschaft **beschreibt**. Letztgültige Fragen kann auch sie nicht **erklären** (und das kann schon gar nicht die Mathematik). Wahre Naturwissenschaftler sind nie wissenschaftsgläubig, Laien eher. – Die Lektüre theologischer Schriften macht deutlich, mit welch' gänzlich unterschiedlicher Denkungsart Theologen und Naturwissenschaftler ,ihr Geschäft betreiben'. Der Theologe sagt: In der Natur ist Ordnung, Ordnung ist voller Harmonie, Harmonie ist schön, was schön ist, ist gut, was gut ist, ist wahr, da Gott gut ist, ist er auch wahr (was in dieser Form selbstredend verkürzt und überpointiert formuliert und letztlich unsinnig ist).

2.8.2 Spiritualität, eine genetische Anlage?

Die Fähigkeiten zum Denken, zum Sprechen und Singen, sind im Menschen graduell unterschiedlich genetisch angelegt. Auf dieser Basis entwickeln sich beim Einzelnen im Laufe des Lebens Verstand und Erkenntnisvermögen, Vernunft und Neugier, und das alles irgendwie von selbst auf natürliche Weise, wirkungsvoll befördert durch gewolltes Lernen. So wird der Mensch zu einer Persönlichkeit mit den ihn auszeichnenden Merkmalen. In diesem Rahmen sind auch Begabungen, wie Erinnerungsvermögen, Sprachvielfalt, Abstraktionsvermögen, Musikalität bei ihm spezifisch angelegt. Es stellt sich die Frage: Sind auch Spiritualität, innere Frömmigkeit, sich zum Übersinnlichen und Göttlichen hingezogen und unmittelbar verbunden zu fühlen, genetisch vorgeprägt? Neuere Forschungen scheinen das zu bestätigen. Dann wären Einzelne, fallweise ganze Bevölkerungsgruppen (quasi als Population), unterschiedlich fromm, ob sie wollen oder nicht. Für Religiosität, das bewusste Bekenntnis zu einem bestimmtem Glaubensinhalt und -ritus, gilt das selbstredend nicht, hier handelt es sich um einen Verstandesakt.

Während der frühen stammesgeschichtlichen Entwicklung boten religiöse feierliche Kulte Vorteile, sie bewirkten eine stärkere innere Bindung innerhalb der Gemeinschaft, schafften Vertrauen, Kraft, Halt und Trost. Noch heute zeitigen Gesellschaften mit starker gemeinsamer religiöser Bindung höhere Geburtenraten als säkulare. Insofern ist plausibel, dass Spiritualität beim Menschen genetisch verankert sein kann. Dass sie dabei unterschiedlich ausgeprägt ist, zeigt die alltägliche

Beobachtung. Sie kann zu exzessiver Frömmigkeit gesteigert sein, zu Sehnsucht nach körperlicher Nähe zu Gott, das kann im Freitod enden. –

Insofern ist Spiritualität eine sehr menschliche Anlage. Demgemäß ist es absolut verfehlt und unzulässig, von Wahn, gar Gotteswahn, als einer Art Störung des Geistes zu sprechen. Es geht um Menschen, ihre existenziellen Fragen und Ängste. Wir Menschen sind verschieden. Wenn Menschen im Glauben oder im Unglauben auf ihre ganz persönliche Art leben, leben wollen, ist das ihre Angelegenheit und ohne Einschränkung zu tolerieren.

2.8.3 Die Vorbeter

Unter Würdigung des Vorgenannten steht es jedem Menschen zu, seinen Glauben in individueller Freiheit zu leben, selbstredend in einer solchen Weise, die die Freiheit und Sicherheit des Nächsten nicht schmälert oder gar gefährdet. Nach aller bisherigen Erfahrung war und ist diese Haltung nicht immer als selbstverständlicher Grundsatz gewährleistet: In jenen Gesellschaften, die historisch durch ihre abrahamitische Religion geprägt sind, war und ist das Problem besonders virulent: Wie bekannt und oben ausgeführt, sind die monotheistischen Religionen des Judentums, Christentums und Islams auf das Transzendentale, auf das Göttliche, auf den im Glauben an seinen persönlichen Gott gefestigten Menschen ausgerichtet. Alle drei Religionen gehen auf einen Propheten, einen Stifter zurück, auf dessen göttliche Offenbarung. Gemeinsam ist ihnen die Stadt Jerusalem heilig (,Stadt des Friedens'). Gemeinsam stützen sie sich auf eine jeweils eigene heilige Schrift. In der Überzeugung, allein die Wahrheit zu verkünden, waren von Anfang an künftige Konflikte untereinander angelegt. Seit der Zeitenwende erlebt die Menschheit religiös motivierte heilige Kriege, Abgrenzung und Ausgrenzung, Dogmatismus und Fundamentalismus, und das im Angesicht jenes Gottes, den alle gemeinsam verehren. Trotz späterer Aufklärung entwickelten sich die Religionen immer wieder in unversöhnliche Ideologien der Intoleranz.

Auch irritieren Widersprüche im Vollzug der Riten, in der Durchsetzung der Gebote, im Verhalten der ,Vorbeter'. Vielfach standen und stehen sie mit dem Leben und dem Vorbild des jeweiligen Stifters nicht im Einklang, man denke an die religiösen Institutionen und Instanzen mit ihrem materiellen Vermögen, ihrer Macht und Geltung und ihrem (weltlichen) Einfluss. – Wenn sich ein Mensch aus innerem Vertrauen seinem Gott unterwirft und er in Gott das Heil der Welt erkennt, wird es ihm helfen; kommt die Unterwerfung durch Drohung und Angst zustande, eher nicht, das schreckt ab und ist vielfach der Grund für die äußere und innere Trennung von seiner Kirche.

2.8.4   Die Religionen im Verbund mit den weltlichen Mächten

Mit der Entstehung der Religion der Israeliten, der ersten der drei abrahamitischen Religionen (Abschn. 2.2.3.2), gingen aus einem längeren Prozess älterer Regelsetzung, die Zehn Gebote hervor. Nach dem biblischen Bericht wurden sie MOSES von Gott JAHWE verkündet. Man spricht vom Dekalog. Am Anfang heißt es:

Du sollst keinen Gott haben neben mir.

In diesem Gebot ist der Eingottglaube der drei abrahamitischen Religionen begründet. Die weiteren Gebote gelten für das sittliche Verhalten der Menschen im Zusammenleben untereinander. Durch ihre Einhaltung und Achtung wird menschliches Leben in Frieden erst möglich. Die Gebote sind Grundlage aller späteren Gesetze, bis heute, auch für die Gestaltung des Rechts in jenen Gesellschaften, die in anderer Weise religiös verankert sind. – Auch wenn sich auf der Grundlage der Gebote im Laufe der Zeit ein gedeihliches Miteinander entwickelte, war damit am Anfang keine allgemeine Rechtssicherheit gegeben. Wie hinlänglich bekannt und in Abschn. 1.2.6.2 behandelt, entstanden die ersten Hochkulturen im Raum des Fruchtbaren Halbmonds (vgl. Abb. 1.18 in dem erwähnten Abschnitt).

Es bildeten sich die ersten Dynastien mit Erbfolge. Die sozialen Unterschiede zwischen der Elite und der Masse der Bevölkerung waren immens. Zur Durchsetzung ihres religiös begründeten Machtanspruchs schufen die Herrscher Gesetze. Sie wurden mit Härte durchgesetzt. Man denke an die Dynastien in Mesopotamien, Ägypten, Persien usw., und später an das Römische Reich. In diesen frühen Reichen wurde an viele Götter geglaubt und ihnen geopfert. Das Reich Roms hatte für damalige Verhältnisse eine riesige Ausdehnung. Es ‚funktionierte‘ durch den Einsatz von Sklaven in großer Zahl. Die kulturellen Leistungen der Griechen und Römer verdienen höchste Bewunderung, die harte ‚Knochenarbeit‘ auf den Feldern, im Bauwesen und im Bergbau mussten Unfreie verrichten. Sie waren bei der Unterjochung benachbarter Völker als Gefangene genommen worden. Im Römischen Reich litten die Menschen in diesen Zeiten besonders hart unter dem Regime und dem zu zahlenden Tribut. Sie litten allüberall, auch im fernen Judäa. In dieser Not verkündete JESUS von NAZARETH den Menschen ein weiteres Gebot, das über die Zehn Gebote deutlich hinaus geht, das Gebot der Liebe, der Nächstenliebe. Es überzeugte viele seiner Zeitgenossen, insbesondere jene in den unteren Schichten. Hieraus entwickelte sich das Christentum. Nach Jahrhunderten trat der Islam als weitere Religion hinzu. Er schöpfte sein Recht aus der vorhandenen stammesgeschichtlichen arabischen Tradition und erweiterte es um die neuen Elemente jüdisch-christlicher Religion. So gesehen, lassen sich Judentum, Christentum und

Islam als einheitlicher, von Gott JAHWE gestifteter, religiöser Kosmos deuten. Und was wurde daraus? Ein Friedenskosmos? Die Geschichte, die Religionsgeschichte, lehrt, was sich entwickelte, genau besehen, eine einzige Katastrophe! Mit den weltlichen Herrschern in ‚Gottesgnadentum' im Bunde, häufig in ein und derselben Herrschaftsform, kam mit religiös motivierter Unterdrückung nach Innen und Außen, mit den Glaubenskriegen untereinander und gegeneinander, viel Leid und Unfreiheit über die Menschen. Einzelheiten brauchen hier nicht aufgelistet zu werden. Die ‚Aufklärung' bescherte dem Abendland ein höheres Maß an Freiheit, im Morgenland hat sie offensichtlich immer noch nicht stattgefunden (2015).

2.8.5 Die Frau und ihre Stellung in den Religionen

Die Stellung und die Rechte der Frau sind in den Religionen im Vergleich mit der Stellung und mit den Rechten des Mannes eher nieder angelegt, das ist nur ihrem Geschlecht geschuldet:

- Im Judentum schwankt das Recht auf öffentliche Teilhabe in den liberal-säkularen Gesellschaften auf der einen und den strenggläubigen auf der anderen Seite zwischen Gleichberechtigung (in Israel gibt es sogar bewaffnete Soldatinnen) und weitgehender Abschottung. Zugang zu Bildung haben alle. Die Jungen werden traditionell von ihren Vätern frühzeitig im Lesen der heiligen Texte unterwiesen. Das Rabbinat kann nur ein Mann ausüben. Die eher unfreie Lebensführung der Frauen bei den Orthodoxen wird als häuslich-gottesdienstliche Priesterschaft gedeutet.
- Die Teilnahme der Frau am Leben und ihr Zugang zu Bildung und Ausbildung sind in den christlichen Gesellschaften heute weitgehend gleich geregelt, es handelt sich um eine relativ junge Errungenschaft. Das gilt nicht für den kirchlichen Bereich. In der evangelischen, altkatholischen und anglikanischen Kirche, auch in manchen Freikirchen, wird den Frauen ein gleichberechtigter Platz neben dem Manne bei der Verkündigung des Glaubens eingeräumt. Sie können ein priesterliches und sogar ein bischöfliches Amt übernehmen. In der letztlich als dominant wahrgenommenen katholischen Kirche mit ihren 1,2 Milliarden Mitgliedern ist das nicht der Fall. Bis auf randständige Aufgaben können hier Frauen keine kirchlichen Ämter bekleiden, die West- und Ostkirche sind patriarchalisch verfasst. In der römisch-katholischen Kirche wird der Papst bis herunter zum Dorfpfarrer auch künftig ein Mann sein, in der orthodox-katholischen Kirche gilt das gleiche vom Metropoliten bis zum Priester vor Ort. Der

Mann ist in diesen Kirchen der Herrschende, die Frau die Dienende. Als Samariterin und Nonne ist ihr Tun gesegnet [74]. Es bleibt abzuwarten, ob sich unter PAPST FRANZISKUS, seit dem Jahre 2013 im Amt, im Katholizismus etwas ändern wird.

- Wohl am krassesten ist die patriarchalische Haltung im Islam ausgeprägt. Die Abhängigkeit der Frau drückt sich hier in Vielem aus, regional durchaus unterschiedlich: Separierung in der Moschee, Verhüllung in der Öffentlichkeit bis hin zur Vollverschleierung in der Burka, Verweigerung beim Zugang zu einfacher und höherer Bildung und zu vielen Berufen, insgesamt Unfreiheit und ungleiches Familienrecht, Zwangsheirat, auch von minderjährigen Mädchen, Mehrehe bis zu vier Frauen (Mohammed hatte wohl neun Frauen, bis auf die erste Ehe blieben alle weiteren kinderlos). In diesem Verhaltens- und Rechtskodex kann ein Außenstehender nur Erniedrigung und Unterdrückung der Frauen erkennen. Auch wenn den Regeln die religiös-kulturelle Tradition einer früheren Zeit zugrunde liegt, sind die aufgezeigten Rechtsunterschiede im Heute unverständlich. Durch das islamische Recht, die Scharia, ist die Strafe der Steinigung gedeckt.

Das Unrecht, das den Frauen in den abrahamitischen Religionen angetan wurde und wird, findet man auch wo anders, man denke an den Hinduismus, letztlich auch an den ‚friedlichen' Buddhismus. Die heiligen Ämter werden auch hier ausschließlich von Männern besorgt. – Wollte Gott eine solche ungleiche Behandlung in einer Welt, wie er sie schuf?

2.9 Existiert Gott? Ja, aber es ist wohl doch der andere

Wenn der Entropiesatz vom allerersten Anfang an gegolten hat und vorher nichts da war und sich aus diesem Anfangszustand einer unendlich hohen, gleichwohl endlichen Energie der Kosmos als geschlossenes räumliches System entwickelt hat, **so war dieser Anfangszustand von höchst vollkommener (göttlicher) Ordnung.** Die Entropie dieses Zustandes war Null, ebenso die Temperatur. Im Augenblick des Anfangs sprang die Temperatur auf unendlich. Das war der Nullpunkt der Zeit. Ab jetzt wuchs die Entropie an, bis in die Gegenwart. Bis in alle Ewigkeit wird sie anwachsen. So kann man den Anfang von Allem im Sinne von R. CLAUSIUS (1822–1888) sehen:

Die Energie des Universums ist konstant; die Entropie des Universums strebt einem Maximum zu.

Das Universum ist ein sich ausweitendes Raum-Zeit-Kontinuum, er muss geschlossen sein, Energie kann weder zu- noch abfließen. In einem offenen System gäbe es keine Ordnung, nur Chaos, anders ausgedrückt, es gäbe gar nichts.

Mit welchem Gegenstand man sich auch naturwissenschaftlich auseinander setzt, es überkommt einen immer wieder dasselbe Erstaunen: Im Kleinen wie im Großen ist alles von durchgängiger Ordnung, Gesetzmäßigkeit, Einheitlichkeit und Geschlossenheit. Alles greift ineinander. Alles läuft in abgestimmter Weise ab, schlüssig und stringent. Allein der irdische Energiekreislauf, bei welchem die Pflanzen im Zuge der Photosynthese dank Kohlenstoffdioxid (CO_2) die Sonnenenergie einfangen, um zu wachsen und dabei Sauerstoff (O_2) abzugeben, welches zum einen alle Lebensprozesse durch Bildung einer Ozonschicht (O_3) schützt und zum anderen die Tiere atmen und durch Pflanzenverzehr weitere Energie aufnehmen lässt und dabei wieder CO_2 frei setzt, ist vollkommen. Er ist zwingend zugleich. – Dass sich nach dem Evolutionsprinzip aus einfachen Organismen immer höhere Formen entwickelten, schließlich auch der Mensch, ist bei der mittleren Konstanz des Erdklimas über Milliarden von Jahren hinweg ein schlüssig zu erwartendes Ergebnis. Die in Allem erkennbare Ordnung einschließlich $E = m \cdot c^2$ ist gleichwohl geheimnisvoll, unergründlich. Die ihr zugrunde liegenden Wechselwirkungen werden zwar verstanden, doch von welchem urgründigen Gedanken gingen sie aus? Was war die Veranlassung, wer war der Veranlasser? War Alles gewollt oder ist Alles aus dem Nichts heraus irgendwie von selbst entstanden? Erweitert man den Begriff ‚Gott‘ auf Begriffe wie ‚höhere Instanz‘, ‚göttliche Idee‘, ‚ordnendes Prinzip‘, wird man die eingangs gestellte Frage mit Ja beantworten: **Ja, es existiert ein Gott.** Dabei gibt es zwei Möglichkeiten der Sichtweise:

- **Der Kosmos wurde von einem außerweltlichen Gott erschaffen. Alles verlief von Anfang an nach seinem Plan und wird seither von ihm gelenkt. Dazu gehört auch der Mensch als ein die natürliche Schöpfung krönendes geistiges und seelisches Wesen.** Das Leben verläuft für den Menschen nach Gottes Plan als heilige Prüfung auf das jenseitige Heil. Wenn auch von Anfang an mit Sünde beladen, vermag der Mensch durch Einhaltung der von seiner Religion angemahnten Wegweisung und durch göttliche Gnade das Heil zu erreichen. In dieser Gewissheit findet er in seinem Glauben inneren Frieden, Erfüllung im diesseitigen Leben, Trost im Leid und im Tode. Im Gebet mit seinem persönlichen Gott fühlt er sich aufgehoben. In der Vorsehung seines Gottes hat Alles seine Richtigkeit, auch wenn es noch so schlimm daher kommt. In diesem festen Vertrauen wird alles erduldet. Apostel Paulus sagt:

Seid fröhlich in Hoffnung, geduldig in Trübsal, haltet an am Gebet (Brief an die Römer 12,12). –

Wenn Alles von **einem** Gott erschaffen ist, kann es einsichtiger Weise nur Einen gegeben haben bzw. geben, der es vollbrachte. Es kann nicht Indra-Vishnu oder JAHWE oder der Naturgott der Pygmäen oder ein anderer gewesen sein, den die Gläubigen jeweils auf ihre eigene religiöse Art und Weise verehren. Die den Religionen und Traditionen anhaftenden Unterschiede verstehen sich aus den verschiedenen Zeiten und Landschaften heraus, in denen sie entstanden sind und sich entwickelt haben. Die Unterschiede sind eigentlich ohne Belang.

- **Der Kosmos und damit auch die Natur auf Erden gehen nicht auf einen Gott religiöser Offenbarung und Verkündigung zurück, sondern auf ein von einer außerweltlichen Instanz gedachtes und geschaffenes Ordnungsprinzip und auf die hierauf beruhende und in Gang gesetzte natürliche Entwicklung.** Dabei entstand nach langer, langer Zeit auf die gleiche natürliche Weise wie alle Kreatur auf Erden, ein mit Geist und Willen ausgestattetes Wesen, der Mensch. – Er konnte und kann auf den Ablauf des Geschehens lokal und temporär Einfluss nehmen. Wird seine individuelle Existenz durch Krankheit, Seuche oder eine Naturkatastrophe bedroht oder getilgt, ist auch das im Natürlichen angelegt, in seinem Erdenschicksal. Sein Leben ist nicht umsonst, der Einzelne vermag es gemäß seiner Anlagen und den äußeren Umständen in Verantwortung für sich, die Seinen und die menschliche Gesellschaft führen. Er mag sich bilden und entfalten, mag im Wirken und Denken Erfüllung finden, Glück und Liebe erfahren: Ein gelungenes Leben.

2.10 Resümee

Die vorangegangenen Überlegungen erlauben (für der Verfasser) folgendes Resümee:

Zum Ersten Das Böse in der Welt beruhte und beruht nicht auf außerweltlich Eingesetztem, etwa auf der vom Teufel angezettelten Erbsünde und der damit einhergegangenen, von Gott verfügten Selbstverschuldung des Menschen. Es stellt sich immer dann ein, wenn anstelle wechselseitiger Verantwortung und Stützung, das Streben nach Einfluss, nach Macht, nach Mehr, gesteigert zu Eigensinn und Eigennutz, überwiegt. Diese menschlichen Eigenschaften haben in allen Gesellschaften immer wieder zu Streit und Gewalt, zu Unrecht, zu großen Unterschieden im sozialen Gefüge und solchen im weltlichen Einfluss, in der Vermögens- und Machtverteilung geführt, vielfach dank ererbter oder illegal erworbener Privilegien. Diesbezüglich sieht es in vielen Teilen der Welt immer noch düster aus. Zudem herrscht hinsichtlich Konsum, Verschwendung, Ausbeutung, Bereicherung und Ressourcenvergeudung wahre Hybris; keine Einkehr, keine Umkehr. – Alle Vorgänge in der Natur, der Lauf der Gestirne, die Wechselwirkungen zwischen den Elementarteilchen, auch alles Geschehen in der belebten Natur, gehorchen dem Prinzip vom Minimum der Energie, es ist gleichbedeutend mit dem Prinzip vom stabilen Gleichgewicht. Von diesem Prinzip entfernte sich der Homo sapiens, der vernunftbegabte Mensch, schon frühzeitig in zunehmendem Maße, er baute Pyramiden und flog zum Mond, er prasste und prahlte. Mit der Natur im Einklang stand und steht ein solches Verhalten nicht. So geriet vieles aus der Balance. Der Zustand ist inzwischen indifferent und beginnt ins Labile zu kippen. – Das alles sind besorgte Einsichten: Das alles sind traurige Einsichten: Die Probleme, die der Menschheit wegen der Überbevölkerung des Planeten und des absehbaren Ressourcenschwunds bevorstehen, sind riesig, sie werden wachsen. Der Mensch scheint von seiner Anlage her nicht gerüstet zu sein, auf sie vernünftig zu reagieren. Doch, wenn nicht er, wer sollte sonst die ihn bedrohenden Gefahren abwenden? Für das Heute und Morgen liegt die Verantwortung allein bei ihm.

Zum Zweiten Woran der Einzelne glaubt oder nicht glaubt, welchen Weg er einschlägt, ist seine Sache, ist sein heiliges Recht. Dieses Recht verdient absoluten Respekt gegenüber jeder Form von Intoleranz, Unfreiheit und Unterdrückung. Ausgrenzung über die Religion oder die Konfession ist nicht hinnehmbar. – Enttäuschend ist es, wenn die religiösen Eliten kein Beispiel für Versöhnung und Offenheit vorleben, sich vielmehr selbstgerecht gegenseitig Fehlverhalten vorwerfen, sich nicht mit Argumenten begegnen, sondern sich schmähen oder gar mit Waffen bekämpfen. Dann fällt es schwer, ihrer Verkündigung zu glauben und auf sie zu vertrauen. Wenn es den Religionen nicht gelingt, sich zu einer den Globus umspannenden großen Versöhnungs- und Friedensbewegung zusammenzufinden (was nicht Vereinheitlichung bedeutet), wird Rettung von ihnen eher nicht zu erwarten sein. Dabei sehnen sich doch alle Menschen nach Friede auf Erden.

Zum Dritten In der freien Natur, aus welcher der Mensch hervor gegangen ist, gibt es die Kategorien ‚Gut und Böse‘ nicht. Alle Abläufe sind hier weder gut noch böse, sie waren und sind immer und überall naturgemäß richtig: Das Ziel, die Gene weiter zu geben und damit einhergehend, die eigene Art den wechselnden Lebensbedingungen anzupassen, sie weiter zu entwickeln und damit zu erhalten, wohnt allen Geschöpfen als Urantrieb inne. Dazu stellt die Natur ein verschwenderisches Angebot an Samen zur Verfügung, an Zeugungsfähigkeit mit vorangegangener Partnerwahl und anschließendem selbstlosen Eifer bei der Aufzucht und beim Schutz des Nachwuchses. Das ist alles wunderbar und stimmig angelegt. Dazu gehört auch der Trieb zu fressen und die Wachsamkeit nicht gefressen zu werden. Diese Ziele erreicht die Natur nicht durch rationale Einsicht und rationalen Willen, die ihr eigen wären, sondern allein und ausschließlich aus dem biologischen Evolutionsprinzip heraus. Es hat alle Natur so werden lassen, wie es für sie zum Leben und Überleben im jeweiligen Vegetationsraum am zweckmäßigsten war bzw. ist. Das Prinzip bestimmt, als Naturgesetz, die Entwicklung alles Lebendigen von Anfang an in all' seiner Vielfalt.

Zum Vierten Beim Homo sapiens, dem aus der Natur hervor gegangenen Menschen, überlagerte sich dem genetisch überlieferten archaischen Programm seines Primatendaseins, ein ergänzendes und zum Teil ersetzendes Programm: Für ihn hatte es sich frühzeitig als vernünftig erwiesen, sich innerhalb der Gruppe zu verständigen, auszutauschen, sich um den schutzlosen, nackten Nachwuchs gemeinsam zu kümmern, zu teilen und sich gegenseitig zu stützen, nicht nur innerhalb der Familie und Sippe, sondern auch gegenüber den ihm zunächst Fremden. Aus dieser vernünftigen Einsicht heraus wuchsen als Grundlage für ein gesittetes Leben Ethik und Moral, Gebote und Gesetze, was für das Überleben notwendig wurde, als sich aus den Sippen größere Gemeinschaften mit gegliederter Struktur bildeten. Das war eine in der Natur auf Erden einmalige revolutionäre kulturelle Leistung. Sie gelang allein dem Menschen, wenngleich gemeinsames Leben und Jagen in der Herde und im Rudel durchaus bei vielen Tieren schon angelegt waren und sind. – Beim Menschen ging seine gereifte Entwicklung mit jener seines Sprachvermögens einher, die, wie seine komplexe Denkfähigkeit, letztlich auf seinem großen Gehirn beruhen. Dadurch vermochte er die ihn umgebende Natur, den Himmel mit seinen leuchtenden Sternen bei Nacht und die strahlende Sonne am Tag, bewusst wahrzunehmen, zu deuten und nach und nach zu erklären (und sie zu bestaunen und zu besingen). Das ging in der Frühzeit zunächst mit dem Glauben an außerirdische göttliche Mächte einher, sie würden die Wunder bewirken. Diesen Glauben füllte er mit mythischen Inhalten.

Das alles zeichnet den Menschen gegenüber den anderen Geschöpfen auf Erden aus. Gleichwohl, die in ihm inzwischen genetisch verankerte Einsicht, dass Kommunikation und Konsens, Leben, Wohlfahrt und Bestand sichern, wird von dem (gleichzeitig genetisch verankerten) Trieb nach Eigennutz überlagert, im Einzelfall unterschiedlich ausgeprägt: Nach aller Erfahrung erweist es sich nämlich im Leben als nicht unvernünftig, weil mit persönlichem Vorteil verbunden, in der Gemeinschaft Rang und Vermögen für sich und die Seinen anzustreben und zu mehren. Für die meisten auf Erden bedeutete und bedeutet Leben ‚Mühsal und Plage von der Wiege bis zur Bahre'. Von daher ist es naheliegend, sich dem Rackern zu entziehen und den ‚Job von anderen machen zu lassen'. Nun, so kann eine Gesellschaft nicht funktionieren, das ist einsichtig und allgemeiner Konsens. Wenn es die Umstände erlauben und durch tüchtiges und redliches Bemühen ein Aufstieg gelingt, ist das selbstredend gerecht und vernünftig. Der Beistand gegenüber dem schwächeren Nachbarn bleibt dabei ein menschliches Gebot, mit der Einschränkung: *Ultra posse nemo obligatur*, über sein Können hinaus ist keiner verpflichtet.

Zwischen Rücksichtnahme und Barmherzigkeit bis zur Selbstlosigkeit auf der einen Seite und Rücksichtslosigkeit und Bosheit bis zur Habgier auf der anderen, liegt die Spanne menschlichen Verhaltens. Beide Anlagen sind evolutionär in seinen Genen angelegt, in jedem Individuum unterschiedlich dominant. Je nach Lebensbedingung erweist sich das eine oder andere Verhalten von Vorteil. Vernünftig und gleichzeitig unvernünftig zu sein, ist das Grunddilemma der menschlichen Spezies. Das gilt für den Einzelnen, wie für die menschliche Gesellschaft als Ganzes.

Zum Fünften Was den Menschen selbst betrifft, kam er als Spezies aus der Natur und entwickelte sich in ihr wie alle anderen Geschöpfe auf Erden auch. Seit sich der Mensch auf der Erde breit macht, liegen alle Entwicklungen auf dem Planeten in seiner Verantwortung. Dass er dabei jetzt schon ein großes Artensterben verursacht hat, ist kein gutes Omen. Inzwischen ist er dabei auch seine eigenen Lebensgrundlagen zu untergraben. Es bleibt abzuwarten, ob der Mensch die ihm von der Natur auferlegte Prüfung bestehen wird.

Zum Sechsten Die der Natur innewohnenden Gesetze sind von einer wunderbaren Stimmigkeit. Wer in den Kosmos im Großen und Kleinen eindringt, den überkommen Staunen und Demut: Es ist etwas da, es gab einen Anfang. Aus ihm heraus hat sich alles entwickelt. Wenn das Ursache-Wirk-Prinzip hierauf anwendbar ist, stellt sich von selbst die Frage: Wer hat das Sein veranlasst, auf wen gehen die Naturgesetze zurück? Es gibt keinen Zweifel, sie sind die Basis für alles. Keine naturwissenschaftliche Disziplin vermag auf obige Frage, Existiert Gott, eine Antwort zu geben, will sie auch nicht: Die Frage wird rational unbeantwortbar bleiben. Auf dieser Erkenntnis und Einsicht gründet sich bei Vielen ein Glaube an eine höhere transzendente Instanz. In diesem Sinne sind diese Vielen gläubig, gottgläubig, indessen mit einer anderen Ausrichtung: Sie folgen nicht mehr den heiligen Verkündigungen, wohl fühlen sie sich ihren Werten und Geboten verpflichtet und leben danach. Dabei besinnen sich viele dieser ‚modernen Gläubigen‘ auf die (letztlich gleichwertigen) im antiken Griechenland von PLATON (427–347 v. Chr.) in seinem Protagoras-Dialog gelehrten Tugenden: Mut, Gerechtigkeit, Mitgefühl und Weisheit als Grundlage für ein soziales Miteinander und für das Gelingen eines erfüllten Lebens.

Wer wird widersprechen? Über allem liegt der undurchdringliche Schleier eines großen kosmischen Geheimnisses.

Amen!

Literatur

1. CAVENDISH, R. u. LING, T.O.: Mythologie – Eine illustrierte Weltgeschichte des mythisch-religiösen Denkens. Köln: Komet-Verlag 1999

2. WILKENSON, P. u. PHILIP, N.: Mythen & Sagen. München: Dorling Kindersley Verlag 2011

3. TAYLOR, K.: Kosmische Kultstätten der Welt – Von Stonehenge bis zu den Maya-Tempeln. Stuttgart: Kosmos 2012

4. TRIPP, E.: Reclams Lexikon der antiken Mythologie, 8. Aufl. Stuttgart: Reclam 2012

5. RANKE, H.: Das Gilgamesch Epos: Der älteste überlieferte Mythos der Geschichte, 12. Aufl. Wiesbaden: Marix Verlag 2014

6. MAUL, S.M.: Das Gilgamesch-Epos, 6. Aufl. München: Beck 2014

7. TILLY, M.: Das Judentum. Wiesbaden: Marix Verlag 2007

8. BRENNER, M.: Kleine jüdische Geschichte. München: Beck 2008

9. NOWAK, K.: Das Christentum – Geschichte, Glaube, Ethik, 6. Aufl. München: Beck 2015

10. MOELLER, B.: Geschichte des Christentums in Grundzügen, 10. Aufl. Göttingen: Vandenhoeck & Ruprecht 2004

11. KRÄMER, G.: Geschichte des Islam. München: Beck 2005

12. BRUNNER, R. (Hrsg.): Einführung in den Islam – Einheit und Vielfalt einer Weltreligion. Stuttgart: Kohlhammer 2016

13. KÜSTENMACHER, W.T. u. MAI, K.-R.: Weltreligionen – Woran die Menschen glauben. Hamburg: cbj-Verlag (Random-House-Bertelsmann) 2010

14. OHLING, K.-H.: Religion in der Geschichte der Menschheit – Die Geschichte des religiösen Bewusstseins. Darmstadt: Wissenschaftliche Buchgesellschaft 2002

15. SCHREINER, K. (Hrsg.): Heilige Kriege. Religiöse Begründungen militärischer Gewaltanwendung. Judentum, Christentum und Islam im Vergleich. München: Beck 2008

16. SCHWERHOFF, G.: Die Inquisition. Ketzerverfolgung in Mittelalter und Neuzeit, 2. Aufl. München: 2006

17. OBERSTE, J.: Ketzerei und Inquisition, 2. Aufl. Darmstadt: Wissenschaftliche Bundgesellschaft 2012

18. DÜLMEN, R. v.: Hexenwelten – Magie und Imagination. Frankfurt a.M: Fischer 1993

19. DECKER, R.: Die Hexen und ihre Henker – Ein Fallbericht. Freiburg i.Br.: Herder 1994

20. WOLF, H.-J.: Geschichte der Hexenprozesse, Erlensee: EFB-Verlag 1995

21. BEHRINGER, W. (Hrsg.): Hexen und Hexenprozesse in Deutschland (dtv-dokumente), 4. Aufl. München: Deutscher Taschenbuch Verlag 2000

22. WEIGAND, S.: Seelen im Feuer. Frankfurt a. M.: Fischer 2013

23. MERGENTHALER, M. u. KLEIN-PFEUFFER, M.: Hexen Wahn in Franken. Dettelsbach: Verlag J.H. Röll 2014

24. FRÖHLICH, R.: Grundkurs Kirchengeschichte. Freiburg i.Br.: Herder 1979

25. Süddeutsche Zeitung v. 19. Mai 2010; zu verstehen im Zusammenhang mit dem Kodex des kanonischen Rechts, can. 908

26. ELIADA, M.: Die Schöpfungsmythen. Düsseldorf: Patmos Verlag 2002

27. BREUER, R.: Das anthropische Prinzip – Der Mensch im Fadenkreuz der Naturgesetze. Frankfurt a. M.: Ullstein 1984

28. DWORKIN, R.: Religion ohne Gott, 2. Aufl. Berlin: Suhrkamp Verlag 2014

29. FLAMMER, P.: Gruppen unter Zeitdruck – Wie in Sekten Zeitbilder gemeinschaftsregulierend wirken, in: FINGER, J. (Hrsg.): Vom Ende der Zeiten: Apokalyptische Visionen vor der Jahrtausendwende. Freiburg (CH): Paulus-Verlag 1999

30. LARSON, E.J. u. WITHAM, L.: Naturwissenschaftler und Religion in Amerika. Spektrum der Wiss., Nov 1999, S. 74–78 und Gespräch mit B. KANITSCHEIDER, S. 80–83

31. KUTSCHERA, U. (Hrsg.): Kreationismus in Deutschland – Fakten und Analysen. Berlin: LIT-Verlag Dr. W. Hopf 2007

32. HEMMINGER, H.: Und Gott schuf Darwins Welt – Der Streit um Kreationismus, Evolution und Intelligentes Design. Gießen: Brunnen Verlag 2009

33. PENNOCK, R.T.: Intelligent design, creationism and its critics. Cambridge (Mass): MIT Press 2001

34. PLAXCO, K.N. u. GROSS, M.: Astrobiologie für Einsteiger. Weinheim: Wiley VCH 2012

35. SCHOLZ, M.: Astrobiologie. Berlin: Springer Spektrum 2016

36. KÖRTNER, U.H.J.: Weltangst und Weltende – Eine theologische Interpretation der Apokalyptik. Göttingen: Vandenhoeck & Ruprecht 1988

37. N.N.: Die Offenbarung des Johannes. Ein österliches Trostbuch, u. a. mit Beiträgen v. KARRER, M., GRADL, H.-G., KOWALSKI, B., STEINS, G., ANNEN, E. zur Debatte 5/2010 (Kath. Akademie in Bayern)

38. HARTH, D. (Hrsg.): Finale – Das kleine Buch vom Weltuntergang. München: Beck 1999

39. FRIED, J.: Dies Irae – Eine Geschichte des Weltuntergangs. München: Beck 2016

40. ZIRFAS, J.: Präsenz und Ewigkeit – Eine Anthropologie des Glücks. Berlin: Dr. Reimer Verlag 1993

41. HOSSENFELDER, M.: Antike Glückslehren. Stuttgart: Kröner 1996

42. NASHER, J.: Die Moral des Glücks – Eine Einführung in den Utilitarismus. Berlin: Duncker & Humblot 2009

43. SCHMIDT-BIGGERMANN, W.: Theodizee und Tatsachen – Das philosophische Profil der deutschen Aufklärung. Frankfurt a. M.: Suhrkamp 1988

44. OELMÜLLER, W. (Hrsg.): Theodizee – Gott vor Gericht? München: Wilhelm Fink Verlag 1990

45. THIEDE, W.: Der gekreuzigte Sinn – Eine trinitarische Theodizee. Gütersloh: Gütersloher Verlagshaus 2007

46. ROMMEL, H.: Mensch-Leid-Gott. Eine Einführung in die Theodizee-Frage und ihre Didaktik. Stuttgart: UTB 2011

47. STOSCH, K. v.: Theodizee. Paderborn: Schöningh 2013

48. RANKE-HEINEMANN, U.: Nein und Amen – Anleitung zum Glaubenszweifel. Hamburg: Hoffmann und Campe 1992

49. WEIZSÄCKER, B. v.: Ist da jemand? Gott und meine Zweifel. München: Piper 2012

50. FLASCH, K.: Warum ich kein Christ bin – Bericht und Argumentation. München: Beck 2013

51. FEYERABEND, P.K.: Der wissenschaftstheoretische Realismus und die Autorität der Wissenshaften. Wiesbaden: Vieweg 1978

52. FEYERABEND, P.K.: Probleme des Empirismus. Braunschweig: Vieweg 1981

53. WITTKAU-HORGBY, A.: Materialismus – Entstehung und Wirkung in den Wissenschaften des 19. Jahrhunderts. Göttingen: Vandenhoeck & Ruprecht 1998

54. HABERMAS, J.: Naturalismus und Religion. Frankfurt a. M.: Suhrkamp 2005

55. LÖFFLER, W.: Was müsste ein Argument für die Existenz Gottes eigentlich leisten?, in: BIDESE, E., FIDORA, A. u. RENNER, P. (Hrsg.): Philosophische Gotteslehre heute. Darmstadt: Wissenschaftliche Buchgesellschaft (WBG) 2008

56. KÜNG, H.: Existiert Gott? Antwort auf die Gottesfrage der Neuzeit. 4. Aufl. München: Piper 1978

57. KÜNG, H.: Der Anfang aller Dinge – Naturwissenschaft und Religion, 2. Aufl. München: Piper 2010

58. ALBERT, H.: Das Elend der Theologie. Kritische Auseinandersetzung mit Hans Küng. Hamburg: Hoffmann u. Campe 1979, 3. Aufl.: Aschaffenburg: Alibri 2012

59. WEGNER, K.-H.: Vom Elend des kritischen Rationalismus – Kritische Auseinandersetzung über die Frage der Erkennbarkeit Gottes bei Hans Albert. Regensburg: Verlag Friedrich Puster 1981

60. CZERMAK, C.: Problemfall Religion – Ein Kompendium der Religions- und Kirchenkritik. Marburg: Tectum Verlag 2014

61. LÖW, R.: Die neuen Gottesbeweise. München: Pattloch-Verlag 1994

62. SPAEMANN, R. u. SCHOENBERGER, R.: Der letzte Gottesbeweis. München: Plattloch-Verlag 2007

63. GOULD, S.J.: Zufall Mensch. Das Wunder des Lebens als Spiel der Natur. München: dtv 2004

64. DAWKINS, R.: Das egoistische Gen. Heidelberg: Spektrum Akademischer Verlag 2010

65. DAWKINS, R.: Der Gotteswahn, 9. Aufl. Berlin: Ullstein 2007

66. Mc GRATH, A.: Der Atheismuswahn – Eine Antwort auf Richard Dawkins und den atheistischen Fundamentalismus, 3. Aufl. München: Random House 2008

67. ARNOLD, M.: Evolution, Religiosität, Gott – Eine Antwort auf Richard Dawkins. Tübingen: Stauffenberg Verlag 2010

68. LANGTHALER, R.: Warum Dawkins Unrecht hat. Eine Streitschrift. Freiburg i. Br. Alber 2015

69. LÖBSACK, T.: Wunder, Wahn und Wirklichkeit – Naturwissenschaft und Glaube. München: Bertelsmann 1976

70. MARKUS, S.M.: Der Gott der Physiker. Basel: Birkhäuser Verlag 1986

71. BÖRNER, G.: Schöpfung ohne Schöpfer? Das Wunder des Universums. München: Deutsche Verlagsanstalt 2006

72. VAAS, R. u. BLUME, M.: Gott, Gene und Gehirn – Warum Glaube nutzt. Die Evolution der Religiosität, 2. Aufl. Stuttgart: Hirzel 2008

73. OBERHUMMER, H.: Kann das alles Zufall sein? – Geheimnisvolles Universum. München: Goldmann-Verlag 2014

74. WEIZSÄCKER, B. v.: JesusMaria – Christentum für Frauen. München: Piper 2014

Personenverzeichnis

© Springer Fachmedien Wiesbaden GmbH 2017
C. Petersen, *Naturwissenschaften im Fokus V*, DOI 10.1007/978-3-658-15304-5

Sachverzeichnis